Medizinisch-technische Assistenz
in der modernen Strahlentherapie

Springer-Verlag Berlin Heidelberg GmbH

B. Schäfer
P. Hödl

Medizinisch-technische Assistenz in der modernen Strahlentherapie

Praxisorientierter Leitfaden
für Berufsausbildung und Routine

Mit einem Geleitwort von Wolfgang Schlegel

Mit 104 Abbildungen

Birgit Schäfer, Lehrassistentin für Strahlentherapie
Richinesstr. 22
D-67071 Ludwigshafen

Peter Hödl, Dipl.-Phys.
Klinikum Ludwigshafen gGmbH
Klinik für Radioonkologie
und Nuklearmedizin
Bremserstr. 79
D-67063 Ludwigshafen

ISBN 978-3-540-63834-6

Die Deutsche Bibliothek – CIP-Einheitsaufnahme
Schäfer, Birgit: Medizinisch-technische Assistenz in der modernen Strahlentherapie: praxisorientierter Leitfaden für Berufsausbildung und Routine/Birgit Schäfer; Peter Hödl.
ISBN 978-3-540-63834-6   ISBN 978-3-662-08639-1 (eBook)
DOI 10.1007/978-3-662-08639-1

Dieses Werk ist urheberrechtlich geschützt. Die dadurch begründeten Rechte, insbesondere die der Übersetzung, des Nachdrucks, des Vortrags, der Entnahme von Abbildungen und Tabellen, der Funksendung, der Mikroverfilmung oder der Vervielfältigung auf anderen Wegen und der Speicherung in Datenverarbeitungsanlagen, bleiben, auch bei nur auszugsweiser Verwertung, vorbehalten. Eine Vervielfältigung dieses Werkes oder von Teilen dieses Werkes ist auch im Einzelfall nur in den Grenzen der gesetzlichen Bestimmungen des Urheberrechtsgesetzes der Bundesrepublik Deutschland vom 9. September 1965 in der jeweils geltenden Fassung zulässig. Sie ist grundsätzlich vergütungspflichtig. Zuwiderhandlungen unterliegen den Strafbestimmungen des Urheberrechtsgesetzes.
© Springer-Verlag Berlin Heidelberg 1999
Ursprünglich erschienen bei Springer-Verlag Berlin Heidelberg New York 1999

Die Wiedergabe von Gebrauchsnamen, Handelsnamen, Warenbezeichnungen usw. in diesem Werk berechtigt auch ohne besondere Kennzeichnung nicht zu der Annahme, daß solche Namen im Sinne der Warenzeichen- und Markenschutz-Gesetzgebung als frei zu betrachten wären und daher von jedermann benutzt werden dürften.

Produkthaftung: Für Angaben über Dosierungsanweisungen und Applikationsformen kann vom Verlag keine Gewähr übernommen werden. Derartige Angaben müssen vom jeweiligen Anwender im Einzelfall anhand anderer Literaturstellen auf ihre Richtigkeit überprüft werden.

Satz: K+V Fotosatz GmbH, Beerfelden
Umschlaggestaltung: Design & Production GmbH, Heidelberg
SPIN 10653766   21/3135-5 4 3 2 1 0 – Gedruckt auf säurefreiem Papier

Geleitwort

Die Strahlenbehandlung ist neben der Chirurgie der wichtigste Therapieansatz bei Krebserkrankungen. Die Behandlung mit Strahlen kann als eine Kette von aufeinanderfolgenden Einzelmaßnahmen angesehen werden. Sie reicht von der Diagnose über die therapiegerechte Lagerung und Fixierung der Patienten, über die Therapieplanung und die Therapiesimulation bis hin zur Patientenpositionierung am Bestrahlungsgerät und zur Bestrahlung selbst.

Kaum eine andere medizinische Disziplin ist in den vergangenen Jahren einem so starken Wandel unterworfen gewesen wie die Strahlentherapie. Dabei waren sämtliche Glieder der Strahlentherapiekette von einschneidenden Änderungen und Erweiterungen betroffen: Lagerungs- und Fixierungsverfahren wurden ständig verbessert und durch die der Neurochirurgie entlehnten Verfahren der Stereotaxie ergänzt, Tumorlokalisation und Definition der Zielvolumina und Risikoorgane erfolgen zunehmend mit den neuen dreidimensionalen bildgebenden Verfahren der Röntgen-Computertomographie (CT) und der Magnetresonanztomographie (MRT).

Die Planung von Strahlenbehandlungen hat durch die CT-basierte, computerunterstützte 3D-Therapieplanung grundlegende Verbesserungen und Verfeinerungen erfahren: Strahlendosisverteilungen im menschlichen Gewebe können heute nicht nur wie bisher zweidimensional, sondern auch räumlich und zudem genauer und schneller als je zuvor vorausberechnet und optimiert werden. Als einschneidende Neuerung wird an verschiedenen Zentren die „inverse" Strahlentherapieplanung eingeführt. Die Simulation von Strahlenbehandlungen wurde durch die CT-Simulation ergänzt. Die Positionierung der Patienten am Bestrahlungsgerät ist durch laseroptische und stereotaktische Techniken in ihrer Präzision deutlich gesteigert worden, wobei die Lagerung der Patienten zusätzlich mit elektronischen Feldkontrollsystemen (den sog. Portal-Imaging-Verfahren) kontrolliert und verifiziert werden kann.

Moderne Elektronen-Linearbeschleuniger verfügen über ein Arsenal von neuen, hochkomplexen Bestrahlungstechniken: Mit rechnergesteuerten Multi-leaf-Kollimatoren, den neuen Möglichkeiten der dynamischen Konformationsstrahlentherapie und der „intensitätsmodulierten" Strahlentherapie können maßgeschneiderte, räumliche Dosisverteilungen erzielt werden, die vor wenigen Jahren noch unvorstellbar waren. Zudem zeichnen sich am Horizont die Bestrahlungen mit schwereren geladenen Teilchen wie Protonen oder schweren Ionen ab, von denen eine noch bessere Schonung des normalen Gewebes bei Steigerung der Behandlungseffizienz erwartet wird.

Dieser aufregende und schnelle Wandel konfrontiert das mit der Durchführung der Strahlentherapie betraute Personal mit ständig neuen und immer komplexeren Aufgaben. Es gilt mit der Entwicklung Schritt zu halten, die zum Teil äußerst komplizierten neuen Techniken zu verstehen und sie in sinnvoller und praktikabler Weise in den täglichen Arbeitsablauf zu integrieren. Die MTAR, deren Aufgabe die praktische Umsetzung und Anwendung der Verfahren der modernen Strahlentherapie ist, sind hier in ganz besonderer Weise gefordert. Dabei ist es für die mit der praktischen Arbeit betrauten Mitarbeiter vor allem schwierig, Zugang zu geeignetem Weiterbildungs- und Informationsmaterial zu bekommen. Mühseliges Studium wissenschaftlicher Publikationen, die zwar die neuen Informationen enthalten, aber meist schwer verständlich und wenig praxisorientiert sind, kann hier kaum weiterhelfen.

Das vorliegende Buch schließt diese Lücke. Neben den physikalisch-technischen, biologischen und medizinischen Grundlagen wird die moderne Strahlentherapie mit allen Neuerungen und Erweiterungen zusammenfassend und anschaulich dargestellt. Dabei wurde weniger Wert auf theoretische Tiefe, sondern vielmehr auf die praktische Anwendung der verschiedenen Verfahren gelegt. Dieser Umstand macht das Buch nicht nur zu einem wertvollen Lehr-, sondern auch zu einem aktuellen Weiterbildungsbuch für medizinisch-technische Assistenten, die in einer strahlentherapeutischen Abteilung tätig sind oder sich auf eine solche Arbeit vorbereiten.

Prof. Dr. rer. nat. Wolfgang Schlegel
Leiter der Abt. Medizinische Physik
am DKFZ, Heidelberg

Vorwort

Initiiert wurde dieses Buch von MTAR-Schülern, die sich ein praxisbezogenes Buch wünschten, das sich außerdem stark an den erweiterten Ausbildungsrichtlinien der inzwischen dreijährigen Ausbildung orientiert. Diese Richtlinien erfordern unter anderem ein größeres Spektrum an Theorie in Fächern wie Radiophysik, Dosimetrie und Biologie, ebenso eine verstärkte Umsetzung der theoretisch erworbenen Grundlagen in die praktische Tätigkeit.

Unser Ziel war es, auf den bereits durch die anderen Unterrichtsfächer gegebenen Grundlagen aufzubauen, diese aufzufrischen und damit das Rüstzeug für das tägliche Arbeiten in der modernen Strahlentherapie zu liefern. Vor allem die computergestützte dreidimensionale Bestrahlungsplanung, Zielvolumenkonzepte, Multi-leaf-Kollimatoren, die stereotaktische Bestrahlung, der Simulationsablauf, die Bestrahlung selbst sowie mögliche Nebenwirkungen der Therapie sollen neben der Technik nahegebracht werden.

Besonders wichtig war es uns, weitestgehend in der Sprache der medizinisch-technischen Assistenten zu sprechen, gleichzeitig jedoch das Klischee des Hilfsberufes zu verlassen und aufzuzeigen, daß der Beruf des medizinisch-technischen Assistenten hohe Anforderungen stellt.

Ludwigshafen, Dezember 1998 Birgit Schäfer
Peter Hödl

Inhalt

1	**Aufgaben der medizinisch-technischen Assistenz in der Strahlentherapie**	1
2	**Aufbau einer Strahlentherapieabteilung**	3
3	**Physikalische Grundlagen**	6
3.1	Wechselwirkungen ionisierender Strahlung mit Materie	6
3.2	Strahlenarten	9
3.3	In der Strahlentherapie angewandte Strahlenarten	16
4	**Teletherapiegeräte**	36
4.1	^{60}Co und ^{137}Cs	36
4.2	Beschleunigeranlagen	38
5	**Strahlenschutzmaßnahmen**	58
5.1	Gesamtstrahlenbelastung der Bevölkerung	58
5.2	Strahlenschutz des medizinischen Personals ...	59
5.3	Strahlenschutz am Patienten	67
5.4	Baulicher Strahlenschutz	68
6	**Bestrahlungstechniken**	69
6.1	Begriffliche Grundlagen	69
6.2	Einzelstehfeld	70
6.3	Gegenfeldbestrahlung	72
6.4	Mehrfeldertechnik	75
6.5	Techniken zur Isodosenmodifikation bzw. -anpassung	75
6.6	Bewegungsbestrahlungen	82
6.7	Konvergenzbestrahlungen	86
6.8	Dosierungsmöglichkeiten	93
6.9	Alternative Fraktionierungen	94

7	**Therapie mit umschlossenen Radionukliden**	96
7.1	Oberflächenbrachytherapie oder Kontakttherapie	96
7.2	Intrakavitäre Therapie	97
7.3	Interstitielle Brachytherapie	99
7.4	Intraluminale Brachytherapie	102
7.5	Berechnung der applizierten Dosis	102
7.6	Afterloadingverfahren	103

8	**Konventionelle Röntgentherapie**	109
8.1	Aufbau einer Röntgentherapieanlage	109
8.2	Therapiebereiche	113

9	**Bestrahlungsplanung**	116
9.1	Computertomographie	119
9.2	Magnetresonanztomographie	121
9.3	Dreidimensionale Planung	122
9.4	Konzepte der Dosisverteilungsplanung	134
9.5	Computerplanung	138
9.6	Planungsablauf	141
9.7	Ausblick	143

10	**Simulation**	146
10.1	Ausstattung eines Simulatorraumes	146
10.2	Bestrahlungsplanung am Therapiesimulator	147
10.3	Praktischer Ablauf einer Simulation	150
10.4	Lagerungshilfen bei Simulation und Bestrahlung	156
10.5	Digitale Vernetzung der Bildsysteme	159
10.6	Beispiel eines möglichen Datentransfers	161

11	**Herstellung irregulär geformter, individueller Absorber**	162
11.1	Fehlerquellen beim manuellen Absorberschneiden	164
11.2	Gießen der Absorber	165
11.3	Rechnergesteuertes Schneiden von Absorbern	166
11.4	Multi-leaf-Kollimatoren als Alternative zu Absorbern	168
11.5	Feldkontrollaufnahmen	174

12	**Einstelltechnik an den Bestrahlungsgeräten**	175
12.1	Bestrahlungsraumzubehör	175
12.2	Einstelltechnik an Beispielen	177

13	**Dokumentation**	184

14	**Qualitätssicherung in der Strahlentherapie**	188
14.1	Mögliche Fehlerquellen	188
14.2	Vermeidung von Fehlern	189

15	**Biologische Aspekte**	191
15.1	Zellzyklus proliferierender Zellen	191
15.2	Zelltod nach Einwirkung ionisierender Strahlung	192
15.3	Strahlensensibilität der verschiedenen Zellzyklusphasen	193

16	**Bestrahlungsnebenwirkungen**	195
16.1	Haut	197
16.2	Schleimhaut	198
16.3	Lymphopoetisches und hämatopoetisches System	199
16.4	Gefäß- und Bindegewebsapparat	200
16.5	Gonaden	201
16.6	Lunge	201
16.7	Herz	201
16.8	Urogenitalsystem	201
16.9	Zentralnervensystem	202
16.10	Auge	202
16.11	Skelett und Knorpel	202
16.12	Leber	203
16.13	Muskelgewebe	203
16.14	Vermeidung von Nebenwirkungen	203

17	**Behandlungsmodalitäten**	206
17.1	Tumorklassifikation	206
17.2	Therapeutische Ansätze	208

18	**Tumortherapie**	211
18.1	Operation und Strahlentherapie	211
18.2	Adjuvante postoperative Strahlentherapie	211
18.3	Präoperative Strahlentherapie	212
18.4	Definitive Strahlentherapie	212

19	**Hyperthermie**	215
19.1	Wirkungsweise der Hyperthermie	215
19.2	Anwendung der Hyperthermie	216

Anhang. Bestrahlungstechniken inklusive Lagerung und Dosierung bei verschiedenen häufigen Malignomen		217
1	Analkarzinom	217
2	Tumoren des Auges und der Orbita	218
3	Bronchialkarzinom	219

4	Harnblasenkarzinom	221
5	Zervixkarzinom	222
6	Korpuskarzinom	223
7	Plattenepithelkarzinome im Kopf-Hals-Bereich	224
8	Maligne Hodentumoren	225
9	Mammakarzinom	226
10	Seltene mediastinale Malignome	227
11	Maligne Lymphome	229
12	Ösophaguskarzinom	230
13	Ovarialkarzinom	231
14	Prostatakarzinom	232
15	Rektumkarzinom	233
16	Weichteilsarkome	235
17	Schilddrüsenkarzinom	236
18	Vaginalkarzinom	237
19	Vulvakarzinom	238
20	Tumoren des Zentralnervensystems	239

Weiterführende Literatur 241

Sachverzeichnis 243

KAPITEL 1

Aufgaben der medizinisch-technischen Assistenz in der Strahlentherapie

Die Strahlentherapie hat sich der großen Aufgabe verschrieben, mittels energiereicher, ionisierender Strahlung zu heilen, Schmerzen zu lindern und die Lebensqualität des Kranken zu erhalten. Dieses Anliegen stellt eine enorme Herausforderung an die medizinisch-technischen Assistenten in ihrer täglichen Arbeit dar, da sie den Patienten etwa 5-6 Wochen kontinuierlich betreuen, seine Ängste, Sorgen und Nöte mit ihm teilen und oft die ersten Ansprechpartner hinsichtlich therapiebegleitender Nebenwirkungen sind. Sie sollten somit ein kompetentes Bindeglied zwischen Arzt und Patient sein sowie Hoffnung und Zuversicht vermitteln können.

Die medizinisch-technischen Assistenten (MTAR) in der Strahlentherapie sind unter anderem zuständig für die optische Kontrolle des Bestrahlungsfeldes und von Veränderungen während der Bestrahlung. Blutbildveränderungen wie auch evtl. auftretende Nebenwirkungen der Therapie werden an die zuständigen Ärzte der strahlentherapeutischen Abteilung weitergeleitet.

Die Begegnung mit schwerstkranken Menschen, die oft entstellt sind oder deren Krankheitsverlauf progredient, d. h. fortschreitend ist, und die Bestrahlung von Kindern bedingen eine hohe psychische Belastung des Personals, das zudem noch durch die Schweigepflicht gebunden ist und dadurch das Erlebte oft genug alleine verarbeiten muß. Eine enge Beziehung zum Patienten, seine Freude über Therapieerfolge – mögen sie noch so gering sein – bedeuten dafür auch Erfolgserlebnisse für die MTAR bei der Umsetzung ihrer Aufgaben.

Neben der psychosozialen Betreuung steht die Technik im Vordergrund, die bei der Planung und Simulation der Bestrahlungsfelder beginnt, die Bestrahlungsdurchführung beinhaltet, aber auch Arbeitsbereiche wie die Therapie mit umschlossenen Radionukliden, das Afterloadingverfahren oder die Behandlung mit Röntgenstrahlung niedriger Energiebereiche einschließt.

Ein Schwerpunkt liegt im Bereich des *Strahlenschutzes* für Personal und Patienten. Der Bereich des *Arbeitsschutzes* wird besonders beachtet. Hierunter fällt unter anderem das Tragen von Arbeitshandschuhen und Schutzbrillen beim Fertigstellen von Absorbern, die das Bestrahlungsfeld individuell ausblocken.

Hygienische Maßnahmen sind beim Kontakt mit Patientensekreten wie Schweiß, Blut, Sputum oder Urin notwendig.

Anhand dieses vielfältigen Arbeitsspektrums läßt sich ermessen, wie wichtig eine effiziente und kompetente Zusammenarbeit zwischen Radioonkologen, MTAR und Medizinphysikern ist und welches Einfühlungsvermögen und

Verantwortungsbewußtsein im Umgang mit den Patienten, welches technische Wissen bei der Handhabung der Therapieanlagen von den MTAR verlangt werden. Zur Bewältigung auftretender Probleme und Belastungen stehen die leitenden MTAR den in der Strahlentherapie beschäftigten Assistenten als Ansprechpartner zur Verfügung. Eine weitere wichtige Funktion kommt den leitenden MTAR als Vermittlern zwischen Assistenten, Ärzten und Physikern zu. In einem solchen Arbeitsklima wird nicht nur der Teamgeist gefördert, sondern auch ein entspanntes, ruhiges Arbeiten möglich.

KAPITEL 2

Aufbau einer Strahlentherapieabteilung

In der Strahlentherapie wird die ionisierende Wirkung energiereicher Strahlung hoher Dosisleistung ausgenutzt, um Tumorzellen im Patienten zu schädigen, wobei das gesunde Gewebe eine größtmögliche Schonung erhalten soll. Vorwiegend sollen durch die Bestrahlung maligne, d. h. bösartige Tumoren zerstört werden. Deshalb ist es nötig, das Tumorgebiet mit möglichen Infiltrationen, also das *Zielvolumen*, so genau wie möglich zu lokalisieren und die Wirkung der Strahlung möglichst homogen auf diesen Bereich zu konzentrieren. Benötigt werden daher Therapieanlagen, mit denen das Bestrahlungsfeld entsprechend, auf das Zielvolumen bezogen, eingeblendet werden kann.

Zu einer modernen Strahlentherapie gehören ein *Therapiesimulator* und 1-2 *Elektronenbeschleuniger*, vorwiegend *Linearbeschleuniger*. Linearbeschleuniger werden zur Teletherapie eingesetzt. Dabei wird mit einem Fokus-Oberflächen-Abstand von mehr als 10 cm gearbeitet. Unter Fokus-Oberflächen-Abstand versteht man den Abstand zwischen dem Fokus des Bestrahlungsgerätes und der zu bestrahlenden Oberfläche des Patienten oder des Phantoms.

Eventuell existieren in der Abteilung ein weiteres Gerät zur Teletherapie wie das Telegammabestrahlungsgerät mit ^{60}Co und ein Gerät zur Strahlentherapie im Nahbereich mittels Brachytherapie. In der *Brachytherapie* ist der Abstand zwischen Primärstrahlenquelle und zu bestrahlendem Gewebe kleiner als 10 cm. Bei einem Gerät zur Bestrahlung im Nahbereich kann es sich z. B. um ein Afterloadinggerät handeln, welches das ferngesteuerte Positionieren der radioaktiven Quellen in bzw. über das zu behandelnde Gebiet ermöglicht. Ein weiteres Beispiel für ein Gerät zur Bestrahlung im Nahbereich ist die Hohlanodenröhre nach Chaoul, die in der sog. konventionellen Therapie mit Röntgenstrahlung gebräuchlich ist.

In einer modernen Strahlentherapieabteilung finden sich weiter ein Computersystem zur *dreidimensionalen Bestrahlungsplanung*, ein *Verifikationssystem*, um die Einstellung der Bestrahlungsfelder der Patienten am Bestrahlungsgerät zu überprüfen, und *Meßgeräte für Dosismessungen* am Patienten und an Phantomen.

Räumlich unterteilt sich eine strahlentherapeutische Abteilung (Abb. 2.1) z. B. in

- die *Anmeldung*, die mit der Onkologie, den Strahlenstationen, Ärzten innerhalb der Klinik sowie Praxen außerhalb der Kliniken zusammenarbeitet;

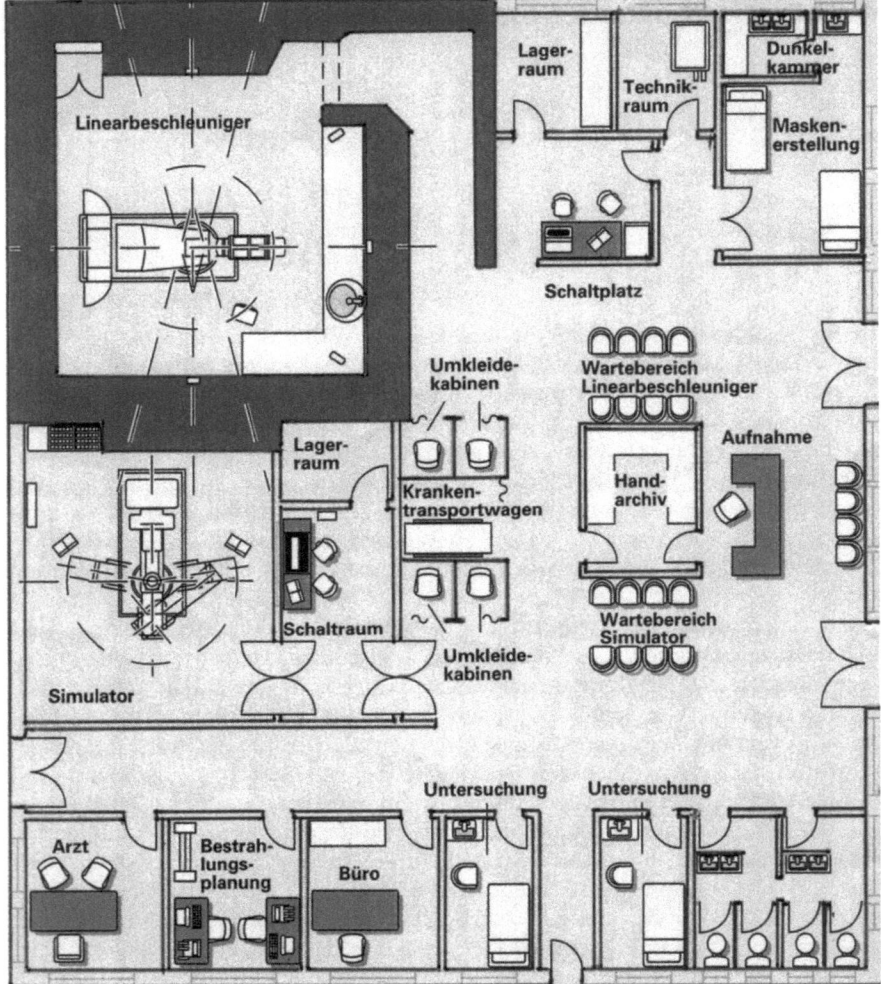

Abb. 2.1. Mögliche Organisation einer strahlentherapeutischen Abteilung (Elekta Onkologische Systeme, ehemals Philips)

- die *Planung*, die auf die Computertomographie, die Magnetresonanztomographie und die Röntgendiagnostik zurückgreift;
- den *Therapiesimulator*, der die Planung umsetzt; hier wird unter anderem die Strahlenfeldeinzeichnung durchgeführt;
- die *Werkstatt*, in der die Fertigung der Absorber stattfindet;
- die *Schalträume* mit Bestrahlungsgeräten, Umkleidekabinen und evtl. einem Raum mit Ultraschallgerät;
- den *Bestrahlungsraum* mit einem konventionellen Bestrahlungsgerät;
- die *Ärztezimmer*, in denen Patientenvorstellungen, Untersuchungen und Besprechungen stattfinden;

- die *Physikabteilung*, die für die Dosisplanung, die Dosimetrie, die technische Überwachung der Anlagen, den Strahlenschutz von Patienten und Personal sowie die Belehrung der Mitarbeiter zuständig ist;
- spezielle Räumlichkeiten zur Anwendung des *Afterloadingverfahrens*, die sich z. B. auch auf den Stationen befinden können.

KAPITEL 3
Physikalische Grundlagen

3.1
Wechselwirkungen ionisierender Strahlung mit Materie

Beim Durchgang von Strahlung durch Materie kommt es je nach eingestrahlter Energie und Beschaffenheit der Materie zu Wechselwirkungen. Man unterscheidet hierbei die möglichen Wechselwirkungen von Photonen mit Materie und Korpuskularstrahlung mit Materie.

3.1.1
Wechselwirkungen elektromagnetischer Wellen wie Photonen bzw. γ-Quanten mit Materie

Photonen und γ-Quanten sind elektromagnetische Strahlung. Röntgenstrahlung, Infrarotstrahlung, Radiowellen usw. unterscheiden sich durch ihre Wellenlänge voneinander. Unter γ-Strahlung versteht man eine ionisierende Photonenstrahlung, die bei Kernumwandlungen entsteht. Geht ein angeregter Atomkern in einen Zustand niedriger Energie über, so gibt er die Energie in Form von elektromagnetischer Strahlung ab. Die Übergänge im Atomkern zeigen sich als *Linienspektren*, die für die betreffenden Nuklide charakteristisch sind. Photonen und γ-Quanten unterscheiden sich also nicht in ihrer Natur, sondern nur in ihrer Genese. Vereinfacht gesagt: *Photonen und γ-Quanten sind als ein Strom punktförmiger Teilchen vorstellbar.*

Bei elektromagnetischen Wellen gilt die Beziehung $c = \lambda \cdot \nu$, wobei c für die Lichtgeschwindigkeit, λ für die Wellenlänge und ν für die Frequenz steht. Aus dieser Gleichung ergibt sich, daß bei steigender Frequenz die Wellenlänge kleiner wird und umgekehrt. Alle elektromagnetischen Wellen besitzen im Vakuum die gleiche Ausbreitungsgeschwindigkeit von etwa 300 000 km/s. Die sog. Lichtgeschwindigkeit c ist eine Naturkonstante.

Die Formel $E = h \cdot \nu$ läßt den Welle-Teilchen-Dualismus elektromagnetischer Wellen erkennen, wobei E für Energie, h für das Plancksche Wirkungsquantum und ν für die Frequenz steht. Die Wechselwirkungen der Photonen mit Materie geben ihren Teilchencharakter wieder.

In der medizinischen Radiologie und im Strahlenschutz sind die wesentlichen Photonenwechselwirkungen mit Materie der *Photoeffekt*, der *Compton-Effekt* und die *Paarbildung*.

Photoeffekt

Der Photoeffekt spielt hauptsächlich in der Röntgendiagnostik eine Rolle. Er tritt vorwiegend bei niedrigen Strahlungsenergien auf und ist abhängig von der Ordnungszahl des absorbierenden Materials.

Bei diesem Effekt stößt ein Photon beim Durchgang durch Materie mit einem Elektron aus einer der inneren Schalen der Atomhülle zusammen. Das Photon überträgt seine gesamte Energie auf das betreffende Elektron, das dabei in einen angeregten Zustand übergeht oder das Atom verläßt. Dieses sog. *Photoelektron* erhält die Energie des Photons unter Abzug der Bindungsenergie, mit der das Elektron an den Kern gebunden war. Die Bindungsenergie hängt unter anderem auch von der Ordnungszahl des betreffenden Atoms ab. Der freie Platz kann von einem Elektron aus den äußeren Schalen besetzt werden, die gewonnene Bindungsenergie wird in Form von charakteristischer Röntgenstrahlung nach außen abgestrahlt.

Die emittierten Photoelektronen zeigen je nach eingestrahlter Photonenenergie eine Winkelverteilung, d.h. je höher die Photonenenergie ist, um so stärker werden die Photoelektronen in Strahlrichtung nach vorne emittiert.

Compton-Effekt

Im höheren Energiebereich von 200 keV bis in den MeV-Bereich tritt im menschlichen Weichteilgewebe und in anderen Materialien niedriger Ordnungszahlen verstärkt der Compton-Effekt auf. Die größten Beiträge zur Energiedosis im menschlichen Gewebe und somit zu den biologischen Strahlenwirkungen liefern die Compton-Elektronen.

Unter Compton-Effekt versteht man die unelastische Streuung von Photonen an äußeren Hüllenelektronen. Das einfallende Photon tritt mit einem Elektron der Atomhülle in Wechselwirkung. Das Elektron, auch *Compton-Elektron* genannt, wird aus dem Atom gelöst und erhält einen Teil der Energie des Photons als kinetische Energie, das Atom wird ionisiert. Das Photon ändert mit partiellem Energieverlust seine Richtung. Je höher die eingestrahlte Photonenenergie ist, um so stärker werden die entstehenden Sekundärelektronen wie auch die gestreuten Photonen nach vorne in Strahlrichtung gebündelt. Haben die Photonen eine niedrige Energie, so besteht die Möglichkeit der Rückwärtsstreuung.

Paarbildung

Im hohen Energiebereich oberhalb 1,02 MeV kommt es zur Paarbildung. Das Photon tritt in Wechselwirkung mit dem elektrischen Kernfeld des Atoms. Ein Photon dieser oder höherer Energie kann unter bestimmten Bedingungen gemäß der Einsteinschen Formel zur Äquivalenz von Energie und Masse $E = m_0 \cdot c^2$ materialisieren und sich in ein negativ geladenes *Elektron* und dessen positiv geladenes Antiteilchen, ein *Positron*, umwandeln. Die gebildeten Teilchen fliegen in unterschiedlicher Richtung auseinander.

Hat das Positron seine kinetische Energie durch Abbremsung verloren und gerät in die Nähe eines freien Elektrons, so wandelt es sich in einer Materie-

Antimaterie-Reaktion mit diesem in reine Strahlung um. Diesen Vorgang nennt man *Paarzerstrahlung* oder *Paarvernichtung*. Die entstehenden Photonen besitzen eine Energie von je 511 keV und streben diametral auseinander. Weitere Atome können ionisiert werden.
Der Unterschied zwischen Compton-Effekt und Paarbildung im Gewebe liegt in der Zunahme der Ionisationsvorgänge. Bei der Paarbildung nimmt die Anzahl der Ionisationsvorgänge zu. Bei ultraharter Photonenstrahlung von 20 MeV ist der Anteil der beiden Wechselwirkungen etwa gleich groß. Bei hohen Strahlenenergien werden die Teilchenpaare in Richtung der Primärstrahlung emittiert.

Kernphotoeffekt

Tritt ein Photon mit dem Atomkern in Wechselwirkung, so kann es zur Emission eines oder mehrerer Nukleonen wie Neutronen oder Protonen kommen. Man spricht dann von Kernphotoeffekt. Da das Nukleon mit einer bestimmten Bindungsenergie im Kern gebunden ist, muß ein entsprechendes Photon mindestens diese Energie als Schwellenenergie mitbringen, um die Emission eines Neutrons oder Protons zu bewerkstelligen. Wechselwirkungen mit dem Atomkern spielen nur bei hochenergetischen Beschleunigern ab 10 MeV eine Rolle.

3.1.2
Wechselwirkungen von Korpuskularstrahlung mit Materie

Korpuskularstrahlen können elektrisch geladen (wie z. B. Elektronen, Protonen, Deuteronen und α-Teilchen) oder ungeladen (wie Neutronen) sein.

Für *geladene Teilchen* sind folgende elementaren Wechselwirkungsprozesse möglich:

- Zusammenstöße mit Atomhüllen, Stoßionisation:
  Das getroffene Atom wird dabei je nach übertragener Energie angeregt oder ionisiert. Es können ein positives Ion (Kation) und ein freies Elektron entstehen. Das Elektron erhält genügend kinetische Energie, um weitere Ionisationen auszulösen.
- Strahlungsbremsung, Bremsstrahlenerzeugung:
  Das geladene Teilchen wird beim Eindringen in die Materie abgebremst und abgelenkt. Bei einer solchen Energieabgabe entsteht Photonenstrahlung. Es wird um so mehr Bremsstrahlung erzeugt, je höher die Ordnungszahl der Atome des Wechselwirkungsmaterials ist.
- Elastische Streuung:
  Ein schnelles geladenes Teilchen stößt mit einem Atomkern zusammen. Das Teilchen ändert seine Bewegungsrichtung, erleidet aber praktisch keinen Energieverlust. Schwere geladene Teilchen verursachen hauptsächlich Anregung und Ionisierung, die Streuung und die Strahlungsbremsung sind zu vernachlässigen.

Bei *ungeladenen Teilchen*, d. h. Neutronen, sind Wechselwirkungen nur mit Atomkernen möglich. Bei schnellen Neutronen überwiegt die elastische

Streuung an Atomkernen. Ein getroffener Atomkern erleidet dabei einen Rückstoß und ist dann seinerseits in der Lage, Ionisationen und Anregungen zu verursachen.

3.2 Strahlenarten

Bei den Strahlenarten unterscheidet man direkt ionisierende und indirekt ionisierende Strahlung. Ionisierende Strahlung erfährt beim Durchgang durch Materie Wechselwirkungen, die direkt oder indirekt über ausgelöste Sekundärteilchen, wie z. B. Elektronen oder Rückstoßprotonen, zu Ionisationen führen.

3.2.1 Direkt ionisierende Strahlung

Darunter versteht man Strahlung wie *Elektronen, Protonen, α-Teilchen* usw. Direkt ionisierende Strahlung gibt ihre Energie unmittelbar durch Stöße an die Materie ab. Unterschieden wird weiter zwischen dicht und locker ionisierenden Strahlenarten. *Dicht ionisierend* wirken α-Teilchen, Schwerionen und langsame Protonen. Elektronen zählen zu den dünn bzw. *locker ionisierenden* Strahlen.

3.2.2 Indirekt ionisierende Strahlung

Als indirekt ionisierende Strahlung bezeichnet man *Photonen* bzw. *γ-Strahlung* und *Neutronen*. Erst durch Wechselwirkung der Photonen mit den Atomen des absorbierenden Materials, wie Photoeffekt, Compton-Effekt und Paarbildung, entstehen geladene Teilchen, nämlich Elektronen, die durch Stöße Energie freigeben können.

Neutronen unter einer Energie von 3 MeV übertragen ihre kinetische Energie zu 80–90% an Wasserstoffkerne und zu einem kleineren Teil an Kohlenstoff, Stickstoff und Sauerstoff. Neutronen zählen zu den dicht ionisierenden Strahlenarten.

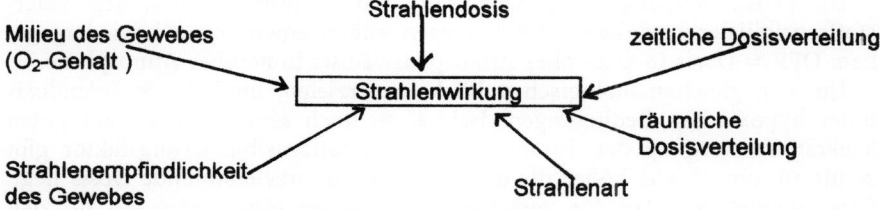

Abb. 3.1. Verschiedene Einflüsse auf die Strahlenwirkung

Photonen und γ-Strahlen gehören zur locker ionisierenden Strahlung, d. h. die Bahnen der von Photonen freigesetzten Elektronen bestehen aus räumlich voneinander getrennten Primärereignissen.

Abhängig von der Energie und der Strahlenart kann die biologische Wirkung bei gleicher absorbierter Dosis unterschiedlich stark sein, d. h. um die gleiche Wirkung zu erzielen, müssen unterschiedlich hohe Strahlendosen appliziert werden.

3.2.3
Biologische Wirkung der Strahlenarten

Die Unterschiede der verschiedenen Strahlenarten liegen bei gleicher Energie in der Reichweite der Strahlung und der pro Wegstrecke abgegebenen Energie. Bei der Strahlentherapie maligner Tumoren können Reichweiten bis zu 20 cm erforderlich sein. Abhängig ist die Wirksamkeit einer Strahlung auch vom Sauerstoffgehalt des bestrahlten Gewebes und von der zeitlichen Verteilung der Bestrahlung (Abb. 3.1).

Im wachsenden Tumor nimmt die Zellzahl schneller zu, als die Kapilarisierung des Tumors gewährleisten kann. Die Folge ist eine Vergrößerung der Abstände zwischen den einzelnen Zellen und Blutkapillaren. Über diese Gefäße werden mit dem Blut Sauerstoff und Nährstoffe in die Gewebe transportiert. Der Sauerstoff diffundiert aus den Kapillaren in das Gewebe. Durch den Zellstoffwechsel wird ständig Sauerstoff verbraucht, der Sauerstoffpartialdruck nimmt zwangsläufig ab, und die Zellen werden nicht mehr ausreichend mit Sauerstoff versorgt. Ein Teil der Zellen stirbt ab, es kommt zur Bildung nekrotischer Areale.

Im Tumorgewebe, besonders am Rand von nekrotischen Bezirken, sind Zellen zu finden, die noch nicht abgestorben sind, jedoch einen sehr niedrigen Sauerstoffpartialdruck aufweisen. Diese hypoxischen Zellen befinden sich zunächst in der Ruhephase des Zellzyklus, werden bei verbesserter Sauerstoffversorgung jedoch wieder befähigt zu proliferieren.

Der Sauerstoffgehalt zeigt eine große Bedeutung für die Strahlentherapie maligner Tumoren. Hypoxische Zellen, die schlecht mit Sauerstoff versorgt werden, sind in fast jedem Tumor zu finden. Sie reagieren auf Bestrahlungen mit locker ionisierenden Strahlen weniger empfindlich als gut mit Sauerstoff versorgte Zellen. Deshalb überleben sie eine Einwirkung ionisierender Strahlung besser als gut mit Sauerstoff versorgte Zellen. Die biologische Wirkung der Strahlung sinkt mit abfallendem Sauerstoffgehalt des Gewebes. Zur Zerstörung hypoxischer Zellen sind daher höhere Strahlendosen notwendig.

Die Sensibilisierung durch Sauerstoff wird quantitativ durch den Sauerstoffsensibilisierungsfaktor *OER* („oxygen enhancement ratio") wiedergegeben: OER = Dosis in anaerober Atmosphäre/Dosis in aerober Atmosphäre.

Um den gleichen biologischen Effekt zu erzielen, muß die Strahlendosis unter hypoxischen Bedingungen dreimal so hoch sein wie bei einer guten Sauerstoffversorgung des Tumors. Der Sauerstoffsensibilisierungsfaktor gibt somit an, um wieviel höher die erforderliche tumorzellabtötende Dosis liegt. Experimentell konnten für verschiedene Zellarten Werte von 2–3 für den Sauerstoffsensibilisierungsfaktor ermittelt werden.

3.2 Strahlenarten

Die sensibilisierende Wirkung des Sauerstoffs steigt bis zu Sauerstoffpartialdrücken von 1,33–2,67 kPa (10–20 mmHg) stark an, erreicht ein Plateau und ändert sich dann nicht mehr. In normalen Geweben liegen Sauerstoffpartialdrücke von 5,33 kPa (40 mmHg) vor, was eine maximale Strahlensensibilisierung bedeutet.

Aufgrund dieser Gegebenheiten wurden bestimmte Behandlungsmodalitäten zur Zerstörung hypoxischer Zellen in Betracht gezogen. Zu diesen Behandlungsmodalitäten gehören die Anwendung von hyperbarem Sauerstoff, d. h. die Gabe von Sauerstoff mit Überdruck, der Einsatz schneller Neutronen, die Anwendung von Substanzen, die spezifisch hypoxische Zellen sensibilisieren, und die Methode der Hyperthermie, d. h. eine beabsichtigte Überwärmung bestimmter Areale oder des gesamten Körpers.

3.2.4
Dosimetrie

Um die Wirkung ionisierender Strahlen zu verstehen, müssen bestimmte dosimetrische Begriffe definiert werden.

Ionendosis

Bei der Ionendosis handelt es sich um eine rein physikalische Größe. Die gebräuchliche Einheit der Ionendosis ist Coulomb/Kilogramm (C/kg). Die ältere und nicht mehr gültige Einheit Röntgen (R) bezieht sich auf eine elektrostatische Einheit als Ladung und 1 cm^3 Volumen unter Normalbedingungen; 1 R erzeugt in 1 cm^3 Luft von 0 °C Temperatur und 760 mmHg Druck $2,08 \cdot 10^9$ Ionenpaare. Die transportierte Elektrizitätsmenge von 1 R beträgt $2,58 \cdot 10^{-4}$ C/kg.

Es gilt: Ionendosis = Ladung (erzeugte Ionen)/Masse (Luft).

Gemessen wird der Betrag der elektrischen Ladung der Kationen oder Anionen, die in Luft in einem Volumenelement durch die Strahlung unmittelbar gebildet werden. Diese Messung läßt sich bei Gasen einfach durchführen, wobei trockene Luft als Standardmaterial verwendet wird.

Energiedosis

Die Ionendosis wird also in einem luftgefüllten Hohlraum ermittelt und nicht die Strahlenwirkung in einem interessierenden Material. Aus diesem Grund wurde der Begriff der Energiedosis eingeführt. Damit bezeichnet man die in einer beliebigen Substanz absorbierte Energie ionisierender Strahlung, dividiert durch die Masse der Substanz.

Im internationalen Einheitensystem (SI) hat die Energiedosis die Größe Joule/Kilogramm (J/kg). Der für diese Einheit gebräuchliche Name lautet Gray (Gy). Eine veraltete Einheit für die Energiedosis heißt Rad (rd), die Abkürzung für „radiation absorbed dose".

1 Gy = 1 J/kg,

1 rd = 0,01 J/kg = 0,01 Gy oder 100 rd = 1 Gy.

Beobachtbare Strahleneffekte steigen mit der Energiedosis, d.h. je mehr Energie im bestrahlten Gewebe absorbiert wird, um so größer ist die Wirkung. Nach strahlenbiologischen Untersuchungen kann bei dünn ionisierenden Strahlenarten mit einem Energieaufwand von im Mittel nur etwa 60 eV die Auslösung einer biologisch wirksamen primären Wechselwirkung der Strahlung erfolgen, d.h. dieser Energieaufwand kann zu einem Treffer in einem kleinen kritischen Volumen wie z.B. der DNA führen.

Als *Elektronvolt* (eV) bezeichnet man diejenige Energie, die ein einfach geladenes Teilchen beim Durchfallen einer Spannungsdifferenz von 1 Volt (V) im Vakuum erhält.

Legt man 60 eV pro Treffer zugrunde, entspricht das bei einer Energiedosis von 1 Gy einer Zahl von $6{,}24 \cdot 10^{15}$ eV$\cdot$g^{-1}/60 eV, also 10^{14} Treffern pro Gramm Gewebe.

Die Energiedosis läßt sich nicht direkt messen, deshalb hilft man sich mit der Ionendosismessung. Berechnet wird die Energiedosis dann aus der Ionendosis in Luft unter Berücksichtigung der Energieabsorptionskoeffizienten (K) in verschiedenen Materialien. Es gilt: Energiedosis = Ionendosis·K.

Der Dosisumrechnungsfaktor K ist abhängig von den durchstrahlten Materialien und der Energie der Strahlung.

Bei gleicher Einfallsdosis und gleicher Strahlenqualität führt die Verwendung von niedrigen Energien in verschiedenen Geweben zu unterschiedlicher Dosisabsorption. Oberhalb von 1 MeV, d.h. in der Hochvolttherapie, unterscheiden sich die Quotienten der Absorptionskoeffizienten nur noch gering.

Energiedosisleistung

Die Energiedosisleistung ist ein Maß für die Zunahme der absorbierten Energie mit der Zeit. Die gesetzliche SI-Einheit ist 1 Gray durch Sekunde (Gy/s).

Kerma („kinetic energy released in material")

Indirekt ionisierende Strahlenarten wirken über geladene Sekundärteilchen. Kerma bezieht sich auf die im Bezugsvolumen von indirekt ionisierender Strahlung (Photonen, Neutronen) auf geladene Teilchen übertragene Energie, d.h. sie bezieht sich auf die Energieübertragung von Primärteilchen wie Photonen und Neutronen auf ausgelöste Sekundärteilchen wie Elektronen und Rückstoßprotonen. Man spricht von der *1. Wechselwirkungsstufe*. Die übertragene Anfangsenergie ist dabei ein Maß für die Strahlwirkung.

Die Kerma erhält man durch die Division der Summe der Anfangswerte der kinetischen Energien aller geladenen Teilchen, die von indirekt ionisierender Strahlung aus einem Material mit einer bestimmten Dichte in einem definierten Volumen freigesetzt werden, und der Masse dieses Volumens. Die Kerma ist materialabhängig, weshalb bei allen Kermaangaben das Material des Bezugsvolumens genannt werden muß. Die Einheit ist Gy.

Der Unterschied zwischen Energiedosis und Kerma liegt darin, daß die Kerma nur für indirekt ionisierende Strahlung definiert ist. Bei der Energiedosis spricht man von der *2. Wechselwirkungsstufe*, d.h. der Energieübertragung der Sekundärelektronen durch Stoßbremsung auf Atome bzw. Moleküle mit nachfolgender Ionisation bzw. Anregung. Die Energiedosis ist für alle Strahlenarten definiert.

Kermaleistung

Die Kermaleistung gibt die Zunahme der Kerma mit der Zeit wieder. Die verwendete Einheit der Kermaleistung ist wie bei der Energiedosisleistung ebenfalls Gy/s.

Äquivalentdosis

Verwendet wird dieser Dosisbegriff im Strahlenschutz. Die Einheit ist Sievert (Sv), veraltet ist z. T. noch rem („Roentgen equivalent man") gebräuchlich.

Es bestehen folgende Zusammenhänge der Einheiten untereinander: 100 rem=1 Sv=1 J/kg=1 Gy.

Die Äquivalentdosis berücksichtigt bei der strahleninduzierten biologischen Wirkung nicht nur die absorbierte Dosis, sondern auch die von der Strahlenart abhängige unterschiedliche Ionisationsdichte. Unter Ionisationsdichte versteht man die Zahl der entstandenen Ladungsträgerpaare pro Bahnlänge. Es gilt: Äquivalentdosis = Energiedosis·q.

Als Bewertungsfaktor q bezeichnet man auch das Produkt aus dem Qualitätsfaktor Q und modifizierenden Faktoren N.

Die Wirksamkeit einer Tumorbestrahlung hängt von der Energieübertragung der Strahlung auf das Gewebe ab. Gemessen wird die Wirksamkeit der Strahlung anhand des linearen Energietransfers, kurz *LET* genannt. LET beschreibt den Grad der Energieabgabe entlang der Bahn eines ionisierenden Teilchens pro Wegstrecke, also die Ionisationsdichte. LET ist eine rein physikalische Größe mit der Einheit keV/µm.

Zwischen dem Qualitätsfaktor und dem linearen Energietransfer besteht eine Beziehung. Mit steigendem Qualitätsfaktor nimmt das lineare Energieübertragungsvermögen zu. Mit zunehmender Ladung der ionisierenden Teilchen steigt ebenfalls der lineare Energietransfer an. Bei einem mittleren linearen Energieübertragungsvermögen von 7 keV/µm beträgt der Qualitätsfaktor 2 und die mittlere spezifische Ionisation in Ionenpaaren 200/µm. Beträgt der Wert des mittleren LET 53, so liegt der Qualitätsfaktor bei 10 und die mittlere spezifische Ionisation in Ionenpaaren/µm bei 1500.

Grundlage für den Faktor q ist die relative biologische Wirksamkeit, die unter anderem von der Ionisationsdichte der Strahlung abhängt. In den Bewertungsfaktor q gehen das Energiespektrum der benutzten Strahlung und die zeitliche Dosisverteilung ein. Festgelegt werden die Werte für q nach den neuesten strahlenbiologischen Erkenntnissen von den Strahlenschutzkommissionen.

So ergeben sich als Werte für q im Vergleich bei bestimmten Strahlenarten:

- Röntgen-, γ-Strahlung bzw. Photonen = 1,
- β-Strahlung, Elektronen = 1,
- thermische Neutronen = 3,

- schnelle Neutronen = 10,
- Protonen = 10,
- α-Strahlung = 10,
- schwere Teilchen = 20.

Die Äquivalentdosis für 10 Gy Photonen beträgt 10 Sv, für 10 Gy schnelle Neutronen 100 Sv.

3.2.5
Strahlenbiologische Parameter

Stellt man die relative Ionisation eines Teilchenstrahls als Funktion der Eindringtiefe dar, so erhält man eine sog. Bragg-Kurve, die nach dem englischen Physiker Sir William Bragg benannt wurde. Da die absorbierte Dosis proportional zur Ionisation ist, weist die Bragg-Kurve fast denselben Verlauf wie die Tiefendosisverteilung auf.

Zur Strahlung mit niedrigem LET zählen Röntgenstrahlen, γ-Strahlen und Elektronen. Zu der Strahlung mit hohem LET, also zu den dicht ionisierenden Strahlen, zählen langsame Protonen, α-Teilchen und Schwerionen. Schnelle Protonen sind dünn ionisierend. Strahlung mit einem hohen LET wirkt aufgrund der Zerstörung der DNA und der weitgehenden Unterdrückung der Reparatur der Schäden effektiver als Elektronen- und Photonenstrahlung.

Strahlung mit niedrigem LET wirkt mittelbar über andere Prozesse. Durch den hohen Wassergehalt der Zellen kommt es nach Straleneinwirkung zu einer Radiolyse des Wassers. Das Wasser wird durch Ionisation und Anregung in Ionen und Radikale zerlegt. Die Radiolyseprodukte des Wassers, die chemisch sehr reaktiv sind, lösen häufig Oxidationsreaktionen aus. Bei Proteinen, Nukleinsäuren und Lipiden werden sowohl direkte als auch indirekte Schäden durch ionisierende Strahlung beobachtet. Proteine reagieren mit einer Verkürzung ihrer Peptidkette, einer Änderung ihrer Sekundär- und Tertiärstruktur, Decarboxylierungen, Desaminierungen und einer Sprengung aromatischer Ringe. Aromatische und schwefelhaltige Aminosäuren reagieren besonders schnell mit $OH^\bullet$-Radikalen. Fettsäuren und Lipide können durch ionisierende Strahlen verkürzt und oxidativ verändert werden.

Führt ein einzelner Treffer in einem kleinen kritischen Volumen zu einem Einzelstrangbruch in einem DNA-Molekül, so ist der Schaden mit großer Wahrscheinlichkeit reparierbar. Ein Doppelstrangbruch, der durch 2 eng benachbarte Treffer im gleichen kritischen Volumen entsteht, ist dagegen irreparabel.

Relative biologische Wirksamkeit

Um die unterschiedliche biologische Wirksamkeit verschiedener Strahlenarten quantitativ beschreiben zu können, wird der Begriff der relativen biologischen Wirksamkeit, kurz *RBW*, benutzt, der experimentell ermittelt werden kann. Die RBW dient der Festlegung des Faktors q. Berücksichtigt wird, daß verschiedene Strahlenarten bei gleicher Dosis zu unterschiedlichen biologischen Schäden führen können: RBW = Energiedosis der Standardstrahlung von ^{60}Co/Energiedosis der interessierenden Strahlung.

In Bezug gesetzt wird die Energiedosis einer Standardstrahlung des ^{60}Co, um einen biologischen Effekt zu bewirken, zu der Energiedosis einer interessierenden Strahlung, um den gleichen biologischen Effekt im Gewebe zu erzielen.

Der RBW-Faktor hängt von der Strahlenart, der Strahlenenergie, der Ionisationsdichte der Strahlung, der räumlichen und zeitlichen Dosisverteilung, dem Entwicklungszustand des bestrahlten Gewebes und der beobachteten Strahlenreaktion ab.

Tiefendosiskurven

Tiefendosiskurven geben eine graphische Darstellung der prozentualen, d.h. der relativen Dosisverteilung längs einer anzugebenden Achse im Patienten oder im Phantom in Zentimetern wieder (Abb. 3.2). Würde man den Dosisverlauf im Gewebe in Kurven darstellen, und zwar verschiedene Energiedosen in Abhängigkeit von der Gewebetiefe in Zentimetern, so würden diese Kurven im Vergleich zur Strahleneintrittsebene einen Dosisanstieg bis zu 100% in einer bestimmten Gewebetiefe, im Dosismaximum, zeigen.

Nach Erreichen des Dosismaximums fällt die Tiefendosiskurve in Abhängigkeit von der Feldgröße, der Divergenz und der Qualität der Strahlung ab.

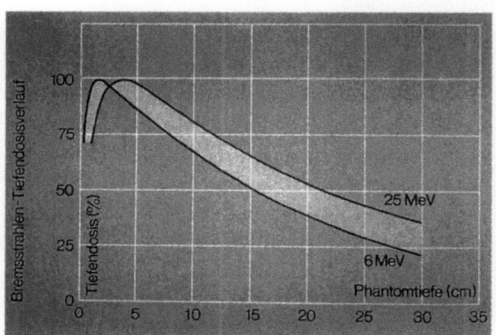

Abb. 3.2. Relative Tiefendosiskurven für Photonen (Elekta Onkologische Systeme, ehem. Philips)

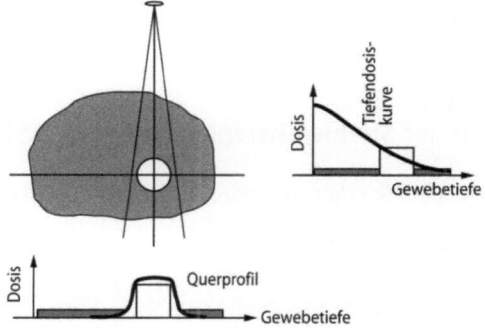

Abb. 3.3. Tiefendosiskurve und Dosisquerprofil im Vergleich (Prof. Dr. W. Schlegel, DKFZ)

Der Verlauf der Tiefendosis wird vor allem durch die Strahlenart und die Energie bestimmt. Der Tiefendosisverlauf charakterisiert die Dosis in Strahlrichtung im gesunden Gewebe und im Zielvolumen.

Dosismaximum

Als Dosismaximum bezeichnet man den Maximalwert der Energiedosis, der entlang des Zentralstrahls innerhalb einer räumlichen Dosisverteilung gemessen wird. Bei hohen Energien verlagert sich das Strahlungsdosismaximum mehr in Richtung Körpermitte, und die Belastung subkutan gelegener gesunder Organe bzw. Gewebe wird reduziert.

Relatives Dosisquerprofil

Das relative Dosisquerprofil gibt die Verteilung der Energiedosis in % längs einer Feldachse, d.h. senkrecht zur Achse des Nutzstrahlenbündels und parallel zu den Kanten eines Rechteckfeldes in einer festgelegten Meßtiefe wieder. Das Dosisquerprofil zeigt einen fast konstanten Dosisverlauf im Bereich des offenen Strahlenfeldes und einen mehr oder weniger großen Halbschattenbereich an den Feldrändern (Abb. 3.3).

Als *Dosisdekremente* bezeichnet man die als Bruchteile oder Prozentsätze des Wertes der auf der Strahlenfeldachse dargestellten Dosiswerte.

Isodosenkurven

Darunter versteht man eine Kurve als Verbindungslinie aller Punkte mit gleicher relativer Energiedosis, die für bestimmte Körperschnittebenen in % des Dosismaximums angelegt werden. Isodosenkurven in einer Bezugsebene stellen Schnittkurven der Isodosenflächen mit dieser Ebene dar. Sie beziehen sich meistens auf eine Symmetrieebene der räumlichen Dosisverteilung, welche die Strahlenfeldachse und bei Rechteckfeldern ebenso eine Parallele zu einer der wirksamen Kanten des Blendensystems enthält.

Isodosenflächen

Als Isodosenflächen bezeichnet man Flächen, die alle Punkte gleicher Energiedosis in einem bestrahlten Phantom bzw. Patienten enthalten. Sie liefern wichtige Informationen über die relative räumliche Dosisverteilung.

3.3
In der Strahlentherapie angewandte Strahlenarten

In der *Teletherapie* wird z.B. Photonenstrahlung von Beschleunigern und von ^{60}Co eingesetzt. Korpuskularstrahlung wird zu Therapiezwecken in Form von Elektronen, Protonen, Schwerionen und evtl. Neutronen am Patienten appliziert. In der *Brachytherapie* kommen umschlossene Radionuklide wie z.B. ^{60}Co, ^{137}Cs, ^{192}Ir, ^{90}Sr, ^{90}Y, ^{198}Au, ^{182}Ta, ^{125}J zum Einsatz.

3.3.1
Photonen

Die zunehmende Strahlungsenergie der Therapiegeräte bedingt eine Verlagerung des Dosismaximums zur Gewebetiefe hin sowie eine höhere Tiefendosis.

γ-Strahlung und ultraharte Röntgenstrahlung besitzen eine relativ große Reichweite im Gewebe. Photonen eignen sich aus diesem Grund zur Bestrahlung tiefer gelegener Tumoren bei entsprechender Hautschonung.

Die Dosis an einer bestimmten Stelle innerhalb des durchstrahlten Körpers ist abhängig von der Zahl der primären geladenen Teilchen oder der sekundär von Photonen ausgelösten Elektronen, dem ortsabhängigen Energiespektrum der Elektronen und deren Energieabgabe.

Wie aus den Tiefendosiskurven ersichtlich, ändert sich die Dosis mit der Eindringtiefe aufgrund der Abbremsung und Streuung bzw. Schwächung der Primärstrahlung im Gewebe. Photonen wirken als indirekt ionisierende Strahlenart über die im Gewebe bei Schwächungsprozessen erzeugten Sekundärelektronen. Nach dem Erreichen des Dosismaximums fällt die Tiefendosiskurve, die durch die Anzahl der Sekundärelektronen beeinflußt wird, langsam ab. Die Anzahl der Photonen/cm² nimmt durch die Schwächung der Primärstrahlung mit der Tiefe ab, die die Dosis bestimmende Anzahl der Sekundärelektronen nimmt jedoch zu.

Abhängig ist die Tiefe des Dosismaximums von der Energie der Strahlung entsprechend der Reichweite der gestreuten Photonen bzw. der erzeugten Sekundärelektronen, d.h. mit einem Anstieg der Energie der Primärstrahlung tritt eine Verlagerung des Dosismaximums zur Tiefe hin auf. Das Dosismaximum einer Photonenenergie von 12 MeV liegt in etwa 3 cm Tiefe des Wasserphantoms. Bei ^{60}Co liegt das Dosismaximum in 0,5 cm Tiefe.

Die Sekundärelektronen übertragen, bezogen auf ihren jeweiligen Entstehungsort, ihre Energie im Durchschnitt um eine bestimmte Strecke in Vor-

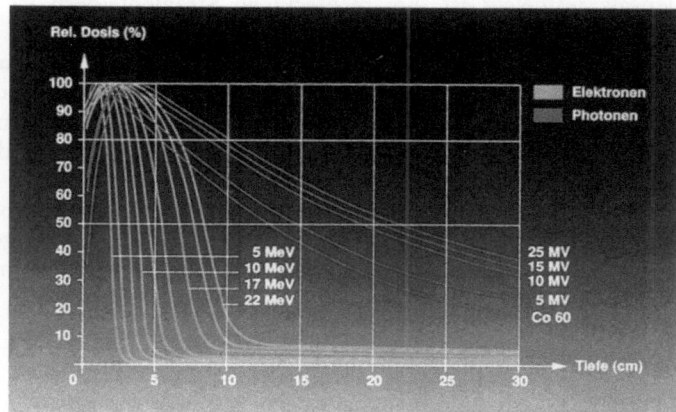

Abb. 3.4. Darstellung von Photonen- und Elektronentiefendosiskurven (Elekta Onkologische Systeme, ehem. Philips)

wärtsrichtung verschoben auf das Material. Sie bewegen sich in Richtung des Primärstrahlenbündels. Man spricht von *Aufbaueffekt*. Bei ultraharter Röntgenstrahlung tritt der Aufbaueffekt wesentlich ausgeprägter auf als bei der γ-Strahlung des ^{60}Co. Bei gleicher Dosis im Dosismaximum, das sich mit steigender Energie in größere Tiefe verschiebt, wird die Hautdosis geringer.

Tiefendosiskurven von ^{60}Co, höher energetischen Photonen und Elektronen zeigen deutliche Unterschiede bezüglich der Lage des Dosismaximums, der Austrittsdosis und der Steilheit des Dosisabfalls zur Tiefe hin. Der Verlauf der Tiefendosis wird durch die verwendete Strahlenart bestimmt (Abb. 3.4).

Bei allen Strahlenarten hängen diese Parameter von der Energie ab. Somit würden Schwankungen der Austrittsenergie bei einem medizinischen Linearbeschleuniger die Dosisverteilung im Patienten und auch die Feldhomogenität verändern.

Beachtet werden muß vor allem bei der konventionellen Therapie mit Röntgenstrahlung und beim ^{60}Co, daß mit zunehmender *Feldgröße* auch der Streustrahlenanteil zunimmt, was eine Zusatzdosis wie bei der Elektronenstrahlung bedeutet. Bei höheren Photonenenergien wird der Tiefendosisverlauf weniger von der Feldgröße beeinflußt.

Feldgrößendefinition

Die Feldgröße gibt die Größe des Bestrahlungsfeldes durch die Angabe einer charakteristischen Fläche in einer anzugebenden Feldebene wieder, die senkrecht zum Zentralstrahl in einem anzugebenden Fokus liegt. Die Feldgröße kann wegen der Divergenz des Nutzstrahlenbündels und der proportionalen Zunahme der linearen Querschnittsabmessungen dieses Nutzstrahlenbündels zum Divergenzpunkt nur auf anzugebende Fokusabstände bezogen definiert werden.

Die *geometrische Feldgröße* bezieht sich auf die Feldabmessung, die durch den Fokus, die patientennächste bündelbegrenzende Blende und den Strahlensatz festgelegt ist. Bei rechteckigen Strahlenfeldern ist die geometrische Feldgröße durch das aus den beiden Feldabmessungen F_x und F_y des Blendenkoordinatensystems gebildete Zahlenpaar, z.B. 10 cm×13 cm, gekennzeichnet. Bei runden Strahlenfeldern definiert sich die Feldgröße durch den Durchmesser der Feldfläche. Als *Nennfeldgröße* bezeichnet man die geometrische Feldgröße im normalen Bestrahlungsabstand, der an den Strahlentherapiegeräten ablesbar ist.

Die *dosimetrische Feldgröße* ist die durch die 50%-Isodosenkurve gekennzeichnete Feldgröße in einer betrachteten Feldebene. Die geometrische Feldgröße fällt bei ultraharter Photonenstrahlung weitgehend mit der dosimetrischen Feldgröße zusammen.

Feldbegrenzung

Besonders im Energiebereich konventioneller Röntgenstrahlung, beim ^{60}Co, ^{137}Cs und bei niederenergetischen Photonen entstehen am Bestrahlungsfeldrand *Halbschatten mit einer Randunschärfe*, d.h. die Dosis fällt am Feldrand

Abb. 3.5. Schematische Darstellung des Problems der Halbschattenbildung (Prof. Dr. W. Schlegel, DKFZ)

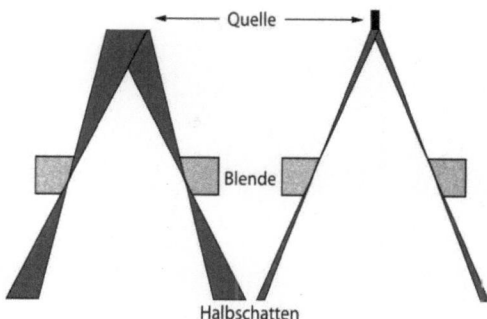

nicht abrupt, sondern allmählich ab, sie läuft mehr oder weniger aus. Beim ^{60}Co und beim ^{137}Cs liegt der Halbschatten im Zentimeterbereich, bei Linearbeschleunigern beträgt die Breite des Halbschattens nur wenige Millimeter (Abb. 3.5).

Ursachen der Halbschattenbildung. In der Realität sind die Strahlenquellen nicht punktförmig, und das Kollimatorsystem ist nicht in der Lage, den Strahlenkegel ausreichend einzublenden. Abhilfe können zusätzliche patientennahe Bleisatelliten, sog. *Trimmer*, schaffen. Eine weitere Ursache der Halbschattenbildung, die bei niederenergetischen Photonen zu beobachten ist, liegt im *seitlichen Streustrahlenanteil des niedrigen Energiebereichs.* Niederenergetische Strahlung streut im Gewebe stärker auf. Die Halbschattenbildung nimmt mit steigender Eindringtiefe zu.

Weitgehend vermieden werden kann dies durch einen möglichst kleinen Fokus, Arbeiten mit einer Strahlenenergie von mehr als 1 MeV und einer Vergrößerung des Fokus-Haut-Abstandes.

Die Halbschattenbildung, die der geometrischen Unschärfe entspricht, hat keinen Einfluß auf die Tiefendosis im Zentralstrahl, beeinflußt aber den Isodosenverlauf.

3.3.2
Elektronen

Energiereiche, parallele Elektronenstrahlbündel erfahren beim Eindringen in Gewebe zunächst nur eine geringfügige Abbremsung, werden dann aber ihrer geringen Masse wegen leicht aus ihrer Bahn abgelenkt. Jeder Ablenkung der Elektronen geht eine Wechselwirkung und somit eine Energieabgabe voraus. Eine Tiefendosiskurve stellt nichts anderes als eine Verteilung der Energiedosis dar, die man entlang des Zentralstrahls beobachtet. Wenn die Elektronen eine bestimmte Strecke im Absorbermaterial, z. B. Wasser im Phantom, zurückgelegt haben, die etwa der Hälfte der mittleren Reichweite entspricht, ist das Elektronenstrahlbündel nahezu aufgelöst, die Energieabgabe ist maximal, und das Dosismaximum ist erreicht.

Nach Erreichen des Dosismaximums erfolgt ein steiler Dosisabfall. Die Tiefendosis nimmt mit zunehmender Eindringtiefe ab, da die Elektronen

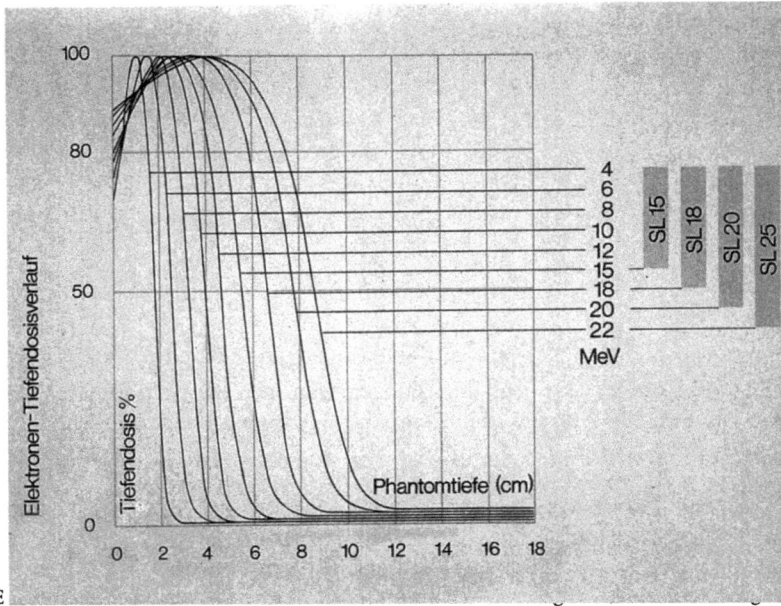

Abb. 3.6. E...
sche Systeme, ehem. Philips)

stärker aufgestreut werden. Der Kurvenauslauf wird durch Bremsstrahlung verursacht, die durch die Wechselwirkung mit Materie entsteht. Man spricht von *Bremsstrahlenuntergrund*.

Das mehr oder weniger breite Tiefendosismaximum liegt bei etwa einem Drittel der Reichweite der Elektronen (Abb. 3.6).

Die *therapeutische Reichweite* der Elektronen in cm beträgt etwa ein Drittel des Zahlenwertes der Elektronenenergie in MeV, das sind z.B. bei 9 MeV 3 cm, was der 80%-Isodose entspricht. Die *praktische Reichweite* der Elektro-

Tabelle 3.1. Elektronenmonitorwerte für 2,0 Gy im Dosismaximum (gemessen für Philips SL 25)

Tubus Energie [MeV]	4	6	8	10	12	15	18	20	22
6×6	254	205	194	187	182	189	187	184	186
10×10	200	200	200	200	200	200	200	200	200
14×14	188	195	195	200	205	205	208	207	209
20×20	190	197	197	202	205	209	210	211	215
25×25	193	197	201	207	208	208	210	216	220
Rundtubus [cm Dm]									
5	1052	826	526	406	364	280	264	242	
4	1556	1124	700	544	450	370	324	290	286
3	1718	1341	818	604	482	388	332	298	294
2	5178	4402	2902	1586	1179	788	686	586	

nen in cm entspricht der Hälfte des Zahlenwertes der Energie in MeV. Die therapeutisch nutzbare Tiefe nimmt mit wachsender Energie der Elektronen zu. Die Bestrahlung mit Elektronen eignet sich für oberflächennahe oder in einigen Zentimetern Tiefe gelegene Tumoren.

Durch eine *Feldgrößenzunahme* bei der Bestrahlung mit Elektronen nimmt der Streustrahlenanteil zu, es kommt zu einer Zusatzdosis. Das Dosismaximum wird deutlicher ausgeprägt und wandert in eine größere Tiefe. In den tieferen Gewebeschichten kommt es bei zunehmender Feldgröße zu einer günstigeren Tiefendosis (Tabelle 3.1).

Bei einer *Feldgrößenverkleinerung* kommt es zu einer Dosisabnahme aufgrund der stärkeren Streuung der Elektronen. Das Dosismaximum wandert an die Oberfläche, der Dosisabfall wird zur Tiefe hin weniger steil.

Gewebeinhomogenitäten

Die Gewebeinhomogenitäten haben in der konventionellen Röntgentherapie und bei der Bestrahlung mit Elektronen einen besonderen Einfluß auf die Dosisverteilung. In Abhängigkeit von der Strahlenenergie ändert sich die Energieabsorption in Körpergeweben unterschiedlicher effektiver Ordnungszahl und unterschiedlicher Dichte.

Unterschiede in den Massenschwächungskoeffizienten liegen auch bei ^{60}Co und Photonen höherer Energien vor. So ist z.B. die Dosis hinter einem ausgedehnten Lungenbereich gegenüber einem homogenen Medium bei Photonen des ^{60}Co um einen bestimmten Faktor größer als bei Photonen mit höherer Energie als der des ^{60}Co.

Gewebe, die unterschiedliche Dichten aufweisen, werden als Inhomogenitäten bezeichnet. Zum Vergleich kann man Wasser mit einer Dichte von 1 g/cm^3 heranziehen. Muskelgewebe weist eine Dichte von 1 g/cm^3 auf.

Aus dem Verhältnis von Masse zu Volumen ergeben sich für die anderen Gewebearten folgende Dichtewerte:

- Fettgewebe 0,92 g/cm^3,
- Knorpelgewebe 1,09 g/cm^3,
- Weichteilgewebe, z.B. Muskel, 1,0 g/cm^3,
- Knochen 1,25–1,9 g/cm^3,
- Luft 0,0013 g/cm^3,
- Lunge 0,3 g/cm^3.

Bis auf Knochen, Luft und Lungengewebe sind die übrigen Gewebe fast wasseräquivalent. Knochen weist eine viel höhere Dosisabsorption auf als Weichteilgewebe.

Bei Elektronenstrahlung im niederen Energiebereich gibt es an den Gewebebegrenzflächen aufgrund der unterschiedlichen Dichte Unterschiede in der Dosisverteilung. Im oberflächlich gelegenen Knochen ist eine erhöhte Dosis zu beobachten, hinter dem Knochen eine erniedrigte Dosis. Mit steigender Strahlenenergie nehmen die Absorptionsunterschiede zwischen Geweben unterschiedlicher Dichte ab. Bei der γ-Strahlung des ^{60}Co und ultraharter Röntgenstrahlung kommt es nicht zu einer Dosiserhöhung für Knochen.

Da die Feldbegrenzung auch bei schnellen Elektronen eine Rolle spielt, verwendet man nach unten offene Tubusse. Der Dosishalbschatten am Feldrand ist hier besonders ausgeprägt.

3.3.3
Schwerionen

Betrachtet man Atome, so heben sich die Ladungen der Protonen des Kernes und die Ladungen der Elektronen der Hülle auf. Das Atom erscheint nach außen hin elektrisch neutral. Nach der Entfernung eines oder mehrerer Elektronen aus der Hülle überwiegt die Ladung des Kernes; es entstehen Ionen mit positiver Ladung (Kationen).

Entsprechend der Einteilung in leichte und schwere Atome bezeichnet man die aus Atomen höherer Ordnungszahl entstehenden Ionen dieser Atome als *Schwerionen* bzw. *schwere Ionen*. Allerdings gelten alle Ionen ab der Ordnungszahl zwei im üblichen Sprachgebrauch der Forscher als Schwerionen.

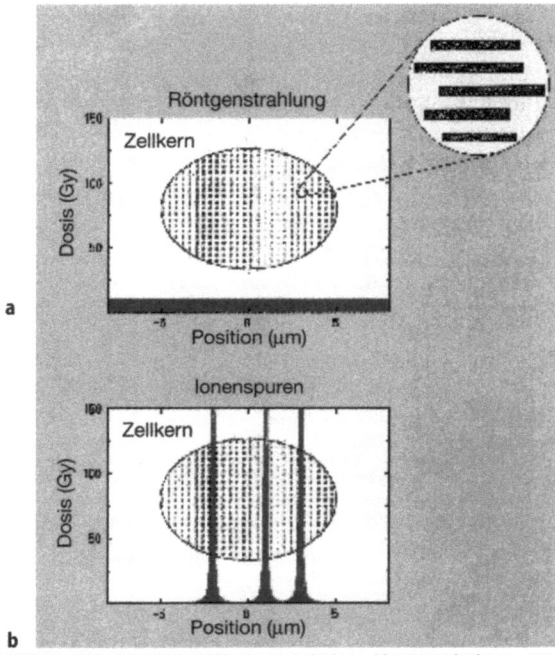

Abb. 3.7 a, b. Schematische Darstellung der unterschiedlichen lokalen Dosisverteilung von Röntgen- und Ionenstrahlung, normiert auf die gesamte deponierte Dosis. Während Röntgenstrahlen ihre Energie sehr gleichmäßig verteilt abgeben (**a**), ist die Dosis bei Ionenstrahlung auf sehr schmale Bereiche um die Flugbahn der Ionen konzentriert (**b**). Zum Vergleich ist die Größe des Zellkerns eingezeichnet. Die Ausschnittsvergrößerung in **a** zeigt schematisch die typische Struktur des DNA-Doppelstrangs, die Doppelhelix, deren Durchmesser etwa 2 nm beträgt

3.3 In der Strahlentherapie angewandte Strahlenarten

Aufgrund ihrer Ladung lassen sich Ionen durch elektrische und magnetische Felder lenken. In speziell gebauten Beschleunigeranlagen werden Ionen zu einem Strahl gebündelt und auf hohe Geschwindigkeiten beschleunigt.

Strahlen von Schwerionen, einem neuen Werkzeug in der Tumortherapie, bieten optimale Voraussetzungen zur Therapie von tiefliegenden Tumoren. Im Vergleich zu anderen Strahlenarten wie Röntgen- oder Elektronenstrahlung liegt die Besonderheit der Schwerionenstrahlung in der räumlichen Verteilung ihrer Energiedeposition. Röntgenstrahlen geben ihre Energie in einer dünnen Zellschicht sehr gleichmäßig über die gesamte bestrahlte Schicht ab. Schwerionen dagegen deponieren ihre Energie konzentriert in einem schmalen Bereich. Die Folge ist eine erhöhte biologische Wirksamkeit der Ionen im Vergleich zur Röntgenstrahlung. Durch die Wahl der Ionenart und der Strahlenenergie kann die lokale Energiedeposition und damit die Effektivität variiert werden.

Biologische Strahleneffekte treten häufig als Folge einer Schädigung der genetischen Erbinformation auf, die im Zellkern als DNA-Doppelstrang vorliegt. Um die biologische Strahlenwirkung im vollen Umfang verstehen zu können, ist die Kenntnis der Dosisverteilung im Zellkern wichtig. Wie aus Abb. 3.7 ersichtlich wird, eignen sich Schwerionen besonders zur Untersuchung grundlegender Mechanismen von Strahlenschädigungen.

Radiobiologische Wirkung

Man setzt beim Einsatz von Schwerionen in der Tumortherapie auf die strahlungsbedingte Inaktivierung von Zellen durch eine Schädigung der DNA, d.h. einen Verlust der Teilungsfähigkeit der Zellen. Ist der lokale Schaden groß, so nimmt die Chance einer korrekten Reparatur ab. Je höher die Masse eines Ions ist, desto größer ist auch die zerstörende Wirkung in einer Zelle.

Der spezielle Teilcheneffekt konnte durch Versuchsreihen an biologischen Proben über eine exakte Analyse der mikroskopischen Dosisverteilung in der Bahnspur erforscht werden. Entwickelt wurde ein Modell, mit dem die biologische Wirksamkeit in Abhängigkeit von der Strahlenqualität, d.h. von der Ionenart, der Teilchenenergie und der spezifischen Energieabgabe in der Bahnspur bestimmt werden konnte.

Bei der bisher angewandten perkutanen Strahlentherapie mit Photonen und γ-Strahlung fällt die im Gewebe abgegebene Dosis exponentiell mit der

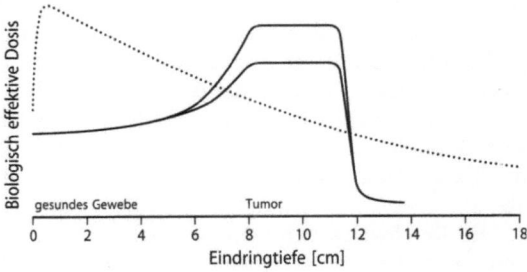

Abb. 3.8. Die biologisch effektive Dosis in Abhängigkeit von der Eindringtiefe ins Gewebe für Schwerionen, Protonen und Photonen (GSI). *Obere, durchgehende Kurve*, Schwerionenstrahlung; *untere, durchgehende Kurve*, Protonenstrahlung, *gepunktete Kurve*, Röntgen- und γ-Strahlung

Abb. 3.9. Vergleich der physikalischen Dosisverteilung (*oben*) und der Überlebensrate von Zellen (*unten*) als Funktion der Eindringtiefe für Ionenstrahlen (Kohlenstoff der Energie 275 MeV pro Nukleon) und Photonen der Energie 20 MeV. Die erhöhte Energiedeposition am Ende der Teilchenstrahlen und die damit verbundene drastische Erniedrigung der Zellüberlebensrate macht Schwerionen zu einem Werkzeug für die Behandlung tiefliegender Tumoren. (GSI)

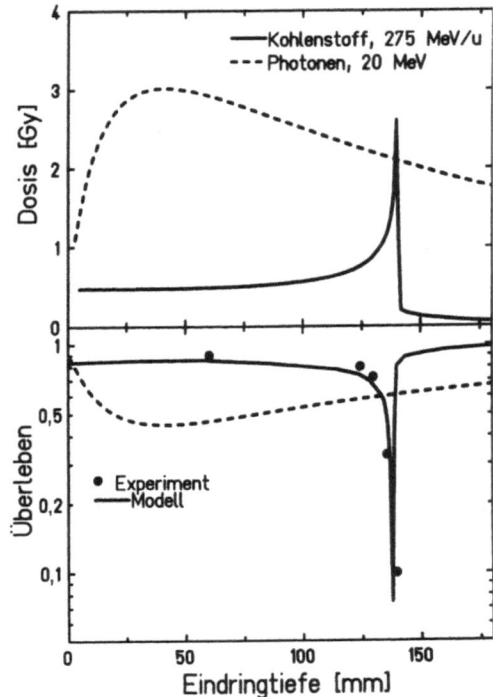

Eindringtiefe ab. Bei tief gelegenen Tumoren ist deshalb die im Tumor applizierte Dosis geringer als im umgebenden gesunden Gewebe (Abb. 3.8). Schwerionen dagegen weisen günstigere physikalische und biologische Eigenschaften auf. Sie unterliegen anderen Wechselwirkungen als Photonenstrahlung und optimieren den therapeutischen Effekt im Behandlungsvolumen bei signifikanter Reduzierung der Belastung des umgebenden gesunden Gewebes.

Als eine physikalisch günstige Eigenschaft erweist sich die geringe Seitenstreuung. Schwerionen werden beim Durchgang durch dickere Gewebeschichten nur geringfügig abgelenkt. Für Kohlenstoffionen beträgt die seitliche Streuung bei einer Eindringtiefe über 10 cm weniger als 1 mm.

Weitere günstige physikalische Eigenschaften liegen in der definierten Reichweite und dem Anstieg der Energiedeposition am Ende der Teilchenspur. Schwerionen weisen ein inverses Tiefendosisprofil auf. Mit zunehmender Eindringtiefe der Teilchen steigt die Energieabgabe an und erreicht wenige Zehntel Millimeter vor dem kompletten Stoppen einen extremen Spitzenwert, das Bragg-Maximum. Im Bragg-Peak ist eine deutlich erhöhte biologische Wirksamkeit bzw. eine drastisch erniedrigte Überlebensrate des in diesem Bereich liegenden Gewebes festzustellen (Abb. 3.9). Nach dem Erreichen des Bragg-Maximums fällt die Dosis innerhalb von wenigen Millimetern steil ab.

Die Reichweite der Schwerionen läßt sich durch die Energie genau festlegen, so daß es möglich wird, die Tumordosis bei hoher räumlicher Präzision

3.3 In der Strahlentherapie angewandte Strahlenarten

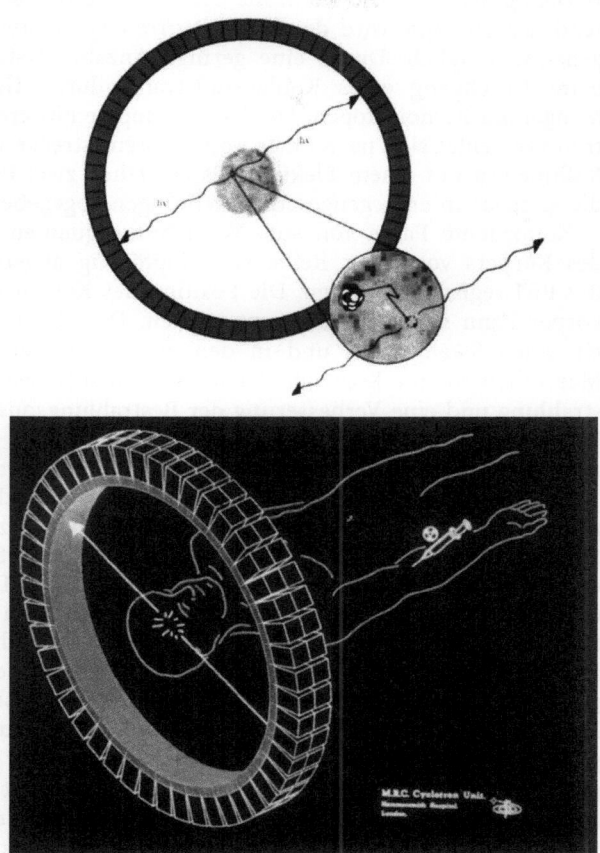

Abb. 3.10. Schematische Darstellung des PET-Prinzips. Ein Radionuklid in einem Medikament gibt ein Positron ab, das mit einem Elektron reagiert und 2 Photonen mit je 511 keV erzeugt, die den Patientenkörper in entgegengesetzter Richtung verlassen. Ihr Signal wird von Detektoren registriert, damit wird die räumliche Bestimmung der Radionuklide im Körper möglich. (GSI)

zu erhöhen und dabei gleichzeitig umgebendes gesundes Gewebe und besonders strahlensensible Organe zu schonen. Schwerionen sind besonders geeignet, Tumoren ihrer Form und Ausdehnung entsprechend zu bestrahlen und dabei die Strahlenbelastung im umgebenden Gewebe klein zu halten. Bei der Anwendung in der Strahlentherapie kommen sog. tumorkonforme Bestrahlungstechniken zum Einsatz, die eine präzisere Anpassung der Behandlung an das Zielvolumen ermöglichen und damit eine individuelle Anpassung der räumlichen Dosisverteilung an das Zielvolumen bewirken. Die tumorkonforme Therapie wird ausführlich in Kap. 10 behandelt.

Wirkungskontrolle. Die Kontrolle der Wirkung des Strahls im Patienten während der Therapie wird durch die *Positronenemissionstomographie,* kurz *PET* genannt, möglich. Durch eine geringe Anzahl entstehender Kernreaktionen beim Durchgang eines Kohlenstoffstrahls durch Gewebe entstehen kleine Mengen an Radioisotopen. Die Radioisotope emittieren Positronen. Das Positron vernichtet sich nach einer kurzen Bremsstrecke im Gewebe von wenigen Millimetern mit einem Elektron. Es entstehen zwei Photonen mit je 511 keV, die kolinear in entgegengesetzte Richtungen abgegeben werden (Abb. 3.10).

Koinzidente Paare von sog. Vernichtungsquanten können nach Verlassen des Körpers von einer Reihe von ringförmig angeordneten Detektoren bei der PET registriert werden. Die Position des Kohlenstoffstrahls im Patientenkörper kann so exakt bestimmt werden. Die Messung erfolgt zwischen den einzelnen Strahlpulsen und in den ersten Minuten nach der Bestrahlung. Man erhält so eine Kontrolle der tatsächlichen Dosisverteilung nach jeder Bestrahlung und eine Verbesserung der Bestrahlungsqualität.

Erzeugung des Therapiestrahls. Der technische Aufwand zur Herstellung des Therapiestrahls ist sehr groß, so daß sich der klinische Einsatz dieser Therapie relativ schwierig gestaltet. Die Produktion der zur Therapie geeigneten Strahlen erfolgt in Synchrotron-Beschleunigern. Das Schwerionensynchrotron der Gesellschaft für Schwerionenforschung (GSI) in Darmstadt, ein sog. Synchrotron-Kreisbeschleuniger, weist einen Umfang von 216 m auf. Während einer Dauer von 30 Teilchenumläufen wird ein vorbeschleunigter Teilchenstrahl in das Schwerionensynchrotron eingeschossen. Vierundzwanzig Biegemagnete halten die umlaufenden Ionen auf der Kreisbahn des Synchrotrons. Durch 36 magnetische Linsen werden die Ionen fokussiert. Sowohl das Magnetfeld als auch die Frequenz des beschleunigenden elektrischen Feldes steigen synchron mit der Zunahme der Geschwindigkeit an. Innerhalb von etwa 2 s bei etwa 250 000 Umläufen erfolgt eine weitere Beschleunigung bis zu einer Maximalenergie von 2 GeV (1 GeV=1 Gigaelektronenvolt=10^9 eV) pro Nukleon, was 90% der Lichtgeschwindigkeit entspricht.

Die Beschleunigung im Synchrotron erfolgt in 2 diametral im Ring angeordneten Hochfrequenzstrukturen, in denen die Ionen bei jedem Umlauf eine Spannung von 15 000 V durchlaufen und so über einige hunderttausend Umläufe die maximale Energie erreichen. Die Frequenz wächst dabei entsprechend dem Geschwindigkeitszuwachs von 800 kHz auf maximal 5,6 MHz an. Die Ionen legen während des etwa eine Stunde dauernden Beschleunigungsvorgangs viele tausend Kilometer zurück. Nach der Beschleunigung auf die gewünschte Energie wird der Strahl schnell (in weniger als einer Mikrosekunde) oder langsam (in einer Zeit von bis zu 10 s) extrahiert. Das Kontrollsystem des Synchrotrons und die hier angewendete spezielle Technik der Magnetstromgeräte machen es möglich, für jeden Beschleunigerzyklus eine andere Endenergie, eine andere Extraktionsart oder eine andere Intensität einzustellen.

Bislang gibt es bei der GSI in Darmstadt einen Bestrahlungsplatz sowie einen Entwurf für eine Beschleunigeranlage mit einem Durchmesser von 17 m (Abb. 3.11). Das Schwerionensynchrotron der GSI ist europaweit der einzige Beschleuniger, der Schwerionen ausreichender Reichweite und Intensität für

3.3 In der Strahlentherapie angewandte Strahlenarten

Abb. 3.11. Schwerionenbestrahlungseinheit mit PET-Detektoren und Patientenliege (Foto: Gabriele Otto, GSI)

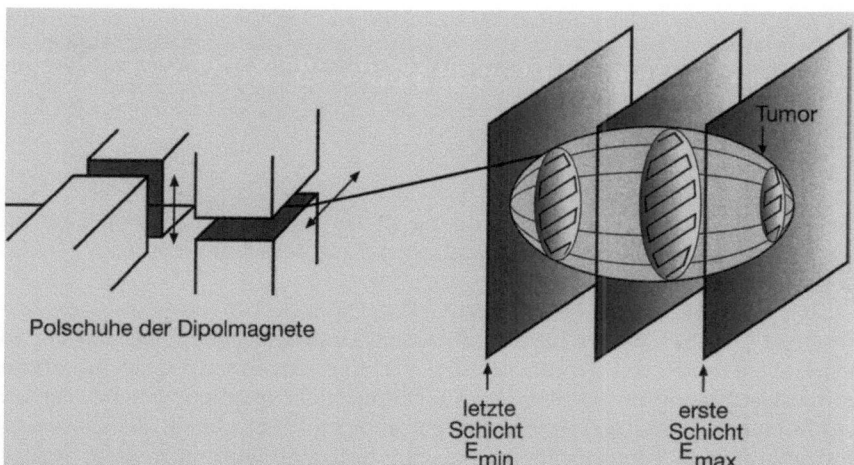

Abb. 3.12. Schematische Darstellung des intensitätsgesteuerten Rasterscanverfahrens. Ein Zielvolumen (Tumor) wird in einzelne Schichten gleicher Reichweite aufgeteilt (im Bild sind nur 3 Schichten dargestellt); für eine reale Bestrahlung sind 20–40 Schichten erforderlich, für die je eine der Eindringtiefe entsprechende Energie individuell eingestellt wird. Jede der Schichten wird mit einem Strahl, ähnlich der Führung des Elektronenstrahls in der Fernsehröhre, durch schnelle magnetische Ablenkung rasterförmig abgefahren. Dabei wird die Schreibgeschwindigkeit des Strahles so gesteuert, daß an jeder Position des Zielvolumens der vorherberechnete biologische Effekt, d.h. eine maximale Abtötung von Tumorzellen, erreicht wird. (GSI)

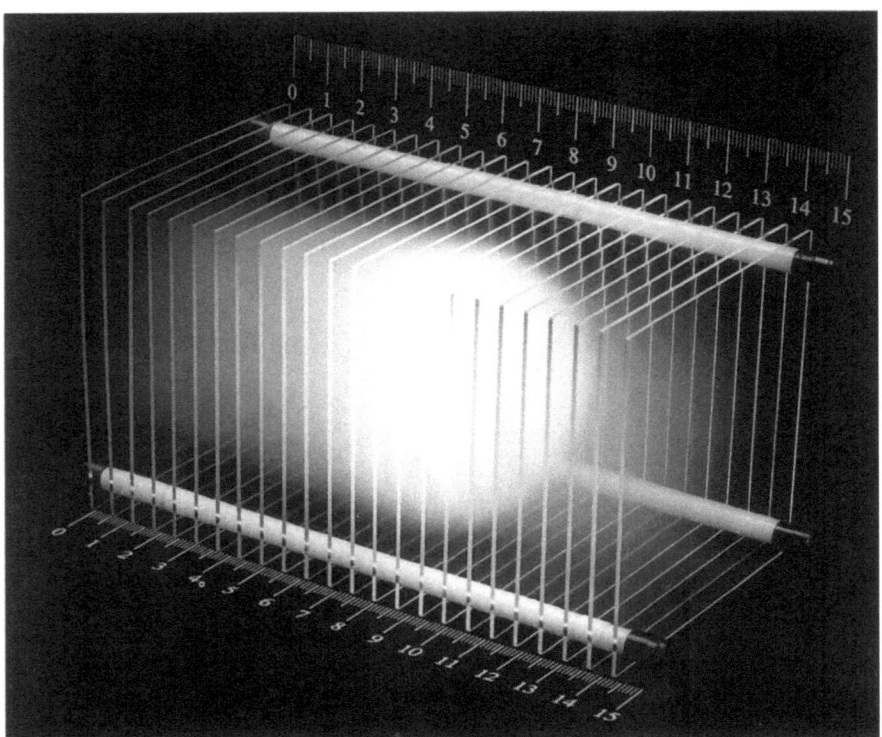

Abb. 3.13. Mit einem Kohlenstoffstrahl von 270 MeV pro Nukleon wurde ein kugelförmiges Volumen von 6 cm Durchmesser in einer Wassertiefe von 9–15 cm homogen bestrahlt. Dabei wurde die Zielgenauigkeit des von links eingeschossenen Ionenstrahls mit Hilfe von Kernspurdetektoren im Abstand von einigen Millimetern optisch sichtbar gemacht. Die Aufnahme zeigt, daß die Dosis sehr präzise auf das Zielvolumen konzentriert werden kann. (Foto: Achim Zschau, GSI)

die klinische Anwendung zur Verfügung stellen kann. Die GSI kooperiert mit der Universitätsklinik und dem Deutschen Krebsforschungszentrum (DKFZ) in Heidelberg.

Rasterscan. Bisher konnte in der klinischen Anwendung die Präzision der Ionenstrahlen nicht voll genutzt werden, da eine dreidimensionale tumorkonforme Bestrahlung mit aktiver Strahlformung nicht möglich war. Bei der GSI wurde eine intensitätsgesteuerte Rasterscantechnik entwickelt, die die exakte Bestrahlung des Tumors möglich macht. Bestrahlt wird nach dem Rasterprinzip, d.h. das Zielvolumen wird bei diesem Prinzip in Schichten gleicher Teilchenreichweite zerlegt (Abb. 3.12).

Beginnend mit der hintersten Schicht tastet der von schnellen Dipolmagneten gelenkte Strahl mit einer Energie, die schrittweise an die Gewebetiefe angepaßt wird, die Schichten Scheibe für Scheibe ab, ähnlich der Führung des Elektronenstrahls in der Fernsehröhre; bei einer Bestrahlung sind 20–40 Schichten erforderlich. Weniger tief gelegene Schichten werden vorbestrahlt, was bei der eigentlichen Bestrahlung berücksichtigt wird. Jede Schicht wird gezielt inhomogen bestrahlt, um im gesamten Zielvolumen eine gleichmäßige maximale Wirkung zu erreichen. Die Geschwindigkeit des Strahls wird in Abhängigkeit von der Strahlintensität gesteuert und die applizierte Teilchenbelegung exakt kontrolliert. Auf diese Weise ist es möglich, dreidimensionale, irregulär geformte Volumina homogen zu bestrahlen (Abb. 3.13).

3.3.4
Protonen

Im Vergleich zu Photonen und Elektronen weisen Protonen eine höhere biologische Wirksamkeit durch einen größeren LET auf. Es kommt zu einer sehr direkten physikalischen Wirkung auf die DNA der Zelle.

Die Tiefendosisverteilung sieht gegenüber Photonen und Elektronen bei Protonen wesentlich günstiger aus. Sie treffen einen genau definierten Zielbereich im Gewebe und weisen fast keine Seitenstreuung auf. Bei hohen Energien ist die deponierte Energie klein, wächst mit zunehmender Eindringtiefe bis zu einem Maximum und fällt danach steil ab. Es tritt eine geringe Tiefenstreuung auf. Die Tiefe des Bragg-Peaks hängt von der Energie der Protonen und der durchstrahlten Materie ab.

Durch eine kontrollierte Variation der Energie während der Bestrahlung oder durch den Einsatz von Absorbern mit kontinuierlich variierender Dicke, die während der Bestrahlung im Strahlengang bewegt werden, läßt sich die Reichweite der Primärteilchen kontinuierlich verändern. Um das Tumorgewebe in seiner ganzen Tiefe zu durchdringen, werden viele Bragg-Maxima einander überlagert. Der primäre Protonenstrahl kann bis auf einen Durchmesser von 27 cm aufgefächert werden, so daß eine homogene Bestrahlung auch bei größeren Feldern möglich wird.

Um den Tumor dreidimensional bestrahlen zu können und die Strahlenbelastung im umgebenden Gewebe zu senken, wird der Beschleuniger an ein isozentrisches Bestrahlungsgerät gekoppelt. Das Isozentrum ist der Schnittpunkt des Zentralstrahls mit der Rotationsachse des Therapiegerätes und der Drehachse des Bestrahlungstisches. Das Isozentrum ist für Therapiegeräte definiert, bei denen sich die Primärstrahlenquelle bei idealisierter Betrachtung auf einer Kreisbahn bewegt und das Strahlenfeld um den Zentralstrahl rotiert werden kann (Abb. 3.14).

Bei der isozentrischen Bestrahlungstechnik wird die Achse direkt in den Tumor „gelegt". Der Protonenstrahl kann dann von jedem gewünschten Winkel aus auf den Tumor gerichtet werden. Der von der ICRU (International Commission on Radiation Units and Measurements) definierte Dosisreferenzpunkt entspricht bei einer isozentrischen Bestrahlungstechnik, kurz SAD-Technik („source-axis distance") genannt, dem Isozentrum. Auf die SAD-Technik wird in Kap. 6 eingegangen.

Besonders wichtig ist die Dosisverteilung in genauer dreidimensionaler Form bei Tumoren mit komplexen Formen.

Für die Protonentherapie von Augentumoren sind entsprechend der Protonenreichweite und der Tiefenlage der zu bestrahlenden klinischen Zielvolumina Oberflächenenergien der Protonen von 55–70 MeV erforderlich, was ei-

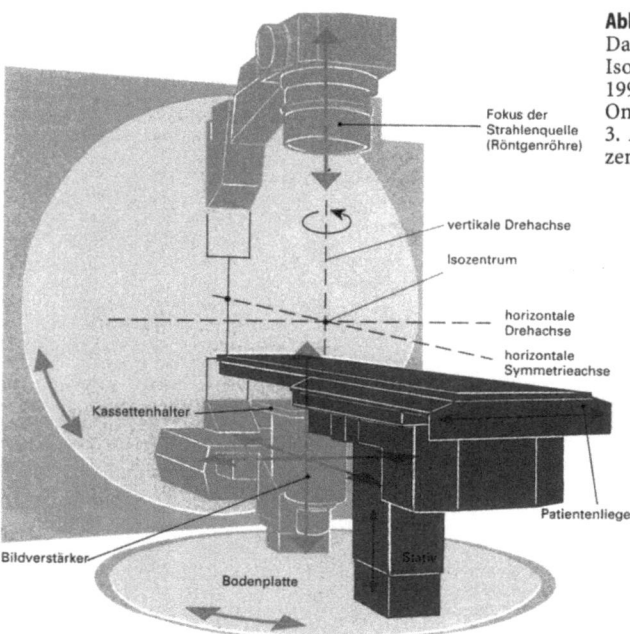

Abb. 3.14. Schematische Darstellung der Lage des Isozentrums. (Nach Sauer 1998, Strahlentherapie und Onkologie für MTA-R, 3. Auflage. Urban & Schwarzenberg, München)

ner Reichweite von 2,7–4,2 cm in Wasser entspricht. Beliebig ausgedehnte und gelagerte Zielvolumina erfordern Oberflächenenergien der Protonen von 150–250 MeV, die einer Reichweite von 16–38 cm entsprechen.

Das Zyklotron, das Synchrotron und der Linearbeschleuniger sind die wichtigsten Beschleunigertypen für die Protonentherapie. Das Zyklotron wird bei der Abhandlung der Neutronen (Kap. 3.3.5) erklärt, Linearbeschleuniger werden in Kap. 4.2.3 behandelt.

Beispiele einiger wichtiger Protonenstrahl-Therapiezentren

Harvard-Zyklotron-Laboratorium und Massachusetts General Hospital in Boston. Eine stereotaxische Einzelfraktionsbestrahlung, die hauptsächlich bei gutartigen Tumoren einsetzbar ist, war die erste medizinische Anwendung in Harvard und wird auch heute noch durchgeführt. Die Bestrahlung erfolgt mittels einer isozentrischen Gantry (Durchmesser 11 cm), die um den Patienten rotieren kann. Der Strahl kann aus jedem Winkel auf den Patienten gerichtet werden. Die Gantry besitzt 6 Bewegungsachsen und eine automatische Patientenpositionierung.

Als *Gantry* bezeichnet man ein drehbares Strahlführungssystem, auch Strahlerarm genannt, das es ermöglicht, den Strahl von jedem gewünschten Winkel aus auf den Tumor des Patienten zu richten.

Es ist möglich, den Strahl sowohl in der Breite als auch in der Tiefe optimal anzupassen. Der Strahl kann aber auch seitlich mittels eines effizienten passiven Doppelstreusystems oder aktiver Strahlführungsmethoden gestreut werden. Eine Energieanalyse legt die maximale Durchdringung fest. Durch einen rotierenden Absorber in variabler Dicke oder eine programmierte Abstufung von Energie und Intensität kann der Strahl in der Tiefe geformt werden.

Universitätsklinik der Loma-Linda-Universität in Kalifornien. In der Universitätsklinik der Loma-Linda-Universität in Kalifornien findet die Protonenstrahlentherapie Anwendung bei Augenmelanomen, anderen bösartigen Tumoren des Auges, der Augenhöhle und der subretinalen, neovaskulären Membran, Hypophysenadenomen, arteriellen bzw. venösen Fehlbildungen, Akustikusneurinomen, Meningiomen, Erdheim-Tumoren, Astrozytomen, anderen Gehirntumoren, Chordomen, Chondrosarkomen, Tumoren im Kopf- und Halsbereich, Beckenneoplasma, paraspinalen Tumoren und Bindegewebssarkomen.

Protonen-Therapie-Projekt am Paul-Scherrer-Insitut, Villingen/Schweiz. Zur tumorkonformen Bestrahlung wird ein dünner bleistiftstarker Strahl mit Bragg-Maximum am Ende magnetisch abgelenkt und produziert einen genau umschriebenen Strahlfleck im Patientenkörper. Durch die Überlagerung vieler Strahlflecke wird ein irregulär geformter Tumor Schicht für Schicht in der Tiefe überstrichen. Die Reichweite des Strahls wird für jede Schicht durch ein Absorbersystem aus Polyäthylenplatten festgelegt.

Der Patient, der in einer individuell angefertigten Ganzkörperschale liegt, wird je nach Höhe des Tumors auf seiner Liege 2 cm/s bewegt, um die ganze vertikale Ausdehnung des Tumors zu erfassen.

Angewendet wird die Protonentherapie am Paul-Scherrer-Institut im Augenbereich, da Protonen die beste Präzision und die höchste Dosis im Tumor – bei optimaler Schonung des gesunden Gewebes im Auge – liefern, so daß ein funktionsfähiges Auge erhalten bleibt.

Nach der klinischen Diagnose wird der Tumor exakt lokalisiert und vermessen. Um den Tumor bei der Bestrahlung mit Protonen durch eine Röntgenaufnahme kontrollieren zu können, werden bei jedem Patienten an der Außenseite des Auges kleine Tantalplättchen befestigt. Immobilisiert wird der Patient durch Maske und Bißblock. Die äußeren Konturen des Bestrahlungsfeldes werden durch einen Kupferkollimator begrenzt. Die Behandlung erfolgt ambulant und dauert etwa 15 s an 3–5 aufeinanderfolgenden Tagen. Kollimatoren blenden in der Strahlentherapie Strahlenbündel aus und begrenzen somit das Strahlenfeld.

Seit 1984 wurden mehr als 1970 Patienten mit Augenmelanomen am Paul-Scherrer-Institut bestrahlt. Die lokale Tumorkontrolle beträgt 97%; bei mehr als 90% der Patienten konnte das Auge erhalten werden.

3.3.5
Neutronen

Die biologische Wirkung der ungeladenen Neutronen mit Energien von einigen MeV beruht fast ausschließlich auf Rückstoßkernen (Protonen), die von der Primärstrahlung, den Neutronen im Gewebe, ausgelöst werden. Die Neu-

Abb. 3.15. Tiefendosisvergleich von Co-γ-Quanten, Neutronen, Pionen und schweren Teilchen. Teilchenstrahlen haben eine invertierte Dosisverteilung mit einem Maximum der Energiedeposition am Ende der Reichweite. (Aus Scherer u. Sack 1996)

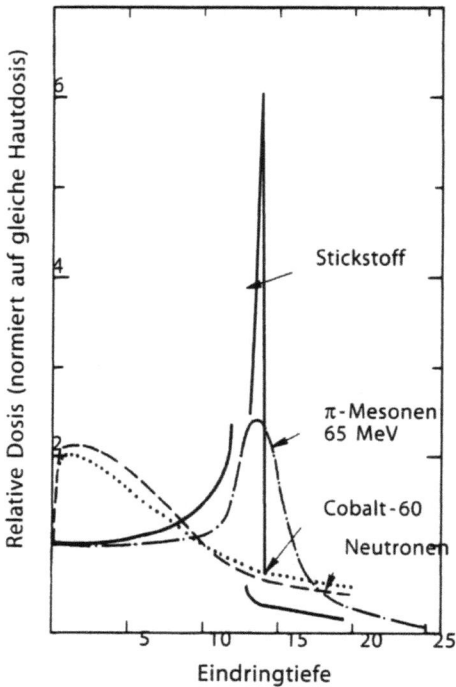

tronen geben ihre kinetische Energie zu 80–90% an Wasserstoffkerne, sog. niederenergetische Rückstoßprotonen, und zu einem kleinen Teil an schwere Atomkerne wie Kohlenstoff, Stickstoff und Sauerstoff im biologischen Gewebe ab. Die Neutronendosis nimmt mit zunehmender Eindringtiefe ab, da durch die Reaktionen immer mehr Neutronen aus dem Primärstrahl entfernt werden.

Neutronen zeigen zwar eine ähnliche Abhängigkeit von der Tiefe wie γ-Quanten des ^{60}Co, weisen aber für alle Eindringtiefen eine erhöhte relative biologische Wirksamkeit auf. Bei schnellen Neutronen handelt es sich um eine Strahlenqualität mit hohem LET und einer besonders guten Eindringtiefe in Gewebe (Abb. 3.15).

Der Sauerstoffeffekt und die Resistenzsteigerung von Tumoren durch das Vorhandensein hypoxischer, d.h. sauerstoffverarmter Zellen brachte die Anwendung dicht ionisierender Strahlen wie Neutronen ins Gespräch. Durch die Behandlung mit Neutronen wird der Sauerstoffeffekt unterdrückt und dadurch die Wirkung auf strahlenresistente Tumoren gesteigert, allerdings auch die Wirkung im umgebenden gesunden Gewebe. Strahleninduzierte DNA-Schäden werden durch Sauerstoff fixiert und damit die Reparatur verhindert. Wie Versuche zeigten, weisen Zellen in den verschiedenen Zellzyklusphasen eine fast einheitliche Strahlenempfindlichkeit gegenüber Neutronen auf. Bei der Anwendung dicht ionisierender Strahlen werden die Empfindlichkeitsunterschiede zwischen hypoxischen und aeroben Zellen kleiner. Wie ebenfalls in Zellversuchen beobachtet werden konnte, zeigte die Fraktionierung von

3.3 In der Strahlentherapie angewandte Strahlenarten

Neutronenstrahlung einen geringeren Einfluß auf die Strahlenwirkung als die Fraktionierung locker ionisierender Strahlen wie z.B. Photonen. Auf die Fraktionierung wie auf alternative Dosierungsmöglichkeiten wird in Kap. 6.8 eingegangen.

Die Tumortherapie mit Neutronen eignet sich für solche Tumoren, deren intrazelluläre Erholung nach Röntgen- oder γ-Strahlung des ^{60}Co besonders ausgeprägt ist, während umgebendes, gesundes Gewebe nur eine geringfügige Erholung zeigt.

Der RBW-Faktor des Tumorgewebes ist größer als der des normalen Gewebes. Untersuchungen zeigten, daß die RWB-Faktoren im gesunden Gewebe nach einer Neutronenbestrahlung für Späteffekte im allgemeinen höhere Werte aufweisen als für akute Effekte. Ähnliches gilt auch für langsam wachsende Tumoren im Vergleich zu schnell wachsenden Tumoren. Die RBW-Werte liegen bei langsam proliferierenden Tumoren höher als bei schnell wachsenden Tumoren. Geringe Erholungsfähigkeit der Zellen und Gewebe nach der Neutronenbestrahlung bedeutet, daß der RBW-Faktor bei kleinen Dosen besonders groß wird. Neutronen erzeugen akute Wirkungen und Spätschäden weitgehend unabhängig von der Dosis pro Fraktion.

Für eine Neutronenbestrahlung sind bestimmte Faktoren in Betracht zu ziehen:

- Die relative biologische Wirksamkeit der Neutronen ist größer als die bei locker ionisierender Strahlung.
- Der RBW-Faktor ist für bestimmte Tumoren und normale Gewebe unterschiedlich.
- Die relative biologische Wirksamkeit der Neutronen nimmt von 1–15 MeV mit steigender Energie ab.
- Bei der Bestrahlung mit Neutronen liegt eine geringere intrazelluläre Erholung vor als bei der Bestrahlung mit locker ionisierender Strahlung.
- Die Fraktionierung hat auf biologische Strahleneffekte eine schwächere Wirkung.
- Die relative biologische Wirksamkeit steigt bei kleiner werdenden Dosen an.

Die Anwendung von Neutronen ist zum einen geeignet für Tumoren mit einem hohen Anteil hypoxischer Zellen, besonders wenn sie bei herkömmlicher fraktionierter Bestrahlung eine schlechte Reoxygenierung zeigen. Zum andern kommen Tumoren in Betracht, deren Erholungsfähigkeit nach Einwirkung locker ionisierender Strahlung groß ist.

Klinische Untersuchungen zeigten nur für eine kleine Anzahl von Tumoren, wie z.B. Speicheldrüsenkarzinome, fortgeschrittene Adenokarzinome der Prostata, einige Kopf- und Nackentumoren, einige Lungentumoren und Sarkome in Knochen und Weichteilgewebe, gute Erfolge. Die Anwendung von Neutronen geht z.Z. stark zurück, was auch in den stärker ausgeprägten Späteffekten dieser Strahlung begründet ist.

Bei der Therapie mit Neutronen ist ein größerer apparativer Aufwand erforderlich als bei der Therapie mit locker ionisierenden Strahlenarten. Die optimale Therapiemöglichkeit besteht in der Kombination locker ionisierender Strahlung mit Neutronen.

Neutronenerzeugung

Die Erzeugung von Neutronenstrahlung kann auf verschiedene Arten erfolgen.

Neutronengenerator. Der Neutronengenerator beschleunigt zur Herstellung schneller Neutronen die in einer Ionenquelle gebildeten positiv geladenen schweren Wasserstoffkerne (Deuteronen) auf eine Energie zwischen 150 und ca. 500 keV. Die Deuteronen treffen auf ein Target aus gasförmigem Tritium (überschwerem Wasserstoff). Es kommt zu einer starken exothermen Kernreaktion, wobei Neutronenstrahlung mit einer Energie von 14–15 MeV entsteht. Die entstehenden Neutronen sind monoenergetisch und werden annähernd gleichmäßig in alle Raumrichtungen abgestrahlt. Daher kann nur ein kleiner Teil der gebildeten Neutronen genutzt werden, nämlich diejenigen in Strahlenrichtung.

Der effektive Durchmesser von Neutronenstrahlenquellen beträgt mehrere Zentimeter. Zur Bündelung der Neutronen ist ein aufwendiges Kollimierungssystem und der Gebrauch von Tubussen erforderlich.

Zyklotron. Zyklotrone eignen sich zur Beschleunigung von Protonen und/oder Deuteronen. Bei Protonen sollte die Energie möglichst nicht unter 65 MeV, bei Deuteronen nicht unter 50 MeV beim Aufprall auf das Target liegen, um neben einem hohen LET auch eine physikalische Dosisverteilung für alle Lagen klinischer Zielvolumina zu erhalten, die mit ultraharter Röntgenstrahlung moderner Linearbeschleuniger vergleichbar ist.

Unter einem *Zyklotron* versteht man einen Kreisbeschleuniger zur Produktion energiereicher, schwerer Teilchen wie Protonen, Deuteronen, ^{3}Helium-Kernen und α-Teilchen. Die Energiezufuhr erfolgt ähnlich wie beim Linearbeschleuniger jeweils zwischen metallischen Hohlkörpern, die ursprüngliche D-förmig konstruiert waren und seitdem auch „Dee" genannt werden. Vereinfacht kann man sich dies als eine in zwei Hälften zerschnittene Schuhcremedose vorstellen. Im Gegensatz zu einem Linearbeschleuniger werden die Teilchen durch magnetische Felder auf spiralförmigen Bahnen geführt.

Durch ein zeitlich konstantes Magnetfeld zur Krümmung der Teilchenbahnen zu einer Spirale werden die Zwischenräume zwischen den Hohlkörpern von den Teilchen mehrfach durchlaufen. Dabei werden die Teilchen durch ein im Zwischenraum zwischen den Hohlkörpern angelegtes elektrisches Hochfrequenzfeld beschleunigt. Bei einem zeitlich konstanten Magnetfeld wächst der Radius der Teilchenbahn mit der Energie. Da Neutronen elektrisch neutral sind und somit weder elektrisch noch magnetisch beeinflußt werden können, ist die Erzeugung von Neutronen in Kreisbeschleunigern nur indirekt möglich. Zunächst werden z.B. Deuteronen beschleunigt und auf ein Target gelenkt, in dem Kernumwandlungen stattfinden. Das Deuteron spaltet sich in je ein Proton und ein Neutron.

Für die Strahlentherapie kommen bei der Neutronenerzeugung in Zyklotronen mehrere Kernreaktionen in Frage.

Es ist leicht möglich, den primär beschleunigten Teilchenstrahl mittels elektrischer und magnetischer Felder zu extrahieren und über fokussierende

Quadrupolmagnete an den entsprechenden Anwendungsort weiterzuleiten. Die entstehenden Protonen werden von dem Magnetfeld der Anlage in deren Inneres zurückgeführt, während die Neutronen extrahiert werden.

Zyklotrone sind auch für die Produktion kurzlebiger Radionuklide geeignet, da beim Auftreffen energiereicher Ionen auf Materie eine große Zahl verschiedener Kernreaktionen stattfindet.

Die Ionenströme der Deuteronen oder Protonen liegen bei 15-100 mA, wobei mit zunehmender Teilchenenergie die Stromstärke abnimmt. Bei niedrigen Deuteronenenergien von ≤ 12 MeV werden zur Erzeugung möglichst hoher Neutronenenergien entweder Deuteriumgas oder schweres Wasser mit Deuteronen beschossen. Bei Deuteronenenergien über 12 MeV wird meist Beryllium als Target verwendet. Können Protonenenergien über 30 MeV genutzt werden, so schießt man Protonen statt Deuteronen auf Beryllium. Um die mittlere Neutronenenergie zu erhöhen, benutzt man meist ein 6 cm dickes Polyäthylenfilter. Es wirkt auf die Neutronenenergie, als wäre eine um 15 MeV höhere Protonenenergie verwendet worden. Maßgeblich für die zyklotronproduzierten Neutronen ist nicht so sehr die Kernreaktionsenergie, sondern die kinetische Energie der auf das Target auftreffenden Deuteronen oder Protonen. Gleichzeitig wird eine starke Vorwärtsbündelung der erzeugten Neutronenstrahlen, ähnlich der Entstehung ultraharter Röntgenstrahlung bei Elektronenbeschleunigern, bewirkt.

Bor-Neutroneneinfangtherapie (BNCT)

Bei der Bor-Neutroneneinfangtherapie handelt es sich um eine spezielle Therapieform aus der Nuklearmedizin. Diese Therapie ist zur Heilung und Kontrolle von Tumoren speziell im Gehirnbereich gedacht. Man nutzt die Eigenschaft einiger Borverbindungen, sich besonders in Hirntumoren anzusammeln. Die Bor-Neutroneneinfangtherapie beruht auf dem hohen Einfangwirkungsquerschnitt des stabilen Isotops ^{10}Bor für langsame Neutronen. Bei der Bestrahlung mit Neutronen fängt das Bor ein Neutron ein, und es entstehen ein hochangeregtes Helium- und ein Lithiumatom. Diese Anregung des Boratoms durch ein Neutron führt also zur Kernspaltung.

Wird das Boratom selektiv an einen Tumorantikörper gebunden und in die Tumorzelle gebracht, so entfaltet die Reaktion ihre zerstörende Wirkung nur dort und nicht im gesunden Gewebe. Dadurch kann die Tumordosis schrittweise erhöht werden, während das gesunde Gewebe nur eine geringe Belastung erfährt. Wegen der noch geringen Verträglichkeit bzw. der mangelnden Selektivität der Borverbindungen in bezug auf die Tumorzelle und der geringen Eindringtiefe der langsamen Neutronen ins Gewebe ist diese Therapieform noch nicht voll einsatzfähig. Die Wirksamkeit ist stark abhängig vom Konzentrationsgefälle zwischen Turmorzelle und Umgebung sowie der Neutronendichte.

Zur Zeit laufen in Japan Pilotstudien, und in den Niederlanden wird eine Behandlungseinheit aufgebaut.

KAPITEL 4

Teletherapiegeräte

Teletherapiert wurde in den 50er Jahren mit Röntgenstrahlen zwischen 200 und 400 kV als Orthovolttherapie. Die Teletherapie ist die heute am häufigsten angewandte Therapie. Unterschiede von Röntgengeräten für die Diagnostik und Therapie liegen vor allem in

- dem Spannungsbereich und der davon abhängigen Filterung,
- der Dosisleistung bei längeren Bestrahlungszeiten,
- der Fokusgröße,
- dem Kühlsystem,
- der Strahlenfeldeinblendung,
- dem apparativen und baulichen Strahlenschutz,
- den peripheren Einrichtungen, wie z.B. Monitore zur Patientenbeobachtung, Wechselsprechanlagen usw.,
- den Bewegungsmöglichkeiten.

4.1 ^{60}Co und ^{137}Cs

Bei der Therapie von tiefer gelegenen Tumoren kommen Telegammastrahlentherapiegeräte zum Einsatz. Verwendet werden langlebige reaktorproduzierte γ-Strahler als Strahlenquellen. Die begleitende β-Strahlung wird in der Quellenkapsel absorbiert.

Geräte mit ^{137}Cs weisen einen Quellendurchmesser von 4,5 cm auf, so daß wegen des großen Halbschattenbereiches strahlenfeldbegrenzende Tubusse verwendet werden müssen. Die Energie liegt bei 0,662 MeV, die Halbwertszeit bei 30,17 Jahren. ^{137}Cs-Geräte finden in der Teletherapie heute keine Anwendung mehr.

Bei Telegammabestrahlungsanlagen mit ^{60}Co wird die immer vorhandene, nur langsam abklingende γ-Strahlung des radioaktiven Nuklids genutzt. Das Präparat befindet sich in einem strahlensicheren Edelstahlbehälter. Beim ^{60}Co liegen zwei γ-Strahlungsenergien von 1,173 MeV und 1,332 MeV vor, was eine mittlere Energie von 1,25 MeV ergibt. Die Halbwertszeit beträgt 5,272 Jahre.

Mittels eines geeigneten Sicherheitsmechanismus, einem Quellenschieber aus Wolfram, wird die Quelle in der Regel mit einer durch einen Motor erzeugten Drehbewegung aus dem Tresor herausbewegt. Manche Geräte arbeiten auch mit einer pneumatischen Linearbewegung. In jedem Fall muß doppelte Sicherheit gewährleistet sein, z. B. durch einen zweiten verstärkten Motor, eine gespannte Feder oder eine Preßluftreserve.

Am Schalttisch befinden sich grundsätzlich zwei Zeitmesser, nämlich eine Bestrahlungsuhr, die mit einer zweiten überwachenden Uhr gekoppelt ist. Hier werden die Abschaltfunktion, die Übereinstimmung der abgelaufenen Bestrahlungszeit mit einem externen Zeitmesser, d.h. einer genaugehenden Stoppuhr, und das Funktionieren der gegenseitigen Überwachung der beiden Kreise der Doppeluhr überprüft.

Am Schaltpult ist ebenso wie im Bestrahlungsraum eine Notabschalttaste angebracht, die eine Bestrahlungsunterbrechung durch Blendenverschluß bewirkt. Eine Unterbrechung erfolgt auch beim Öffnen der Tür des Bestrahlungsraumes während der Bestrahlung, was zudem durch einen lauten Sirenenton hörbar gemacht wird.

Der Fokus-Achs-Abstand der Geräte variiert zwischen 60 und 80 cm. Keilfilter zur Isodosenmodifikation und Absorber zur individuellen Formung des Strahlenfeldes können manuell mit einer Halterung am Gantrykopf in den Strahlengang gebracht werden.

Bestrahlungen mit ^{60}Co sind bis zu Patientendurchmessern von ca. 20 cm möglich. Genutzt wird dieses Bestrahlungsgerät zur Gegenfeldbestrahlung dünner Körperteile, beim Ansetzen benachbarter Felder, zur palliativen Therapie bei Metastasen, zur Notfallbestrahlung und auch zur Ganzkörperbestrahlung mittels Patiententranslation. Bei der Ganzkörperbestrahlung nach diesem Verfahren liegt der Patient auf einem Schlitten am Boden einmal in Rückenlage, einmal in Bauchlage. Der Schlitten bewegt sich während der Bestrahlung kontinuierlich unter dem Gerät hindurch. Absorber aus einer entsprechenden Legierung werden zum Schutz von Risikoorganen, wie z. B. der Lunge, auf den Patienten aufgelegt. Die einzelnen wichtigen Bestrahlungstechniken wie z. B. opponierende Gegenfelder werden in Kap. 6 aufgeführt.

Nur durch die Nutzung höherer Strahlenergien läßt sich die Strahlenwirkung weiter in die Tiefe verlagern. Durch den Gebrauch der Telegammabestrahlungsanlagen mit hohen Strahlenenergien werden die Absorptionsunter-

---

Vorteile und Nachteile des Telegammagerätes

- Vorteile
  - Geringe Ausfallrate
  - Geringer Wartungsaufwand
  - Einfache Dosimetrie
  - Leichte Bedienung
  - Liefert die Referenzstrahlung zur Kalibrierung aller Detektoren für die Dosimetrie
- Nachteile
  - Die Feldblende wirft einen Halbschatten, der durch Vergrößerung des Abstandes zwischen Quelle und Blende verringert werden kann. Der relativ breite Halbschattenbereich begründet sich auch in der Quellengröße von 15–20 mm Durchmesser.
  - Verminderte Hautschonung durch Sekundärelektronen aus dem Blendenmaterial.

schiede verschiedener Stoffe geringer, so daß hinter Knochen kaum Dosisschatten auftreten. Mit zunehmender Photonenenergie werden die Strahlenbündel weniger stark gestreut, was eine bessere Schonung benachbarter Organe zur Folge hat.

Das Maximum der pro Gramm Gewebe absorbierten Energie und damit das Maximum der Strahlenwirkung liegt bei ^{137}Cs in etwa 1,5 mm Tiefe, bei ^{60}Co in etwa 5 mm Tiefe. Die Strahlenwirkung erfolgt fast nur durch Sekundärelektronen, wodurch die Oberfläche geschont wird. Kurz unter der Oberfläche können sich noch nicht genügend Sekundärelektronen bilden. Die Tiefe des Dosismaximums wird durch die Reichweite der Sekundärelektronen bestimmt.

Soll das Dosismaximum noch weiter in die Tiefe verlagert werden, so werden Photonen mit Maximalenergien größer als 5 MeV benötigt. Die dazu nötigen Elektronenenergien können durch Einfachbeschleuniger, wie Röntgenröhren, nicht hergestellt werden. Zur Beschleunigung werden Hochspannungen benötigt, die mit Röntgenröhren nicht mehr sicher zu handhaben wären. Man benötigt daher Verfahren zur Mehrfachbeschleunigung, um Elektronenenergien von fast 50 MeV herstellen zu können. Die Beschleunigeranlagen sollen aber für klinische Zwecke nicht zu groß sein. Bei den Linearbeschleunigern erreicht man die Beschleunigung der Teilchen durch Verwendung elektromagnetischer Wellen mit sehr hohen Frequenzen in kurzen Beschleunigungsstrecken.

4.2
Beschleunigeranlagen

Die ersten Beschleuniger kamen Anfang 1950 als Kreisbeschleuniger (Betatrons) zum Einsatz. Bei den Kreisbeschleunigern entstehen kompakte Anlagen durch Aufwickeln der Elektronenbahn.

Beim *Betatron* und beim *Mikrotron*, zwei unterschiedlichen Typen von Kreisbeschleunigern, wird das beschleunigende elektrische Feld mehrmals durchlaufen.

4.2.1
Mikrotron

Beim *Elektronenzyklotron*, auch Mikrotron genannt, werden Elektronen durch ein elektrisches Hochfrequenzfeld beschleunigt und auf einer durch ein Magnetfeld gekrümmten Kreisbahn geführt. Die zur Beschleunigung der Elektronen erzeugte hochfrequente elektromagnetische Welle wird in einem Hohlraumresonator wirksam. Die von einer Kathode ausgehenden vorbeschleunigten Elektronen werden in einer einzelnen Beschleunigungsstrecke um etwa 0,5 MeV beschleunigt. Schon bei weniger als 1 MeV Energie weisen die Elektronen fast Lichtgeschwindigkeit auf. Durch ein homogenes konstantes Magnetfeld können die Elektronen kreisförmig zu einem zweiten, dritten bzw. mehrfachen Durchgang zurückgeführt werden. Das Magnetfeld wird nur zur Führung des Elektronenstrahls genutzt. Jeder neue Bogen erhält mit zu-

4.2 Beschleunigeranlagen

nehmender Energie einen größeren Durchmesser, was eine deutliche Trennung der einzelnen Bahnen zur Folge hat.

Elektronen lassen sich mit der gewünschten Endenergie leicht extrahieren, indem ein das Magnetfeld abschirmendes Röhrchen tangential an die vorgewählte Bahn geschoben wird. Die Stromstärken des Mikrotrons können bis 10 mA betragen. Kenndosisleistungen von über 3 Gy/min sind möglich.

Unter *Kenndosisleistung* versteht man die Energiedosisleistung, die entlang der Achse des Nutzstrahlenbündels unter bestimmten Bedingungen wirksam ist. Die Kenndosisleistung charakterisiert die Dosisleistung des Therapiegerätes.

Durch ein Strahlführungssystem kann der extrahierte Elektronenstrahl der Gantry zugeführt werden. Man verwendete in der Strahlentherapie Mikrotronbeschleuniger mit 10–40 MeV Maximalenergie.

4.2.2
Betatron

Bei diesem Gerät, das heute aber nicht mehr eingesetzt wird, handelt es sich um einen Teilchenbeschleuniger ohne elektrisches Beschleunigungsfeld. Das Betatron arbeitet nach dem *Transformatorprinzip*. Die Primärwicklung entspricht der Erregerspule, die Sekundärspule ersetzt ein Glas- oder Keramikring. Befinden sich in dem luftleer gepumpten Ring freie Elektronen, werden sie durch eine sog. Umlaufspannung beschleunigt. Nach einer bestimmten Anzahl an Umläufen im Ringgefäß erreichen die Elektronen ihre Endenergie. Da die Elektronen pro Umlauf an Energie und Masse gewinnen, muß man sie wegen der auftretenden Zentrifugalkräfte mit einem zeitlich anwachsenden, zur Elektronenbahn senkrechten Magnetfeld auf der gewünschten Bahn halten. Dieses Magnetfeld nennt man auch *Führungsfeld*.

Vorbeschleunigte Elektronen müssen zum richtigen Zeitpunkt auf die Sollkreisbahn gelenkt werden.

Die gewünschte Endenergie erhält man, indem man die Elektronen zu einem bestimmten Zeitpunkt durch eine Störung des Führungsmagnetfeldes extrahiert. Die Elektronen verlassen die Sollkreisbahn tangential bei einer lokalen Erniedrigung der Magnetfeldstärke, so daß der Elektronenstrahl extern genutzt werden kann.

Um Photonen zu erzeugen, wird die Elektronenbahn nach Erreichen der gewünschten Energie nach innen gelenkt. Die Elektronen treffen auf ein internes Target und erzeugen Bremsstrahlung.

4.2.3
Linearbeschleunigeranlagen

Die modernen Linearbeschleuniger setzen sich aus einem festen Teil, einem Stativ, und einem beweglichen Strahlerarm, der Gantry, zusammen.

Das Beschleunigungsprinzip wurde bereits 1928/30 entdeckt. Elektronen werden längs einer geraden, d.h. linearen Bahn durch ein elektromagnetisches Hochfrequenzfeld von etwa 3 GHz mit Feldstärken zwischen 5–25 MV/m beschleunigt. 3 GHz entsprechen einer Wellenlänge von 10 cm. Die erforderlichen Amplituden der elektrischen Feldstärken betragen etwa 200 kV. Die

Hochfrequenzleistungen liegen zwischen 1 und 10 MW. Für die Bahnführung der Elektronen benötigt man magnetische Felder.

Beim Elektronenbeschleuniger werden ähnlich wie bei der Röntgenröhre Elektronen, die von einer Glühkathode freigesetzt werden, im Vakuum beschleunigt. Bei der Röntgenröhre wird die Beschleunigung der Elektronen über die angelegte Spannung geregelt. Beim Linearbeschleuniger müßten, um Photonen und Elektronen im Energiebereich von 4–25 MV erzeugen zu können, Millionen Volt Spannung zwischen Anode und Kathode angelegt werden, was aus Isolationsgründen nicht machbar ist. Die Isolation einer so hohen Spannung gegenüber der auf dem Erdpotential liegenden Umgebung erweist sich als Problem. Deshalb benötigt man einen *Transporteur*, der die Elektronen mitnimmt, beschleunigt und wieder abgibt.

Als Transporteur fungiert eine Mikrowelle, die entweder von einem *Klystron* oder einem *Magnetron* erzeugt und über einen Hohlleiter zum im Bestrahlungsarm liegenden Beschleunigungsrohr gesendet wird. Unter Klystron und Magnetron versteht man Mikrowellensender hoher Sendeleistung, die sich im feststehenden Teil der Linearbeschleuniger befinden. Entwickelt wurden beide Mikrowellensender in der Radartechnik.

Beim Einsatz der Mikrowellen wird das bekannte Verhalten der Elektronen genutzt. Elektronen werden ohne Energieaufnahme in Magnetfeldern auf eine Kreisbahn senkrecht zur den Feldlinien gebracht. In elektrischen Feldern werden die Elektronen in Richtung der Feldlinien beschleunigt, wobei die Energieaufnahme proportional zur Feldstärke ist. Von einer Glühelektrode mit entsprechender Vorbeschleunigungseinrichtung, der sog. Elektronenkanone, werden die Elektronen in das Beschleunigungsrohr geschossen und treffen zu Beginn des Rohres mit den Mikrowellen zusammen. Die Elektronen treten dort mit den elektrischen Feldkomponenten der Mikrowelle in Wechselwirkung und werden beschleunigt.

Die Elektronen werden immer energiereicher und erzeugen nach Erreichen ihrer Grenzenergie durch Abbremsung in der Anode, dem *Target*, Pho-

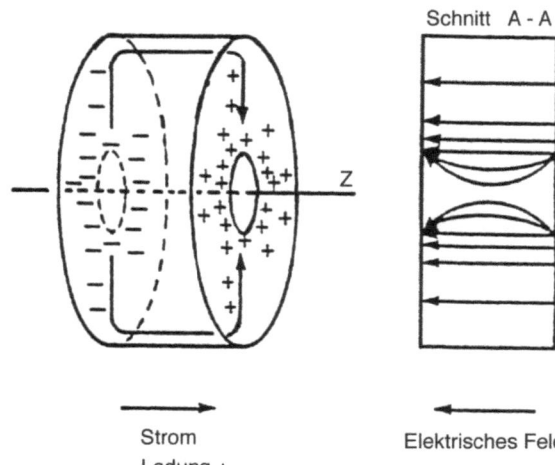

Abb. 4.1. Schematisches Büchsenmodell mit Ladungsverschiebungen (Prof. Dr. W. Schlegel, DKFZ)

4.2 Beschleunigeranlagen

Abb. 4.2. Ladungsverteilung im Beschleunigerrohr (Prof. Dr. W. Schlegel, DKFZ)

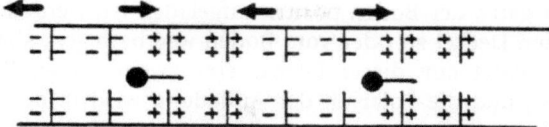

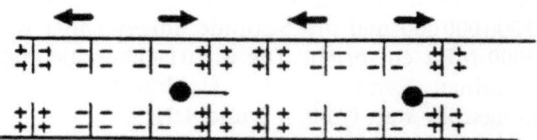

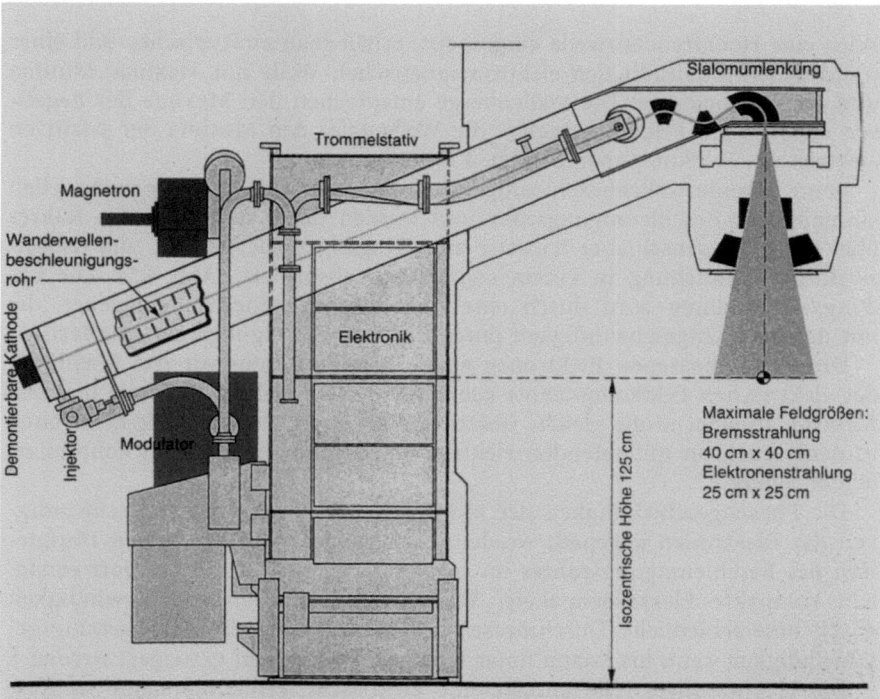

Abb. 4.3. Schematische Darstellung des Wanderwellenrohres (Elekta Onkologische Systeme, ehem. Philips)

tonenstrahlung. Die Kathode besteht aus Wolfram, das Target kann aus Platin oder Wolfram hergestellt sein. Der Fokusdurchmesser beträgt 2 mm.

Man kann sich Linearbeschleuniger stark vereinfacht so vorstellen: Einige Konservenbüchsen mit jeweils einer kreisförmigen Öffnung am Deckel und am Boden werden aneinandergereiht, wodurch ein Hohlleiter entsteht. Wenn durch eine Ladungsverschiebung im leitfähigen Büchsenmaterial der Deckel negativ, der Boden positiv aufgeladen ist, werden die Elektronen, die sich auf den Deckel zu oder vom Boden weg bewegen, abgebremst (Abb. 4.1).

Folgt nun dieser Büchse eine zweite, deren Deckel der Boden der ersten ist, und die Polarität der Auflading wird in dem Moment umgepolt, wo das Elektronenpaket die erste Büchse verläßt, dann werden die Elektronen nochmals beschleunigt. Man kann diesen Vorgang beliebig oft wiederholen, ein Problem war nur die Schnelligkeit der Umschaltung. Da jede Büchse aus praktischen Gründen nicht länger als 10 cm sein kann, muß die Polarität 3 000 000 000 mal pro Sekunde umgeschaltet werden, was einer Frequenz von 3000 MHz entspricht. Die Mehrfachbeschleunigung findet in dem aus vielen einzelnen Kammern, den Hohlraumresonatoren, bestehenden Beschleunigungsrohr statt (Abb. 4.2 und 4.3).

Wanderwellenprinzip

Wird eine Hochfrequenzwelle eingespeist, erhält man ein typisches Bild einer wandernden longitudinalen elektromagnetischen Welle mit Maxima, Minima und Nulldurchgängen. Die Wellenberge entsprechen den Maxima der negativen elektrischen Feldkomponente, die Wellentäler den Maxima der positiven elektrischen Feldkomponente (Abb. 4.4).

Beim Wanderwellenbeschleuniger durchlaufen die Hochfrequenzwellen einmalig das Beschleunigungsrohr und werden dann außerhalb des Rohres über einen Phasenschieber teilweise zum Eingang zurückgeführt und teilweise durch Schwächung in einem sog. Sumpf absorbiert (Abb. 4.5). Die Ladungsverschiebung wird durch eine elektromagnetische Welle erzeugt, die mit nahezu Lichtgeschwindigkeit durch das Beschleunigungsrohr wandert.

Die eingeschossenen Elektronen sollen zeitlich knapp vor das Maximum der elektrischen Feldkomponente gebracht werden. Haben die Welle und das Elektron annähernd die gleiche Geschwindigkeit, so gewinnen die Elektronen in dem synchron mitlaufenden elektrischen Beschleunigungsfeld kontinuierlich an Energie.

Die Phasengeschwindigkeit der Mikrowelle muß der Anfangsgeschwindigkeit der Elektronen angepaßt werden. Dies geschieht in den ersten Dezimetern des Beschleunigungsrohres im sog. Buncher oder Bündeler. Dort entstehen kompakte Elektronenpakete. Variiert wird die Phasengeschwindigkeit durch unterschiedliche Durchmesser der Lochblenden. Die Ausbreitungsgeschwindigkeit kann bis knapp unter Lichtgeschwindigkeit gesteigert werden.

Die Hochfrequenzwelle enthält eine elektrische Feldkomponente in Ausbreitungsrichtung bzw. in entgegengesetzter Richtung. Die Elektronen, die nicht die richtige Amplitude der Hochfrequenzwelle "erwischen", werden nicht mit maximaler Kraft beschleunigt und bleiben hinter den maximal beschleunigten Elektronen zurück; sie werden dann von den nächsten phasenrichtigen Elektronen wieder eingeholt. Phasengerechte Elektronenpakete bilden sich in jedem vierten Segment, d.h. in dem Segment mit der maximalen negativen Feldstärke. Elektronen, deren Phasenschwingung mit der Mikrowelle übereinstimmt, werden durch die ständig auf das Elektronenpaket einwirkende elektrische Feldkomponente auf der ganzen Länge des Beschleunigers ununterbrochen in Richtung Strahlenaustrittsfenster beschleunigt. Sie

4.2 Beschleunigeranlagen

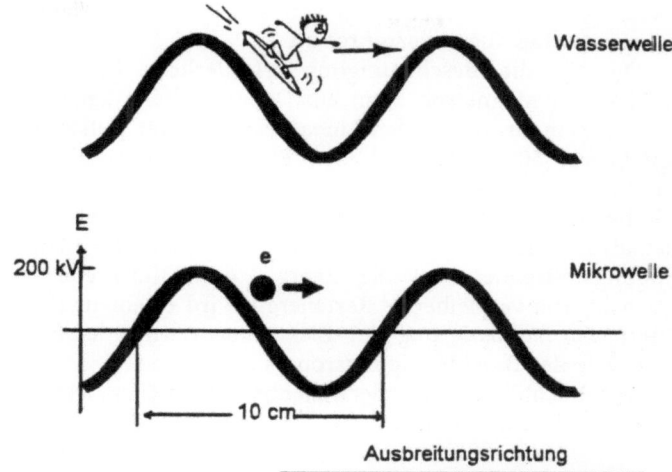

Abb. 4.4. Prinzip der Beschleunigung durch Wanderwellen (Prof. Dr. W. Schlegel, DKFZ)

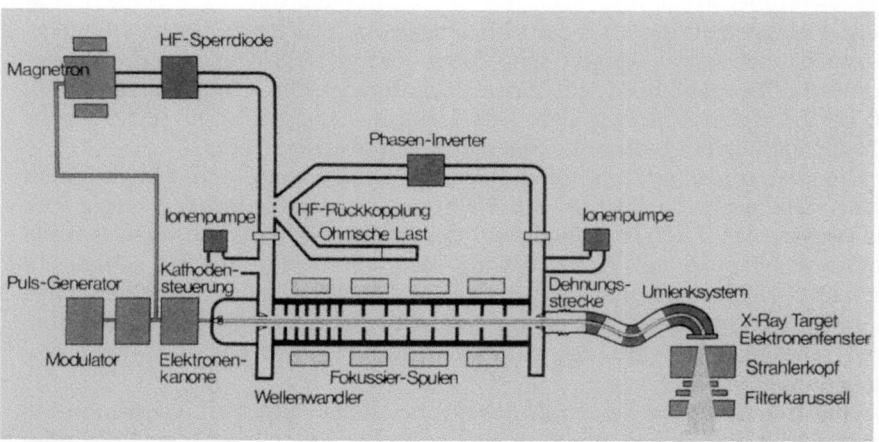

Abb. 4.5. Prinzipielle Strahlerzeugung beim Wanderwellenbeschleuniger SL-Linac (Elekta Onkologische Systeme, ehem. Philips)

sitzen auf dem Kamm der Welle und reiten wie Wellenreiter auf der Vorderflanke der Wellenberge.

Elektromagnetische Wellen so hoher Frequenz werden von einem Magnetron geliefert. Das Beschleunigungsrohr besteht aus Kupfer, wird mit Ionengetterpumpen luftleer gehalten und ist innen mit einem Lochblendensystem versehen. Durch Zentrier- und Fokussierspulen aus Aluminiumband werden die von der Glühkathode gelieferten Elektronen auf Rohrmitte in der Bahn gehalten.

Die Rohrlänge bestimmt die maximale Energie. Für eine Endenergie von 20 MeV ist eine Rohrlänge von etwa 3 m erforderlich. Die maximal erreichbare Elektronenenergie hängt von der Anzahl der Segmente und damit der Länge des Beschleunigerrohres ab.

Die für die Beschleunigung erforderliche Mikrowellenleistung beträgt 6 MW. Ein Magnetron kann auf Dauer so hohe Leistungen nicht erbringen. Aus diesem Grund werden Linearbeschleuniger pulsweise mit einer Folgefrequenz von 50–300 Hz und einer Pulsdauer von wenigen Mikrosekunden betrieben. Die Dosisleistung wird über die Pulsfolge oder die Heizleistung der Glühkathode reguliert bzw. variiert. Die Endenergie wird über die Mikrowellenleistung geregelt. Durch die Beschleunigung der Elektronen am Beschleunigungsrohrende wird die Energie der Mikrowelle fast vollständig verbraucht. Die verbleibende Restenergie wird in einem Hohlleiterstutzen absorbiert. Zur Fokussierung der Elektronen werden häufig noch Magnetspulen um Teile des Beschleunigungsrohres angeordnet.

Der Nachteil des Wanderwellenbeschleunigers liegt in der großen Länge des Beschleunigerrohres.

Umlenkung des Elektronenstrahls

Der Elektronenstrahl wird nach der Beschleunigung durch ein zeitlich konstantes Magnetfeld um 90° oder 270° umgelenkt. Das lange Beschleunigungsrohr muß horizontal gelagert sein, daher muß der Elektronenstrahl für isozentrische Bestrahlungen mit einem Elektromagneten ("bending magnet") um 90° umgelenkt werden. Für jede Elektronenenergie ist für die korrekte 90°-Umlenkung ein bestimmte Magnetfeldstärke erforderlich.

Die Elektronen werden unterschiedlich beschleunigt und weisen daher nicht alle die gleiche Energie auf. Elektronen unterschiedlicher Energie treffen wegen der Energieabhängigkeit des Umlenkwinkels an verschiedenen Stellen des Targets auf: Elektronen mit niedriger Energie werden stärker abgelenkt als Elektronen mit höherer Energie. Die Abweichung von einem mittleren Energiewert beträgt beim Linearbeschleuniger ca. 500 keV. Der Mittelwert schwankt auch mit der Mikrowellenleistung und der Mikrowellenfrequenz um einen Sollwert.

Eine Lageänderung des Strahles kann bei langen Beschleunigerrohren besonders bei Rotationen der Gantry durch das Magnetfeld der Erde oder wenn sich die beschleunigten Elektronen nicht parallel, sondern in einem bestimmten Winkel zum Erdmagnetfeld bewegen, bedingt werden. Die dadurch entstehende Asymmetrie des Strahlenfeldes bei Energie- und Lageschwankungen wird mit speziellen Durchschußionisationskammern, die jeweils einen Sektor des Strahlenfeldes überwachen, und durch Steuerspulen kleingehalten.

Durch Umlenkung um 270° wird die bei der 90°-Umlenkung auftretende Fokuswanderung bei Energieschwankungen vermieden. In 270°-Magneten findet eine achromatische, d.h. elektronenenergieunabhängige Umlenkung statt. Strahlführungsspulen entlang der Beschleunigungsstrecke sorgen für einen definierten Eintritt des Elektronenstrahls in das Umlenksystem. Die Elektronen unterschiedlicher Energie werden auf dieselbe Stelle des Targets fokussiert. Da bei Beschleunigern die Photonen immer durch Abremsung der Elektronen erzeugt werden, gibt die Überprüfung der Elektronenenergie Hin-

Abb. 4.6. Slalomumlenksystem des SL-Linac (Elekta Onkologische Systeme, ehem. Philips)

Abb. 4.7. Umlenkkammer des Slalomumlenksystem des SL-Linac (Elekta Onkologische Systeme, ehem. Philips)

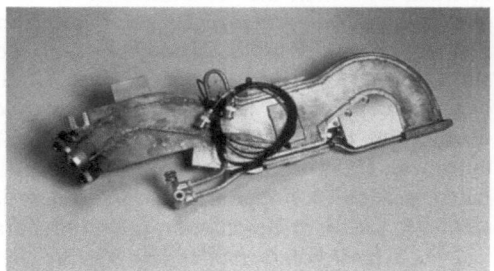

weise auf die Konstanz der Grenzenergie der Photonen. Auch ein in der Horizontalen oder Vertikalen parallel verschobener Strahl trifft auf dieselbe Stelle des Targets. In beiden Fällen liegt eine Strahlrichtungsänderung vor. Im Inneren des Umlenkmagneten kreuzen sich verschobene, energiegleiche Strahlen. Setzt man an diese Stelle eine Spaltblende, so kann ein kleiner Energiebereich ausgeblendet werden. Ionisationskammern an beiden Seiten können Energieänderungen messen.

Um den herangeführten Elektronenstrahl auf das Target zu bringen, liegt im Umlenksystem ein Wechsel von uniformen bzw. homogenen und nicht uniformen bzw. inhomogenen Magnetfeldern vor. Elektronen, die nicht im Energiesollbereich liegen, können ausgeblendet werden. Lageverschobene, energiegleiche Strahlen werden auf einen Punkt fokusiert. Durch ein dreiteiliges Umlenksystem werden Strahlrichtungsänderungen vermieden. Der 1. Magnet fokussiert lageverschobene, energiegleiche Strahlen auf einen Punkt. Die Spaltblende macht es möglich, daß Elektronen, die nicht im Energiesollbereich liegen, ausgeblendet werden. Parallel verschobene Strahlen kommen nach Durchlauf der 3 Magneten wieder parallel heraus. Liefert der 2. Magnet ein entsprechendes inhomogenes Magnetfeld, kann die Parallelverschiebung vermindert werden. Auf diese Weise kommen alle Elektronen trotz Energie- und Lageschwankungen in derselben Richtung auf denselben Punkt (Abb. 4.6 und 4.7).

Stehwellenprinzip

Der Stehwellenbeschleuniger unterscheidet sich vom Wanderwellentyp unter anderem durch eine andere Anordnung der Blenden und durch eine unterschiedliche Führung und Einspeisung der Mikrowelle.

Das Beschleunigungsrohr ist beim Stehwellenprinzip am Ende geschlossen und reflektiert deshalb die Hochfrequenzwelle. Die eingespeisten Hochfrequenzwellen durchlaufen das Beschleunigungsrohr in beiden Richtungen mit fast verlustfreier Reflexion der Hochfrequenzenergie an den beiden Rohrenden, so daß sich die reflektierte Welle bei entsprechender geometrischer Anordnung mit der vorwärtslaufenden Welle zu einer stehenden Welle überlagert, die ortsfeste Schwingungsbäuche und -knoten bildet.

In jedem zweiten Hohlraum bilden sich die Schwingungsbäuche, in den dazwischen liegenden Segmenten die Schwingungsknoten aus. In den Ringblenden entstehen die Wellenknoten der stehenden Welle. Die Wellentäler tragen nicht zur Beschleunigung der Elektronen bei. Eine Beschleunigung der Elektronen findet nicht abwechselnd in geraden und ungeraden Kammern statt, sondern nur in jedem zweiten Hohlraum. Die Elektronen werden in den Segmenten mit Schwingungsbäuchen dann beschleunigt, wenn sie sich dort genau zum Zeitpunkt der maximalen negativen elektrischen Feldstärke befinden. Die für die Beschleunigung der Elektronen unbedeutenden Kammern werden in Kopplungsresonatoren verlagert und als seitliche Hohlleiterelemente aus dem Beschleunigungsrohr herausgeführt.

Die Schwingungsamplituden zweier benachbarter Resonanzräume sind entgegengesetzt. In den Kopplungsräumen hat das elektromagnetische Feld den Wert Null, was den Schwingungsknoten der stehenden Welle entspricht.

Wie beim Wanderwellenprinzip durchlaufen die Elektronen eine durch 2 Ringblenden unterteilte Hohlraumresonatorkammer und werden von der beschleunigenden Halbwelle des elektrischen Feldes erfaßt. Beim Passieren der Ringblende wechselt die Polarität. Anschließend bewegen sie sich im feldfreien Kopplungsraum mit konstanter Geschwindigkeit zwischen den Resonanzräumen in den nächsten Resonanzraum hinein. Bis sie dort ankommen, hat die Hochfrequenz ihre vorher negative Amplitude in ein positives Maximum verwandelt. Es kommt zu einer weiteren Beschleunigung der Elektronen mit maximaler Kraft in Strahlrichtung. Sind die Elektronenflugzeit und die Schwingungsdauer exakt aufeinander abgestimmt, so finden die Elektronen, außer in den feldfreien Kammern, beschleunigende longitudinale Feldstärken vor. Die Elektronen verlassen das Beschleunigungsrohr am Ende als hochenergetische Elektronenpakete mit nahezu Lichtgeschwindigkeit.

Bei diesem Prinzip findet eine diskontinuierliche Beschleunigung statt. Durch das Herausführen der für die Beschleunigung unbedeutenden Kammern wird die Länge des Rohres auf die Hälfte reduziert (Abb. 4.8). Die Be-

Abb. 4.8. Struktur des Stehwellenlinearbeschleunigers mit seitlichen Kopplungselementen (Prof. Dr. W. Schlegel, DKFZ)

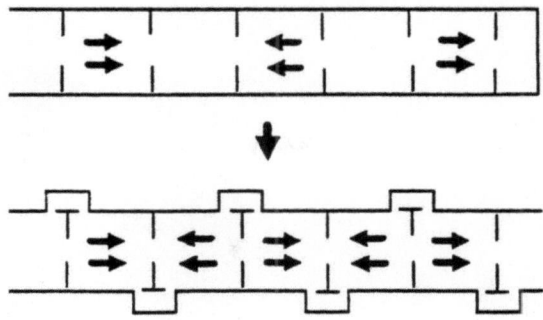

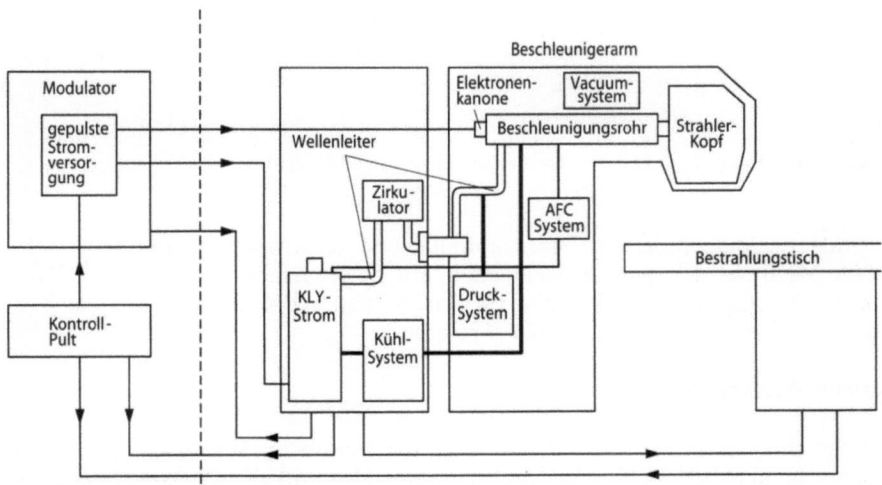

Abb. 4.9. Skizze der wichtigsten Komponenten eines Stehwellenbeschleunigers (Prof. Dr. W. Schlegel, DKFZ)

schleunigungsröhre könnte senkrecht eingebaut werden und der Strahl nach der Feldhomogenisierung direkt genutzt werden.

Das Magnetron wird beim Stehwellenbeschleuniger nicht als Mikrowellengenerator genutzt. Beim diesem Beschleunigertyp verwendet man Klystrons, die stabiler sind, aber einen höheren elektronischen Aufwand erfordern (Abb. 4.9).

Strahlführungssysteme

Bei Linearbeschleunigern und beim Mikrotronbeschleuniger sind Strahlführungssysteme notwendig, um die Elektronen bis zum strahlenfeldformenden System zu führen (Abb. 4.10). Linearbeschleuniger, die waagerecht in der Bestrahlungseinrichtung untergebracht sind, benötigen nur eine Umlenkung um 90° bzw. 270°. Bei feststehenden Beschleunigern, hochenergetischen Linearbeschleunigern und beim Mikrotron wird zusätzlich eine Umlenkung aus der Drehachse in die Gantry nötig. Teile dieser Strahlführungssysteme können zur Analyse der Elektronenenergie bzw. zur Regelung der Energie ver-

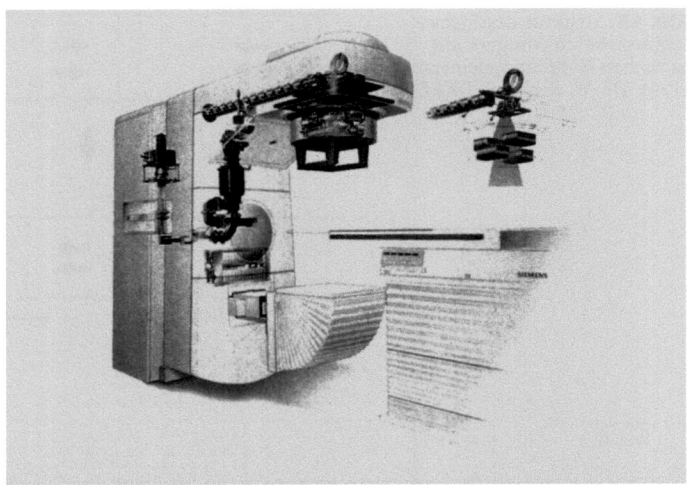

Abb. 4.10. Schnitt durch einen Stehwellenbeschleuniger (Siemens)

wendet werden, indem zu stark abweichende Elektronen ausgesondert werden. Meist werden jedoch Elektronen mit abweichender Energie und Bahn bzw. Richtung mitgenutzt. Dazu verwendet man achromatische, auf das Target fokussierende 261°- oder 270°-Systeme.

Strahlenfeldformung bei Photonen

Unter einem Strahlenfeld versteht man die räumliche Verteilung der Dosis. Das geeignete Strahlenbündel muß ausgeblendet und die Dosisverteilung geformt werden.

Folgende Forderungen werden an den Feldausgleich bei Photonen gestellt:

- Die Strahlenfeldgrößen müssen kontinuierlich veränderbar sein von 2×2 cm bis 40×40 cm in einem Fokusabstand von 100 cm.
- Eine hohe Durchdringungsfähigkeit mit der 50%-Isodose als Maß.
- Die Tiefendosiskurven sollen eine geringe Feldgrößenabhängigkeit aufweisen.
- Das Dosismaximum soll tief liegen.
- Die relative Oberflächendosis soll möglichst gering sein.
- Es soll eine Homogenität der Isodosen vorliegen, d.h. ein möglichst paralleler Isodosenverlauf zur Oberfläche für alle Feldgrößen und für einen größeren Tiefenbereich von 5–15 cm, mit einem Optimum in 10 cm Tiefe.
- Der Randabfall der Dosis soll steil sein, und es soll nur ein schmaler Halbschattenbereich vorliegen.

Um diese Forderungen zu erfüllen, sind gewisse Voraussetzungen notwendig:

- Das Photonenspektrum sollte möglichst aufgehärtet sein. Eine Aufhärtung bedeutet die Herausfilterung der weichen Strahlungsanteile, um eine besse-

re Strahlenqualität (ultraharte Photonenstrahlung) mit einer hohen Durchdringungsfähigkeit zu erhalten.
- Das Target sollte dünn sein, eine hohe Ordnungszahl und gute Wärmeleitfähigkeit besitzen. Es kann aus Wolfram oder Platin bestehen.

Die Elektronen treffen auf das Target. Durch die Wechselwirkung mit Materie entsteht ein Photonenstrahl, der gleichzeitig aufgefächert wird. Bei der Bremsstrahlerzeugung im Target entstehen auch unerwünschte Strahlenanteile wie Elektronen und weiche Photonen, die den Aufbaueffekt im Gewebe vermindern. Diese Anteile müssen in einem Material niederer Ordnungszahl wie Graphit oder Aluminium absorbiert werden, ohne einen wesentlichen niederenergetischen Photonenuntergrund zu erzeugen. Die Absorber sitzen im Gantrykopf hinter dem Target und vor dem Ausgleichskörper.

Die Photonenverteilung folgt einer Gaußschen Verteilung. Der Feldausgleich bei Photonen, der eine homogene Ausstrahlung des Feldes bewirkt, wird durch einen Ausgleichskörper bzw. Ausgleichsfilter erreicht, der so geformt ist, daß innerhalb des nutzbaren Feldes die Photonenverteilung möglichst gleichmäßig, d.h. homogen ausfällt. Ausgleichskörper zeigen entweder von der Strahlmitte nach außen hin abnehmende Absorption, oder es besteht auch die Möglichkeit, nicht die Dicke des Filters zu variieren, sondern die

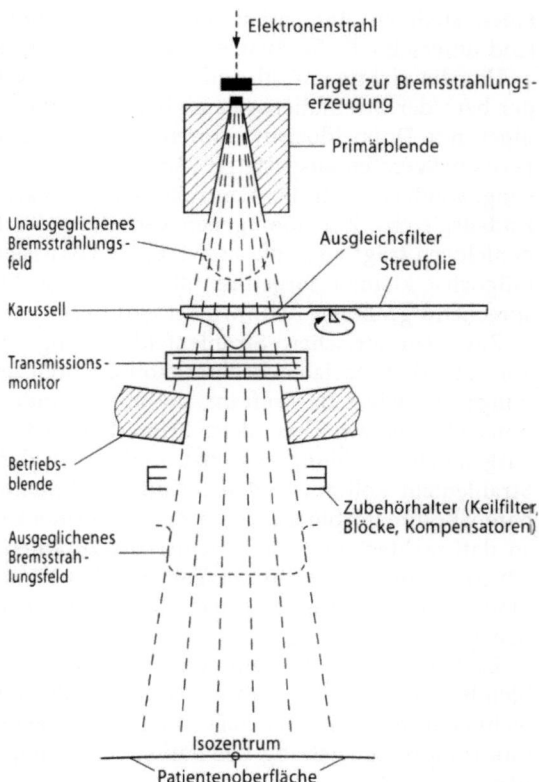

Abb. 4.11. Strahlerkopf und Blendensystem eines medizinischen Elektronenbeschleunigers in Stellung „Röntgenstrahlung". (Aus Scherer u. Sack 1996)

Abb. 4.12. Zweikanal-Ionisations-Transmissionsmeßkammer (Elekta Onkologische Systeme, ehem. Philips)

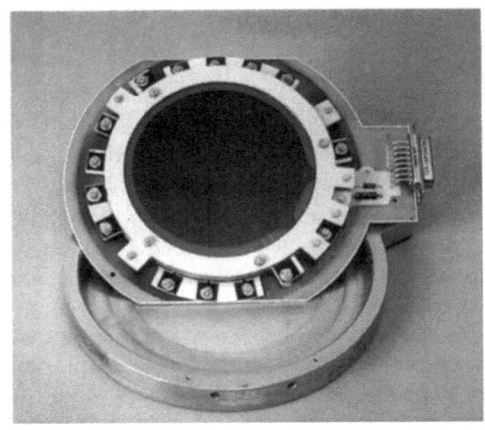

Ordnungszahl von innen nach außen abnehmen zu lassen. Man verwendet meist Materialien hoher Dichte und mittlerer Ordnungszahl wie Kupfer oder Eisen. Dadurch erhält man eine bessere Aufhärtung und eine flachere Tiefendosiskurve. So erreicht man einen Tiefenbereich optimaler Homogenität – da am Feldrand die mittlere Photonenenergie höher ist als in der Mitte – und einen steileren Randabfall. Für jede Energie und verschiedene Feldgrößen sind unterschiedliche Ausgleichskörper notwendig (Abb. 4.11).

Um die richtige Wahl und die richtige Positionierung der Ausgleichskörper bzw. der Streufoliensysteme bei Elektronen zu sichern, sind die Beschleuniger mit Doppeldosismonitoren, d.h. mit 2 voneinander völlig getrennten Dosismeßgeräten ausgestattet (Abb. 4.12). Sie dienen nicht nur der Dosismessung, sondern auch der Kontrolle der Strahlsymmetrie und der Kontrolle des Feldausgleichs. Zur homogenen Verteilung der Photonen bei größeren Photonenfeldern trägt auch die konvergente Fokussierung der Elektronen auf einen möglichst kleinen Targetbrennfleck bei. Die Photonen werden in einen entsprechend größeren Raumwinkel emittiert.

Zur geometrischen Strahlenfeldformung verwendet man bei Photonen kontinuierlich variable Rechteckkollimatoren aus einem Material hoher Ordnungszahl, wie z.B. Wolfram, die übereinanderliegend angeordnet sind. Man unterscheidet zwischen dem Primärkollimator, der die primär vom Target ausgehende Strahlung begrenzt, und einem darunterliegenden, das maximale Strahlenfeld kollimierenden Sekundärkollimator sowie den variabel einstellbaren Kollimatorblöcken. Die Kollimatorblöcke liegen getrennt übereinander, so daß rechteckige Strahlenfelder bis zu einer maximalen Feldgröße von ca. 40×40 cm im Isozentrum erzeugt werden können. Die Führung der Blendenblöcke erfolgt auf einer Kugelschale, um die Halbschattenbildung gering zu halten.

Es können sowohl symmetrische als auch asymmetrische Felder ausgeblendet werden. Die asymmetrische Ausblendung vereinfacht Bestrahlungstechniken, die mit einer herkömmlichen Blende nur durch externe Strahlausblockung oder Drehung des Patientenlagerungssystems erreicht werden können.

Anwendungsmöglichkeiten für asymmetrische Blendenführung sind:

- bei der Tangentialanordnung des Feldes für Schalenbestrahlung, wie diese sonst nur durch Strahlerkopfauslenkung ermöglicht wird;
- bei Schrägeinstrahlung in Patientenlängsrichtung ohne Drehung des Tisches, was sonst nur durch Strahlerkopfneigung möglich wäre;
- bei einer regionalen Dosisverstärkung, einem *Boost*, innerhalb eines Feldes ohne Patientenverlagerung.

Strahlenfeldformung bei Elektronen

Zur Applikation einer Elektronenstrahlung wird das Target entweder seitlich weggeschoben, weggedreht, oder der Elektronenstrahl wird am Target vorbeigelenkt, so daß er durch ein dünnes, das Vakuum abschließendes Metallfenster aus dem Beschleuniger heraus extrahiert werden kann. Die Elektronen werden fast nur in Vorwärtsrichtung emittiert. Um ausreichend große Felder homogen auszuleuchten, müssen die Elektronen gleichmäßig über das Feld verteilt werden. Erreicht werden kann dies durch Aufstreuung an entsprechenden Filtern.

Gewünscht werden beim Strahlenfeldausgleich der Elektronen:

- ein breites ausgeglichenes Strahlenfeld mit einem kleinen Halbschattenbereich,
- ein steiler Dosisabfall der Tiefendosiskurve nach dem 80%-Dosispunkt,
- ein kleiner Bremsstrahlenuntergrund im Strahlenfeld vor und hinter der praktischen Reichweite.

Streufolien. Die elastische Streuung von Elektronen an Kernen ähnelt dem Aufprall eines Tennisballs an einer Wand: Die Flugrichtung ändert sich. Viele Stöße führen zu einer Winkelverbreiterung des Elektronenstrahls nach dem Durchgang durch eine Absorberschicht.

Bis 25 MeV erfolgt die Aufstreuung der Elektronen durch Streufolien, einem Material hoher Ordnungszahl, welches die Erzeugung unerwünschter Röntgenstrahlung zur Folge hat. Beim Durchtritt durch diese Metallfolien verlieren primäre Elektronen einen mehr oder weniger großen Teil ihrer Energie und werden zur Seite abgelenkt. Die Dosisverteilung hinter der Streufolie folgt einer Gauß-Kurve.

Um ein größeres Bestrahlungsfeld und eine breitere Aufstreuung zu erhalten, muß eine dickere Streufolie verwendet werden. Ebenso muß mit zunehmender Energie die Streufolie dicker werden, da die energiereichen Elektronen weniger stark gestreut werden. In der Streufolie erfahren die Elektronen einen Energieverlust, d.h. die Energiebreite nimmt zu, die mittlere Energie ab. Durch die verminderte Energie wird die Reichweite der Elektronen verkürzt, was allerdings durch eine hohe Anfangsenergie ausgeglichen werden kann.

Die Elektronen werden in der Streufolie und in anderen Geräteteilen abgebremst und erzeugen so Bremsstrahlung. Auf diese Weise entsteht auch hinter der erforderlichen Reichweite der Elektronen eine Dosis, die das gesunde Gewebe belastet. Die Folge ist eine unerwünschte Verflachung des steilen Dosisabfalls am Ende der Elektronenreichweite und eine therapeutisch nutzlose Erhöhung der Volumendosis. Bei steigender Energie der Elektronen treten diese Nachteile noch stärker hervor.

Durch die Verwendung neuerer Streufoliensysteme kann die Bremsstrahlenbildung vermindert werden. Ein scharf gebündelter Elektronenstrahl wird durch das Elektronenaustrittsfenster, durch die Ionisationskammern des Monitorsystems und durch die Luft schon so aufgestreut, daß sich im Bestrahlungsabstand bei mittlerer Energie ein Strahldurchmesser von 7 cm ergibt.

Doppelstreufolien. Verwendet man 2 voneinander getrennte Teilstreukörper unterschiedlichen Materials und nicht konstanter Dicke, so können die unerwünschte Röntgenstrahlerzeugung und der Energieverlust vermieden werden. Doppelstreufolien erlauben den Gebrauch höherer Energien und die Anwen-

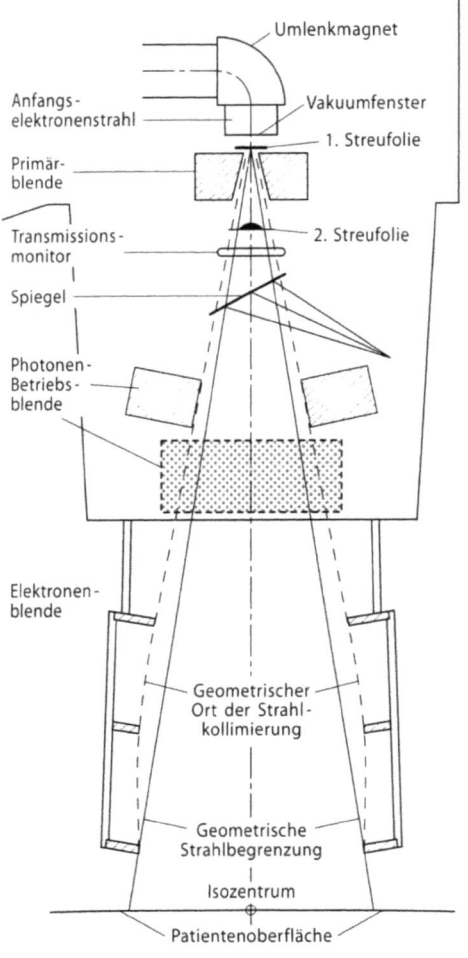

Abb. 4.13. Strahlerkopf und Blendensystem eines medizinischen Elektronenbeschleunigers in Stellung „Elektronenstrahlung". Die 1. und 2. Streufolie erzeugen zusammen ein großes Strahlenfeld mit homogener Dosisverteilung in verschiedenen Phantomtiefen. Die Primärblende und die Photonenbetriebsblende befinden sich außerhalb der geometrischen Strahlenfeldbegrenzung. Die gekrümmte Form der Elektronenblende trägt der Entstehung von Kleinstwinkelstreuung der Elektronen auf dem Luftweg Rechnung. Die Transmissionsmonitorkammer und der Spiegel zur Einblendung der Feldmarkierung durch ein Lichtfeld besitzen sehr kleine flächenbezogene Massen und bestehen aus einem Material niedriger Ordnungszahl. (Aus Scherer u. Sack 1996)

dung größerer Felder. Einfache Streufolien sind nur bis 10 MeV zuverlässig. Über diese Energie hinaus werden Doppelstreufoliensysteme verwendet. Mit einer dünnen Streufolie aus einem Material hoher Ordnungszahl wird das Elektronenstrahlbündel vorgestreut. Der endgültige Feldausgleich erfolgt mit einem zweiten Streukörper, der etwa 10 cm entfernt angebracht wird, ähnlich wie ein Ausgleichsfilter bei Photonen wirkt, aus einem Material niederer Ordnungszahl besteht und im Zentralstrahl dicker ist als am Rand (Abb. 4.13).

Scanningverfahren. Eine weitere Möglichkeit, den Elektronenstrahl zu streuen, bietet das Scanningverfahren. Das primäre Strahlenbündel wird ohne weitere Ablenkung durch sehr starke magnetische Wechselfelder zweier Elektromagnete so abgelenkt, daß es eine große Fläche mäanderförmig überstreicht. Dieses System liefert im Vergleich zur Feldaufstreuung mit Streufolien bei Energien über 25 MeV bessere Tiefendosisverteilungen mit guter Homogenität und steilerem Randabfall. Die Aufstreuung der Elektronen erfolgt beim Scanningverfahren ohne Energieverlust und ohne Röntgenstrahlungserzeugung.

Das Feld wird allerdings nicht in allen Teilen gleichzeitig, sondern nacheinander bestrahlt. Die Gesamtscandauer für ein ganzes Strahlenfeld dauert etwa 2 s. Da Linearbeschleuniger im Pulsbetrieb arbeiten, setzt sich die Bestrahlung aus einzelnen runden Flecken mit einigen Zentimetern Durchmesser zusammen. Die Felder überlappen sich weitgehend.

Ein Nachteil besteht darin, daß hier kein automatischer Isodosenschreiber benutzt werden kann, da die Felder nicht als Ganzes bestrahlt werden. Dadurch wird eine punktweise Ausmessung notwendig.

Um unter eine Elektronenenergie von 5 MeV zu gelangen, existieren für Elektronen Zusatzfilter. Filter aus Materialien mit niedriger Ordnungszahl wie Graphit werden eingeschoben oder in den Strahl gedreht. Energien um 2 MeV können für die Bestrahlung von Hauttumoren zur Anwendung kommen.

Sollen Tumoren bestrahlt werden, die von der Haut bis in einige Zentimeter Tiefe reichen, sind Filter nötig, die der Strahldivergenz entsprechend mit vielen Bohrungen versehen sind. Dadurch kommen sowohl Elektronen der vollen Energie als auch Elektronen mit halber Energie gemischt vor. Es ergibt sich ein von der Oberfläche aus tiefreichendes homogen bestrahltes Gebiet.

Verwendung von Tubussen. Durch einen Elektronentubus wird der mittlere Teil der bereits erwähnten Gauß-Kurve der Dosisverteilung hinter der Streufolie ausgeblendet und der Dosisabfall am Feldrand vermindert. Die Streuung der Elektronen in der Luft erfordert eine möglichst hautnahe Einblendung, d.h. die Tubusse sollten möglichst auf die Haut aufgesetzt werden.

Feste Tubusse. Der Randabfall durch die Folienstreuung muß durch die Streustrahlung aus der Tubusinnenwand kompensiert werden. Der Streuanteil wirkt nur im oberflächennahen Bereich und ist stark vom Tubusmaterial abhängig. Der Tubus dient der Feldgrößendefinition und beeinflußt den Feldausgleich nur an den Feldrändern. Zwischen dem Elektronentubus und der

Abb. 4.14. Elektronenbestrahlung mittels festem Tubus (Elekta Onkologische Systeme, ehem. Philips)

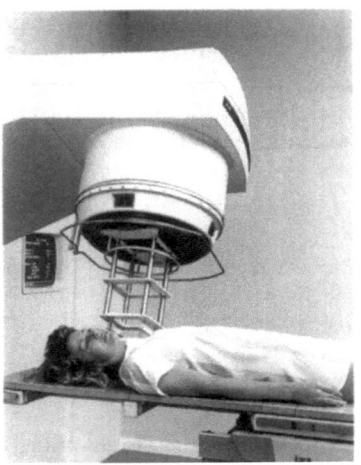

Feldblende besteht eine elektrische Kopplung, die die Blende auf eine optimale, dem Tubus angepaßte Größe automatisch einstellt (Abb. 4.14).

Jeder feste Tubus legt eine bestimmte Größe des Bestrahlungsfeldes fest, z.B. der sog. 10er Tubus eine Feldgröße von 10×10 cm. Es gibt allerdings auch Tubusse, deren Tubuswände teleskopartig ineinandergeschoben werden können.

Vorteile des Linearbeschleunigers

Nachfolgend sind einige Vorteile des Linearbeschleunigers zusammengestellt:

- Der Linearbeschleuniger verfügt über asymmetrische Blenden, d.h. die Feldgrenzen lassen sich exzentrisch über den Zentralstrahl hinaus verschieben.
- Es ist ein Doppeldisplayschaltpult mit Eingabe aller Schaltpultparameter im Dialogverfahren vorhanden.
- Alle physikalisch-technischen Parameter werden automatisch eingestellt.
- Alle physikalisch-technischen und geometrischen Einstellwerte werden automatisch eingestellt und angezeigt.
- Die Bestrahlungsvorschrift wird verifiziert.
- Die Behandlungsdaten werden automatisch auf Magnetplatte abgespeichert.
- Es liegt ein Doppeldosimetriesystem mit einer speziellen Ionisationskammer vor, die eine konstante Kalibrierung gewährleistet.

Kontrollmaßnahmen am Linearbeschleuniger

Nach dem Austritt der Elektronen aus der Beschleunigungsstrecke werden je nach medizinischer Entscheidung des verantwortlichen Arztes Elektronen oder Photonen eingesetzt. Eine der Sicherheitsmaßnahmen des Linearbeschleunigers selbst liegt in der Überprüfung, ob sich das Target oder eine

4.2 Beschleunigeranlagen

Streufolie im Strahlengang befindet. Weiter wird vom Gerät überwacht, ob die richtige zugehörige Streufolie für die gewünschte Energie benutzt wird und ob die Medien zentrisch im Strahlengang auf 1/100 mm genau liegen.

Anschließend wird der Strahl in 2 voneinander unabhängigen, meist großflächigen, luftgefüllten Durchstrahlungsionisationskammern, die sich im Gantrykopf befinden, gemessen. Die Kammern sind aus dünnen, wenig absorbierenden Folien hergestellt, wobei jede ihrerseits wieder in 2 unabhängige Hälften geteilt ist. Gemessen werden die Dosis und die gleichmäßige Verteilung des Strahls pro Flächeneinheit. Ebenso werden auch der Feldausgleich und die Symmetrie bestimmt. Das Dosismonitorsystem besteht also aus 4 Segmenten, die miteinander verglichen werden.

Die Feldhomogenität stellt eine wesentliche Bedingung für die Bestrahlungsplanung und die Bestrahlungsdurchführung dar und ist damit ein wichtiger Punkt des Patientenstrahlenschutzes. Durch die Überprüfung der Feldhomogenität wird gewährleistet, daß keine zu hohe oder zu niedrige Dosis appliziert und das Bestrahlungsfeld gleichmäßig ausgeleuchtet wird. Schwankungen der Austrittsenergie eines Beschleunigers beeinflussen unmittelbar die Dosisverteilung im Körper des Patienten und können sich auch auf die Feldhomogenität auswirken.

Die Dosisleistung und die Dosis werden nicht als tatsächliche Strahlendosis, sondern als Monitorimpulswerte angezeigt. Die zu verabreichende Dosis am Patienten wird über die Bestrahlungsparameter in Monitoreinheiten übertragen. Kontrolliert wird die applizierte Dosis durch die Messung und Anzeige einer Größe, der Monitorvorwahl, die unter anzugebenden Bezugsbedingungen proportional zur erreichten Dosis ist. Bei Schwankungen der Austrittsenergie kann eine einmal bestimmte Dosis-Monitor-Beziehung und damit die Patientendosis verändert werden, was zur Abschaltung des Linearbeschleunigers führt.

Einmalig vor Inbetriebnahme des Beschleunigers oder nach größeren eingreifenden Reparaturen werden mit einer Basismessung die Dosis-Monitor-Beziehungen der Bestrahlungsfelder mittels eines Wasserphantoms bestimmt. Der Vergleich erfolgt mit einem geeichten Dosimeter. Verglichen wird die gemessene Dosis mit den gemessenen Monitoreinheiten. Ein Beispiel einer Dosis-Monitor-Beziehung wäre, wenn z.B. 50 cGy 50 Monitoreinheiten entsprechen.

Die bereits erwähnten Ionisationskammern, die zur gegenseitigen Überwachung paarweise angeordnet sind, messen die austretende Strahlung. Zulässig sind nur geringe Abweichungen, bei großen Abweichungen schaltet ein Interlock-Kreis die Strahlung sofort ab. Die Dosisleistung darf um etwa 20% schwanken. Beide gemessenen Monitorwerte dürfen um 15% differieren. Zusätzlich kontrolliert eine Schaltuhr die Bestrahlungsdauer der gewünschten Dosis. Die Schaltuhr ist eine Quarzuhr, die aus der Vorgabe der Monitoreinheiten für bestimmte Strahlung und der Solldosisleistung des Beschleunigers die zugehörige Zeit errechnet und überwacht.

Kontrollmessungen werden mit einem Plexiglasphantom durchgeführt, das mit Bohrungen für Meßkammern ausgestattet ist.

Die Größe und die Form des Strahlenfeldes müssen eingestellt und überprüft werden; bei Photonen geschieht dies durch ein Blendensystem, bei

Elektronen durch den Tubus. Überwacht wird, ob das entsprechende System den Strahl begrenzt.

Bei den Blenden wird überprüft, ob sich während der Bestrahlung Blendenlamellen zusätzlich bewegen, was eine Veränderung der Feldgröße während der Bestrahlung nach sich ziehen würde.

Die Überwachung der Absorber oder Keilfilter erfolgt z.B. über eine Computerabfrage „Zubehör eingeschoben oder nicht".

Bei der Bewegungsbestrahlung wird geprüft, ob sich die Gantry mit der richtigen Geschwindigkeit bewegt.

Bei einem digital gesteuerten Linearbeschleuniger gibt es viele Sicherheitsüberwachungsysteme mit Abschaltfunktion. Weitere Überwachungen werden zur Gerätesicherheit durchgeführt, z.B. die Kontrolle des Kühlwasserdrucks, der Temperatur, diverser Endschalter, verschiedener Spannungen, Stromgrößen usw.

Der Schutz des Personals erfolgt über bauliche Maßnahmen, Türkontakte, Strahlungsanzeigen und klar abgegrenzte Bereiche. Beim Öffnen der Türen während der Bestrahlung kommt es sofort zu einer Bestrahlungsunterbrechung.

Der Gesetzgeber schreibt beim Linearbeschleuniger eine jährliche Wartung vor. Der Medizinphysiker führt Kontrollprogramme zum täglichen, wöchentlichen und monatlichen Check durch.

Zusätzlich müssen folgende Parameter kontrolliert werden:

- Einfluß des Luftdrucks:
  Die Monitormeßkammern, Ionisationskammern, sind als offene Kammern vor allem in ihrer Anzeige vom herrschenden Luftdruck und der Temperatur abhängig. Aus diesem Grund ist eine Korrektur notwendig.
- Einfluß der Strahlerkopfstellung:
  Da die Meßkammern mechanische Bauteile sind, ist ihre Lage zum Elektronen- bzw. Photonenstrahl meßwertbestimmend.
- Überprüfung der Übereinstimmung des Lichtvisiers mit dem Strahlenfeld:
  Durchgeführt wird eine Bestrahlung einzeln gepackter Filme nach vorheriger Markierung der Ecken und der Mitte des Lichtvisierfeldes mit einer Nadel.
- Überprüfung des Isozentrums:
  Es muß sichergestellt sein, daß der Zentralstrahl als gedachte Mittellinie des Strahlenbündels in jeder Winkelstellung durch die Pendelachse geht. Dies gilt besonders bei der SAD-Technik oder bei Rotationsbestrahlungen. Bei der SAD-Technik wird die Achse bzw. das Isozentrum direkt in den Körper bzw. den Tumor „gelegt". Ein Meßfilm wird in ein Phantom aus 2 kreisförmigen Scheiben gebracht. Die Achse der Kreisscheiben wird in der Pendelachse ausgerichtet. Eingestrahlt wird ein möglichst eng ausgeblendetes Strahlenfeld unter verschiedenen Winkeln, wobei sich die Mittellinien der entstehenden Streifen bei richtiger Lage des Isozentrums alle in einem Punkt treffen müssen.
- Kontrolle des Lagerungstisches:
  Die Höhe des Lagerungstisches wird im allgemeinen hydraulisch, durch einen Zahnkettenantrieb oder eine elektromotorische Spindeldrehung einge-

stellt. Bei langdauernden Bestrahlungen ist ein Absacken des Tisches möglich, was eine Änderung des Fokus-Haut-Abstandes zur Folge hätte und somit die Feldeintrittsfläche verändern würde.
- Mechanisch-optische Einstellhilfen:
Dazu zählt neben dem Lichtvisier der optische Entfernungsmesser.
- Kontrolle des optischen Entfernungsmessers:
Eine Verschiebung des optischen Systems bewirkt, daß die Entfernungsangaben differieren. Kontrolliert werden kann der Entfernungsmesser mit einem mechanischen Meßgerät wie z. B. einem ausziehbaren Längenmaß.

Alle oben aufgeführten Kontrollen muß ein entsprechend ausgebildeter Physiker durchführen. Weitere Aufgaben des Medizinphysikers sind:
- die Erstellung aller für die Planung nötigen physikalischen Strahldaten;
- die Betreuung und Pflege der dazu notwendigen dosimetrischen Meßgeräte inklusive der Kalibrierung;
- die Bestrahlungsplanung mit der Wahl der Bestrahlungstechnik, der Dosisverteilungsberechnung, der Berechnung der Monitoreinheiten für jedes Bestrahlungsfeld und evtl. der Wahl der Strahlenart;
- alle Strahlenschutzmaßnahmen und Strahlenschutzmessungen;
- die Überprüfung der Strahlungsparameter und der Spezifikation des Beschleunigers; darunter fallen besonders die regelmäßige Kontrolle des Dosismonitors, des Feldausgleichs, der Energien und die Kontrolle der Abschaltfunktionen.

Sämtliche Kontrollen und Messungen werden dokumentiert und müssen 10 Jahre aufbewahrt werden. Die Verantwortung für die Strahlenanwendung am Patienten liegt beim Betreiber der Anlage.

KAPITEL 5

Strahlenschutzmaßnahmen

5.1 Gesamtstrahlenbelastung der Bevölkerung

Selbst beruflich nicht strahlenexponierte Personen unterliegen einer Strahlenbelastung, wobei sich die Gesamtstrahlenbelastung der Bevölkerung aus verschiedenen Teilfaktoren zusammensetzt.

Kosmische Strahlung bzw. *Höhenstrahlung* tritt z. B. beim Fliegen, im Hochgebirge, beim Gletscherskifahren usw. auf. Der Hauptanteil der kosmischen Strahlung besteht aus hochenergetischen Protonen, α-Teilchen, Elektronen und Neutronen, die mit der Atmosphäre in Wechselwirkung treten, so daß nur noch ein geringer Anteil die Erdoberfläche erreicht. Aus diesem Grund hängt die Strahlenbelastung von der Höhe über dem Meeresspiegel ab.

Die Beiträge der kosmischen Strahlung zur Äquivalentdosis liegen für die Gonaden, für Knochen und für die Lunge bei 500 µSv/Jahr. Dieser Wert gilt für 50° nördliche Breite und 0 m NN. Die kosmische Höhenstrahlung auf Meereshöhe wird insgesamt mit ca. 0,3 mSv/Jahr angegeben.

Radioaktive Stoffe in der Umwelt findet man in der Luft, in Abgasen usw. ^{226}Radium wird z. B. in die Knochen eingebaut und ^{222}Radon sowie ^{220}Radon in die Lunge. ^{40}Kalium, das über die Nahrung aufgenommen wird, trägt mit 190 µSv für die Gonaden, mit 110 µSv für die Knochen und mit 150 µSv für die Lunge zur Äquivalentdosis/Jahr bei.

Die *terrestrische* Strahlenbelastung hängt vom geologischen Untergrund ab und davon, wie lange man sich in einer bestimmten Gegend aufhält. So ergeben sich für verschiedene geologische Strukturen bei ständigem Aufenthalt unterschiedliche Äquivalentdosisleistungen. Auch verschiedene Baumaterialien tragen unterschiedlich zur Äquivalentdosis bei.

Die terrestrische Strahlenbelastung mit 0,2–5 mSv/Jahr wird durch vorhandene radioaktive Stoffe erzeugt. Man unterscheidet zwischen Radionukliden ohne Umwandlungsgruppe wie ^{40}K, Radionukliden natürlicher Zerfallsreihen und Radionukliden, die durch die kosmische Strahlung produziert werden wie ^{3}H, ^{14}C und ^{7}Be.

Radioaktive Stoffe, die *inkorporiert* werden können, findet man z. B. in einigen Lebensmitteln oder in Zigaretten. Auch viele Produkte der Industrie, etwa Leuchtfarben auf Uhrenzifferblättern, Keramiken, Rauchmelder usw., enthalten radioaktive Stoffe.

Die *zivilisatorische* Strahlenbelastung wird unter anderem durch Medizin und Technik wie z. B. Röntgendiagnostik und Strahlentherapie bedingt.

Um die Auswirkungen auf die Gesamtbevölkerung beurteilen zu können, werden Mittelwerte angegeben. Die mittlere genetische Strahlenbelastung durch medizinische Anwendungen liegt für die Bevölkerung bei 0,50 mSv/Jahr. Der Anteil der Belastung durch die Anwendung radioaktiver Stoffe in der Forschung ist kleiner als 0,01 mSv/Jahr. Die natürliche Strahlenbelastung liegt bei etwa 1,2 mSv/Jahr. Dazu kann eine höchstzulässige Strahlenexposition von bis zu 0,3 mSv/Jahr durch Inkorporation radioaktiver Stoffe aus der Umwelt kommen, wobei aus Kernkraftwerken ca. 0,01 mSv/Jahr, der Rest aus Wiederaufbereitungsanlagen und radiochemischen Laboratorien durch die Abluft und das Abwasser in die Nahrungskette übertreten kann. Die Strahlenschutzverordnung von 1989 geht für das Gebiet Deutschlands von einem jährlichen Mittelwert von ca. 1,1 mSv bei einer mittleren Schwankung von ±0,3 mSv an natürlicher Strahlenbelastung aus. Diese Strahlenbelastung trifft strahlenexponierte wie nicht strahlenexponierte Personen.

Um beruflich strahlenexponiertes Personal wie auch Patienten im Umgang mit ionisierender Strahlung zu schützen, wurden Gesetze und Verordnungen erlassen und Normen herausgegeben, die zu befolgen und einzuhalten sind.

Richtlinien und Empfehlungen für den Strahlenschutz bei Beschleunigeranlagen gibt die DIN 6847: Blatt 1 der DIN 6847 regelt den apparativen Strahlenschutz und damit den Strahlenschutz für den Patienten; Blatt 2 regelt die Errichtung einer Bestrahlungsanlage und damit den baulichen Strahlenschutz, der dem Schutz des Personals dient.

5.2
Strahlenschutz des medizinischen Personals

Als Bemessungsgrundlage des Berufsrisikos werden bekannte Daten über die Wirkung bestimmter Strahlendosen aus Experimenten, Strahlenunfällen, Atombombenabwürfen auf Niedrigdosen umgerechnet. Die ermittelte Risikoskala für strahlenexponierte Personen wird mit den Risiken anderer Berufsgruppen verglichen.

Strahlenschutz- und Röntgenverordnung schreiben nach der Aufstellung eines Therapiegerätes die Messung der *Ortsdosisleistung* in dem dafür vorgesehenen Raum an typischen Stellen vor. Unter Ortsdosisleistung versteht man die Dosis pro Zeiteinheit gemessen an einem bestimmten Ort.

Vorgeschrieben sind die Messung der *Personendosis* sowie *Überwachungsmaßnahmen für bauliche Strahlenschutzbereiche*, in denen Personen tätig sind. Unter Personendosis versteht man die Äquivalentdosis in Sievert (Sv) an einer für die Ganzkörperbestrahlung repräsentativen Stelle der Körperoberfläche. Gemessen wird die Personendosis z.B. mit Hilfe von Filmdosimetern und mit einem sofort ablesbarem Stabdosimeter. Die Filmdosimeter werden einmal im Monat zentral von der nach Landesrecht zuständigen Stelle ausgewertet. Die Meßergebnisse werden aufgezeichnet und dem Einsender schriftlich mitgeteilt. Für die Meßwerte besteht eine Aufbewahrungspflicht von 30 Jahren (Abb. 5.1 und 5.2).

Nach der Strahlenschutzverordnung sollen personenbezogene Aufzeichnungen wie ärztliche Bescheinigungen, Ergebnisse der physikalischen Strahlenschutzkontrolle usw. unter dem Namen des Beschäftigten abgelegt werden. Erleichtert wird so die Weitergabe der Daten an einen neuen Arbeitgeber, den ermächtigten Arzt und an die Aufsichtsbehörde.

Erhebungsbogen für die amtliche Personendosisüberwachung

-Personenstammdaten-

GSF-Forschungszentrum
für Umwelt und Gesundheit GmbH
Ingolstädter Landstraße 1
85761 Oberschleißheim

Auswertungsstelle
Telefon 089 / 3187 - 2220
Telefax 089 / 3187 - 3328

Betriebsnummer: ☐☐☐☐☐☐

Antrag zur Durchführung

einer amtlichen *Personen*dosisüberwachung nach § 63 Abs. 3 StrlSchV ☐ S
nach § 35 Abs. 2 RöV ☐ R
nach beiden Verordnungen ☐ B

Die Rücksendung dieses ausgefüllten Erhebungsbogens bedeutet keine Dosimeterbestellung.

Angaben über die zu überwachende Person

Familienname	Titel
Vorname	
Geburtsname	
Geburtsdatum (Tag, Monat, Jahr)	Geschlecht ☐ männlich ☐ weiblich

Verwendung des Dosimeters zur Messung von:

☐ Röntgen- und Gammastrahlung (X-,γ-Str.)   ☐ Elektronenstrahlung (e-Str.)
☐ Betastrahlung (β-Str.)   ☐ Neutronenstrahlung (n-Str.)

Befestigungsort des Dosimeters: *Arbeiten mit folgenden Strahlenquellen:*

☐ Rumpf oben   ☐ Röntgeneinrichtung
☐ Rumpf unten   ☐ Radioaktive Stoffe
☐ Kopf   ☐ Teilchenbeschleuniger
☐ Oberarm   ☐ Reaktor
☐ Hand
☐ Fuß

Strahlenart und Energiebereich:

X-(Röntgen)Strahlung
(Röhrenspannung)

1 ☐ 0 bis 20 kV
2 ☐ 0 bis 60 kV
3 ☐ 0 bis 150 kV
4 ☐ 0 bis 400 kV
5 ☐ bis über 400 kV

e-(Elektronen)Strahlung

1 ☐ unter 0,2 MeV
2 ☐ 0,2-1 MeV
3 ☐ über 1 MeV

n-(Neutronen)Strahlung
(Klassifikation der Neutronen-felder siehe Merkblatt für Albedo-Dosimeter)

1 ☐ Reaktor, Beschleuniger (Medizin)
2 ☐ Brennstoffzyklus
3 ☐ Radionuklid- Neutronenquellen
4 ☐ Radionuklid- Neutronenquellen

Radioaktive Stoffe, die am meisten verwendet werden :   ☐☐☐☐☐   ☐☐☐☐☐   ☐☐☐☐☐

bitte maximal 3 Radionuklide aus der folgenden Tabelle angeben

Abb. 5.1. Erhebungsbogen für die amtliche Personendosisüberwachung (GSF-Forschungszentrum für Umwelt und Gesundheit GmbH)

5.2 Strahlenschutz des medizinischen Personals

Radionuklidtabelle

H 3	P 33	Mn 54	Ga 67	Ru 103	J 123	Ce 141	Au 198	Rn 220	Pu 241
C 11	S 35	Fe 55	Kr 85	Ru 106	J 125	Ce 144	Au 199	Rn 222	Am 241
C 14	Ar 37	Fe 59	Sr 89	Ag 110	J 129	Pr 143	Hg 197	Ra 226	Cf 252
N 16	K 40	Co 57	Sr 90	Ag 111	J 131	Pr 144	Hg 203	Th 232	andere
F 18	K 42	Co 58	Y 90	In 111	J 132	Pm 147	Tl 201	U 235	
Na 22	Ca 45	Co 60	Zr 95	In 113	Cs 134	Sm 151	Tl 204	U 238	
Na 24	Ca 47	Ni 63	Nb 95	In 114	Cs 137	Eu 154	Pb 210	Np 239	
Mg 28	Cr 51	Ni 65	Mo 99	Sb 124	Ba 140	Eu 155	Po 208	Pu 238	
P 32	Mn 52	Zn 65	Tc 99	Sb 125	La 140	Ir 192	Po 210	Pu 239	

Werden offene radioaktive Stoffe verwendet :   ☐ Ja   ☐ Nein

Art derTätigkeit, deren Ausübung den vermutlich höchsten Beitrag zur Dosis liefert:
(nur eine Angabe möglich)

Tätigkeit in der Medizin einschließlich medizinischer Forschung:

- 11 ☐ Röntgendiagnostik, nur Aufnahmebetrieb - ohne Durchleuchtung
- 12 ☐ Röntgendiagnostik, Durchleuchtung und Aufnahmebetrieb
- 13 ☐ Nuklearmedizin, nur Diagnostik
- 14 ☐ Nuklearmedizin, Diagnostik und Therapie mit offenen radioaktiven Stoffen
- 15 ☐ Strahlentherapie
- 16 ☐ Radiopharmazie, Labormedizin und Biochemie

Tätigkeit in Industrie, Gewerbe und Forschung (nicht Medizin):

Anwendungen von radioaktiven Stoffen, Röntgen- und Störstrahlern außerhalb kerntechnischer Anlagen:

- 21 ☐ Umgang mit umschlossenen radioaktiven Stoffen außer Radiografie 24
- 22 ☐ Umgang mit offenen radioaktiven Stoffen einschließlich Herstellung von Produkten mit radioaktiven Stoffen außer 41
- 23 ☐ Betrieb von Röntgen- oder Störstrahlern außer 24-26
- 24 ☐ Radiografie mit radioaktiven Stoffen oder Röntgenstrahlern
- 25 ☐ Betrieb von Einrichtungen zur Röntgen-Feinstruktur- und -Fluoreszenzanalyse
- 26 ☐ Prüfung, Erprobung, Wartung und Instandhaltung auch in Zusammenhang mit der Herstellung von Röntgen- und Störstrahlern

Kerntechnische Anlagen:

- 31 ☐ Betrieb
- 32 ☐ Überwachung einschließlich Strahlenschutz
- 33 ☐ Instandhaltung außer 34, Prüfung einschl. Radiografie, technischer Service, Montage
- 34 ☐ Reinigungs- und Raumdekontaminationsarbeiten
- 35 ☐ Stillegung kerntechnischer Anlagen

Anlagen zur Erzeugung ionisierender Strahlen:

- 41 ☐ Betrieb, Herstellung, Wartung und Instandhaltung von Anlagen zur Erzeugung ionisierender Strahlen und von Bestrahlungseinrichtungen mit radioaktiven Quellen

Beförderung, Konditionierung und Entsorgung radioaktiver Stoffe:

- 51 ☐ Transport einschl. Vorbereitung und Lagerhaltung außer 52
- 52 ☐ Konditionierung, Entsorgung, Zwischen- und Endlagerung

sonstige Tätigkeit:

Sonstige Tätigkeit, die nicht unter 11 bis 52 einzuordnen ist

- 61 ☐ └───┘

Die Daten werden gemäß Datenschutzgesetz gespeichert und gemäß § 63a StrSchV und § 35a RöV an das Strahlenschutzregister nach § 12c Atomgesetz sowie laut Anlage 4 der Richtlinie über Anforderungen an Personendosismeßstellen an die aufgeführten Adressaten weitergeleitet.

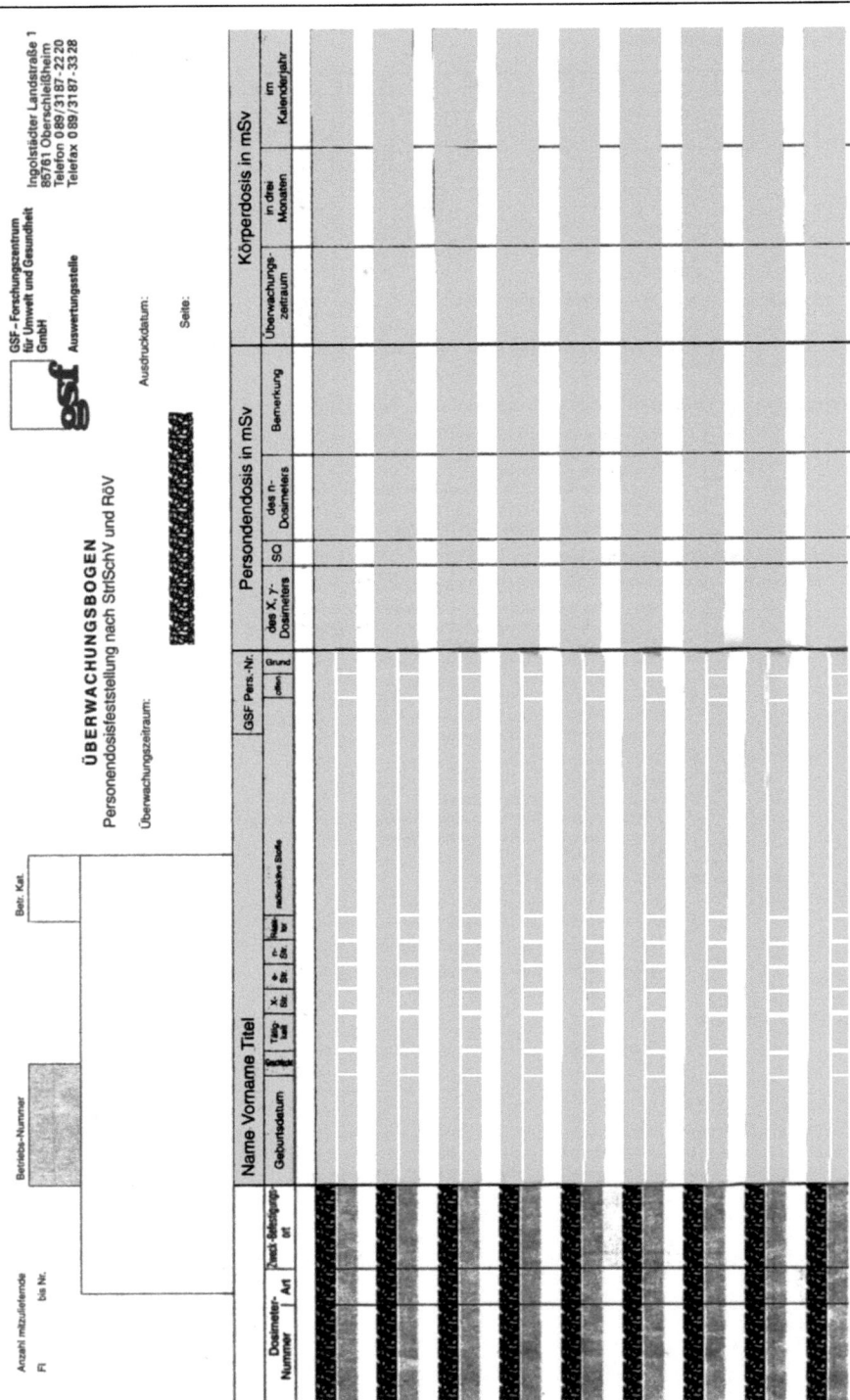

5.2 Strahlenschutz des medizinischen Personals

Tabelle 5.1. Einteilung der Strahlenqualität nach DIN 6816

Strahlenqualität		Effektive Energie [keV]	Röhrenspannung [kV] bzw. max. Photonenenergie [keV]
Bezeichnung	Code		
Sehr weich	1	≤10	≤20
Weich	2	>10–30	>20–60
Mittelhart	3	>30–75	>60–150
Hart	4	>75–200	>150–400
Sehr hart	5	>200	>400

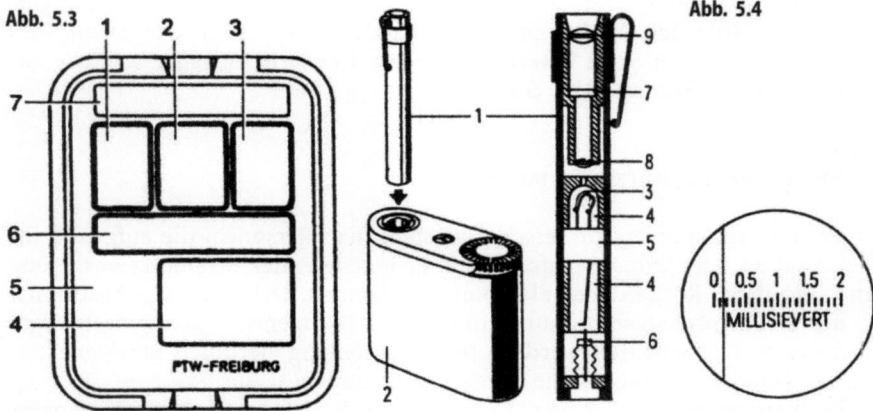

Abb. 5.3. Filmdosimeter mit 4 verschiedenen Filtern (Siemens). *1* Filter aus 0,3 mm Cu, *2* Leerfilter, *3* Filter aus 0,05 mm Cu, *4* Filter aus 0,8 mm Pb, *5* Filter aus 1,2 mm Cu, *6* Fenster für Filmnummer, *7* Fläche für Namensaufkleber

Abb. 5.4. Taschendosimeter mit Ladegerät (Siemens). *1* Filmdosimeter, *2* Ladegerät, *3* Quarzfaden, *4* Ionisationskammer, *5* Isolator, *6* Druckschalter, *7* Skala, *8* Optik, *9* Okular

Durch die Verwendung des *Filmdosimeters* erkennt man die Strahlenart, die Strahlenqualität (Tabelle 5.1) und die Strahleneinfallsrichtung. Getragen wird das Filmdosimeter an einer für die Strahlenexposition repräsentativen Stelle der Körperoberfläche, die vom Strahlenschutzbeauftragten festzulegen ist. In der Regel befindet sich diese Stelle eng anliegend an der Vorderseite des Rumpfes.

Das Filmdosimeter besteht aus einem Gehäuse aus Hartplastik, das einen Leerfilter, drei Filterpaare aus Kupfer und ein Filterpaar aus Blei enthält. Die Filter absorbieren die einfallende Strahlung unterschiedlich, so daß aus der Filmschwärzung nicht nur die Dosis, sondern auch der Energiebereich und die Strahlenart geschätzt werden kann. In der Filmplakette befinden sich zwi-

Abb. 5.2. Überwachungsbogen der Personendosisfeststellung nach StrlSchV und RöV (GSF-Forschungszentrum für Umwelt und Gesundheit GmbH)

schen dem Filtersatz in einer Umhüllung zwei Filme unterschiedlicher Empfindlichkeit (Abb. 5.3).

Zu jeder Zeit kann die Dosis mittels eines *Stabdosimeters* mit einem Meßbereich von 0–2 mSv festgestellt werden. Die Meßgenauigkeit liegt bei ±10%. Vor Inbetriebnahme muß das Stabdosimeter auf die Meßspannung gebracht werden, d. h. es muß aufgeladen sein. Auch ohne Bestrahlung kommt es mit der Zeit zur Entladung.

Im Stabdosimeter bilden ein Quarzfaden und ein ihn umhüllender Metallzylinder die Ionisationskammer, die vom Isolator umgeben ist. Strahlung ionisiert die Luft in der Meßkammer, dadurch fließt ein Ionisationsstrom, und der Kondensator wird entladen. Der Spannungsrückgang am Kondensator bewirkt, daß sich der Quarzfaden durch elektrostatische Kräfte geringfügig verformt. Mit Hilfe der Optik und des Okulars kann die Lageveränderung des Quarzfadens vor der Skala betrachtet werden. Der Druckschalter schließt nur während der Auflagung (Abb. 5.4).

5.2.1
Kategorien für strahlenexponiertes Personal

Unter strahlenexponiertem Personal versteht man Personen, die aufgrund ihrer Tätigkeit oder ihrer Berufsausbildung ionisierender Strahlung ausgesetzt sind und dabei Körperdosen akkumulieren können. Dabei können bestimmte in der Strahlenschutzverordnung und in der Röntgenverordnung festgelegte Grenzwerte überschritten werden. Die Unterteilung beruflich strahlenexponierten Personals erfolgt in die Kategorien A und B.

Strahlenexponiertes Personal der *Kategorie A* darf die höchste zugelassene Ganzkörperäquivalentdosis von 50 mSv/Jahr erhalten. Das Tragen von Filmdosimetern und eine jährliche Untersuchung durch den Strahlenschutzarzt sind obligatorisch. Zu dieser Kategorie zählen auch Personen, die strahlenexponierte Patienten bergen müssen.

Strahlenexponiertes Personal der *Kategorie B* darf eine zulässige Ganzkörperäquivalentdosis von 15 mSv/Jahr erhalten. Solche Personen können sich auf Antrag vom Tragen von Filmdosimetern befreien lassen, müssen allerdings vor Beginn ihrer Tätigkeit ärztlich untersucht werden. Aufgrund der Rotation an den Geräten innerhalb der Abteilung ist in der Praxis eine Einstufung in die Kategorie B sehr selten.

Für Personen unter 18 Jahren, die nur unter besonderen Bedingungen im Kontrollbereich tätig sein dürfen, beträgt die zulässige Jahresdosis 5 mSv. Bei beruflich strahlenexponierten Frauen im gebährfähigen Alter darf die während eines Monats akkumulierte Gonadendosis 5 mSv nicht überschreiten.

Durch Strahlenexpositionen aus besonderem Anlaß, z.B. bei Notfällen wie der Patientenbergung bei einem defekten Telekobaltgerät, können die vorgeschriebenen Grenzwerte überschritten werden. Unterziehen dürfen sich solchen Strahlenexpositionen nur Angehörige der Kategorie A über 18 Jahre, deren Gebährfähigkeit dauernd ausgeschlossen ist. Werden die gesetzlichen Grenzwerte z.B. durch Patientenbergung überschritten, so werden für den Betroffenen die Grenzwerten in den folgenden Jahren so lange herabgesetzt, bis summarisch allenfalls die zugelassenen Höchstdosen wieder erreicht werden. Insgesamt darf die Gesamtsumme der berufsbedingten Strahlenexpositionen als Ganzkörperäquivalentdosis 400 mSv nicht überschreiten.

Die Entscheidung, in welche Kategorie der Beschäftigte je nach zu erwartender Strahlenbelastung eingeordnet wird, trifft der Strahlenschutzbeauftragte individuell. Ist anzunehmen, daß die berufliche Strahlenexposition größer als 15 mSv im Kalenderjahr bzw. 7,5 mSv in 13 Wochen ist, so müssen diese Personen regelmäßig überwacht werden.

Vorgeschriebene Grenzwerte sind Maximalwerte, keine Richtwerte! **!**

5.2.2
Strahlenschutzbereiche

Sperrbereich

Als Sperrbereich bezeichnet man den Teil des Kontrollbereichs, in dem die Ortsdosisleistung einen durch gesetzliche Vorschriften festgelegten Grenzwert (>3 mSv/h) überschreitet. Der Sperrbereich befindet sich innerhalb der Bestrahlungsräume bei betriebenem Gerät. In diesem Bereich dürfen sich nur Patienten und evtl. Techniker aufhalten. Der Zutritt für Techniker ist nur mit Sondergenehmigung oder in Notfällen mit zeitlich begrenztem Aufenthalt gestattet. Die zulässigen Personendosen dürfen bei Wartungsarbeiten und Quellentausch nicht überschritten werden.

Es gilt: maximaler Abstand, minimale Zeit! **!**

Kontrollbereich

Unter dem Kontrollbereich versteht man einen Bereich, in dem Personen möglicherweise durch die Anwendung ionisierender Strahlung von außen oder durch die Inkorporation radioaktiver Stoffe im Kalenderjahr eine höhere Dosis als 3 Zehntel der Grenzwerte der Körperdosen beruflich strahlenexponierter Personen der Kategorie A erhalten können. Der Aufenthalt im Kontrollbereich darf höchstens 40 Stunden pro Woche für 50 Wochen im Jahr betragen. Zutritt haben nur Beschäftigte und Patienten; Schwangere dürfen im Kontrollbereich nicht tätig sein.

Der Kontrollbereich ist nach der Strahlenschutzverordnung durch Strahlenwarnzeichen (Flügelrad), mit den Worten Kontrollbereich, Vorsicht – Strahlung oder radioaktiv zu kennzeichnen.

Nach der Röntgenverordnung sind Kontrollbereiche abzugrenzen. Sie müssen während der Einschaltzeit der Röntgengeräte gekennzeichnet sein. Die Kennzeichnung muß mindestens durch die Worte Kein Zutritt – Röntgen erfolgen. Da es bei elektromagnetischer Strahlung immer eine gewisse Durchlaßstrahlung gibt, wird auch der Raum, in dem das abgeschaltete Kobaltgerät steht, als Kontrollbereich bezeichnet. Es liegt im Ermessen der Aufsichtsbehörde, ob der Raum, in dem sich der abgeschaltete Linearbeschleuniger befindet, als Kontrollbereich oder als betrieblicher Überwachungsbereich ausgewiesen wird.

Betrieblicher Überwachungsbereich

Unter dem betrieblichen Überwachungsbereich versteht man einen nicht zum Kontrollbereich gehörenden, durch die Anwendung ionisierender Strahlung charakterisierten Bereich. Hier ist ein Daueraufenthalt möglich, wobei Personen mehr als ein Zehntel der Grenzwerte der Körperdosen beruflich strahlenexponierten Personals der Kategorie A erhalten dürfen. Das entspricht einer Ganzkörperdosisleistung von mehr als 5 mSv/Jahr.

Außerbetrieblicher Überwachungsbereich

Als außerbetrieblichen Überwachungsbereich bezeichnet man einen unmittelbar an den Kontrollbereich oder an den betrieblichen Überwachungsbereich anschließenden Bereich.

5.2.3
Belehrung des Personals

Die Beschäftigten sind halbjährlich und nach Wechsel ihres Tätigkeitsbereichs über Arbeitsmethoden, mögliche Gefahren, zu beachtende Schutzmaßnahmen im Normalfall und bei Betriebsstörungen sowie über den Inhalt der Verordnung und erteilte Genehmigungen nach § 36 RöV und § 39 StrlSchV vom Strahlenschutzbeauftragten zu belehren.

Die Anweisung muß das Verhalten im Brandfall und einen Bergungsplan für Patienten bei unkontrolliertem Strahlungsaustritt umfassen. Belehrt werden soll das Personal auch darüber, welche Schutzvorrichtungen und Meßgeräte bereitgehalten werden müssen und wie deren Beschaffenheit und Zustand zu kontrollieren sind.

Bei der Patientenbergung sollte der Bergungsweg nie durch den Nutzstrahl führen. Ein Bereich ±1 m neben dem Zentralstrahl ist zu meiden. Im Falle einer Störung an der Afterloadingeinrichtung können ebenfalls Bergungsmaßnahmen erforderlich sein. Am wichtigsten ist es, die Strahlenquelle möglichst bald vom Patienten zu entfernen, die Quelle in einem Nottresor unterzubringen und den Patienten mit dem Bett möglichst schnell aus dem Bestrahlungsraum hinauszufahren. Die genaue Anleitung richtet sich nach dem jeweiligen Prinzip der Afterloadinganlage.

Die Belehrung muß auch klarmachen, daß Schwangere nicht im Kontrollbereich tätig sein dürfen.

Die Belehrungspflicht gilt für:

- Ärzte, die sich zu Therapiezwecken im Kontrollbereich aufhalten,
- medizinisch-technisch-radiologische Assistenten (MTRA),
- anderes Krankenhauspersonal wie z. B. Arzthelferinnen, Schwestern, Pfleger, Reinigungspersonal,
- Personen, die sich z. B. zu Besuchszwecken im Kontrollbereich aufhalten, sofern sie nicht von einer fachkundigen Person begleitet werden.

Die Röntgenverordnung regelt auch den Aufenthalt im Kontrollbereich, die Schutzkleidung, allgemeine Grundsätze bei der Anwendung ionisierender

Strahlen auf lebende Menschen, Grundsätze bei der Röntgenbehandlung, die Anzeigepflicht bei Dosisüberschreitungen und die ärztliche Überwachung.
Diese Verordnungen müssen nach § 18(3) RöV und § 40 StrlSchV zur allgemeinen Kenntnisnahme ausgelegt oder ausgehändigt werden.
Über die Belehrung ist ein schriftlicher Nachweis zu führen, der 5 Jahre aufzubewahren ist. Der Aufzeichnungspflicht unterliegen:

- Apparate und deren Unterlagen inklusive der Wartungsnachweise, Reparaturen, Dosisleistungskontrollen;
- Strahlenschutzbelehrungen des Personals, die 5 Jahre aufbewahrt werden müssen;
- Belehrungen der Besucher, die 1 Jahr aufzubewahren sind;
- ärztliche Untersuchungen, die nach § 71(3) der RöV 30 Jahre nach der letzten Überwachungsmaßnahme aufzubewahren sind;
- Patientenunterlagen, um unvertretbare Strahlenbelastungen nach § 28(2) RöV, § 43(3) StrlSchV zu vermeiden.

Es gibt auch Personengruppen, die nur gelegentlich mit Strahlung in Berührung kommen und daher nicht zu den genannten Gruppen zählen. Zu diesen nicht beruflich strahlenexponierten Personen gehören:

- gelegentlich im Kontrollbereich tätige Personen wie Pfleger, Schwestern, Sanitäter, Hol- und Bringedienst Leistende, Handwerker;
- Personen, die sich im Kontrollbereich aufhalten, ohne dort tätig zu sein, z. B. Auszubildende;
- Personen, die im Überwachungsbereich tätig sind;
- alle anderen Personen.

Diese Personen müssen nicht ärztlich überwacht werden, haben aber z. T. ein Dosimeter zu tragen.

5.3
Strahlenschutz bei Patienten

Der Strahlenschutz beim Patienten in der perkutanen Strahlentherapie beginnt mit der Sicherung der Diagnose. Wenn die Diagnose feststeht, erfolgt der Strahlenschutz über die dreidimensionale Bestrahlungsplanung als tumorkonforme Therapie unter anderem durch die Wahl der Strahlenart und die Abschirmung der strahlenempfindlichen Organe, die außerhalb des Zielvolumens liegen. Die Abschirmung kann mittels individuell gefertigter Absorber bzw. über Multi-leaf-Kollimatoren des Bestrahlungsgerätes erfolgen. Auch die Variation der Einstrahlwinkel, der Blendenrotation und der Strahlgewichtung ermöglicht den Schutz des Patienten vor Strahlenschäden. Als Gonadenschutz kann eine Hodenkapsel zur Anwendung kommen.

Die vielfältigen Sicherheitsüberwachungssysteme mit Abschaltfunktion in den modernen Linearbeschleunigern sowie Sicherheitsüberprüfungen der Medizinphysiker tragen ebenso entscheidend zum Schutz des Patienten während der Bestrahlung bei. Aufschluß über die verschiedenen Kontrollmaßnahmen gibt Kap. 4.

5.4
Baulicher Strahlenschutz

Der bauliche Strahlenschutz soll so gestaltet sein, daß außerhalb des Raumes, in dem sich das Bestrahlungsgerät befindet, möglichst keine Kontrollbereichsbedingungen, auf keinen Fall Sperrbereichsgrenzen entstehen. Sperrbereichsgrenzen sollten mit den Raumgrenzen zusammenfallen. Schon bei der Planung der Anlage werden Aufenthaltswahrscheinlichkeiten festgelegt. Weiter berücksichtigt werden die Art und die Intensität der Strahlung sowie die Einschaltzeiten. Höchstzulässige Ortsdosen werden festgelegt. Danach werden unter Berücksichtigung der Geometrie des abzuschirmenden Bereiches und der Entstehung zusätzlicher Sekundärstrahlung die erforderlichen Abschirmdicken der Raumwände errechnet, z.B. für medizinisch genutzte Elektronenbeschleunigeranlagen nach DIN 6847, Teil 2.

Die Abschirmung von γ-Strahlern und Neutronen stellt unterschiedliche Anforderungen an die Abschirmmaterialien. Neutronen müssen erst abgebremst werden, um bei thermischer Energie leichter absorbiert zu werden. Zur Abbremsung werden Materialien mit leichten Kernen benötigt, wie z.B. Bor, das zur Neutronenabsorption eingesetzt werden kann. γ-Strahlung erfordert zur Abschirmung Materialien mit hohen Atomgewichten. Als kostengünstiges Abschirmmaterial wird Beton eingesetzt; es enthält bis zu 10 Gewichtsprozent Wasser bei einer Dichte von 2,3 g/cm^3. Zugesetzt werden Kalzium und Silicium und, um die Ordnungszahl stark zu erhöhen, Schwermetalle wie Eisen und Nickel. Durch besondere Zuschlagstoffe kann die Dichte noch weiter erhöht werden; solche Zuschlagstoffe sind Kies, Baryt, Stahlschott und Eisenerz.

Die Abschirmung der Zugänge stellt ein besonderes Problem dar. In den meisten Fällen löst man dies durch die Konstruktion eines Labyrinthes. Strahlenschutz wird zusätzlich über Türkontakte möglich, die beim Öffnen der Tür zu einer sofortigen Strahlungsunterbrechung führen.

KAPITEL 6

Bestrahlungstechniken

6.1
Begriffliche Grundlagen

6.1.1
Fokus-Haut-Abstand

Der Fokus-Haut-Abstand, auch kurz *FHA* genannt, ist definiert als der Abstand im Zentralstrahl zwischen dem aktuellen Fokus der Strahlenquelle und der Oberfläche des zu bestrahlenden Körpers bzw. Phantoms.

Die Bestimmung des Fokus-Haut-Abstandes gestaltet sich schwierig aufgrund der Unsicherheit bei der Festlegung des *Divergenzpunktes*, von welchem die Strahlung in den Raumwinkelbereich des Nutzstrahlenbündels ausgeht. Bedeutung hat der Divergenzpunkt in der Strahlentherapie, da idealisiert von nur einem einzigen punktförmigen Fokus der Strahlenquelle mit sehr kleinen Abmessungen gegenüber dem Abstand zum Ort der Dosismessung ausgegangen wird, ohne Streustrahlungsquellen an Blenden und Tubussen zu berücksichtigen. Eine weitere Annahme besteht darin, daß die Strahlenausbreitung geradlinig, d.h. ohne Bildung von Streustrahlung verläuft.

Bei Linearbeschleunigern wird der Fokus bzw. der Divergenzpunkt der Strahlung an der Oberfläche der Anode in der Mitte des Auftreffquerschnitts der beschleunigten Elektronen angenommen.

Der Strahlensatz der geometrischen Ähnlichkeitslehre, der besagt, daß die linearen Querschnittsabmessungen des Nutzstrahlenbündels, der Durchmesser bei rundem bzw. die Kantenlängen bei rechteckigem Querschnitt, proportional zum Divergenzpunktabstand zunehmen, muß berücksichtigt werden. Bei Telegammatherapiegeräten läßt sich der Strahlensatz durch die großen Quellendurchmesser schlecht erfüllen. Deshalb gilt bei diesen Geräten der Fokus als der Mittelpunkt der der Strahlenaustrittsöffnung zugekehrten Fläche der äußeren Quellenkapsel.

Zu beachten ist im Zusammenhang mit dem Fokus auch das *Abstandsquadratgesetz*. Jede Vergrößerung des Fokus-Haut-Abstandes verkleinert aufgrund des Abstandsquadratgesetzes die Dosis und verflacht den relativen Tiefendosisverlauf. Eine Verkleinerung vergrößert die Dosis, und der relative Tiefendosisverlauf wird steiler. Bei einer Verdopplung der Entfernung wird nur noch ein Viertel, bei Verdreifachung nur noch ein Neuntel der Energiedosis wirksam; die Strahlung verteilt sich also aufgrund der Divergenz in der doppelten Entfernung vom Fokus auf die 4fache bzw. die 9fache Fläche.

Abweichungen von diesem Gesetz haben ihre Ursache in der Streuung der Strahlen an den Wänden, Decken, Kollimatoren usw., in der räumlichen Ausdehnung der Quelle und in der Schwächung der Strahlung beim Durchgang durch Materie.

6.1.2
SAD- und SSD-Technik

Während der Bestrahlungsplanung wird die Bestrahlungstechnik festgelegt, d. h. es wird bestimmt, ob eine SSD-Technik (Fokus-Haut-Technik; SSD von engl. source–skin distance) oder eine SAD-Technik (Fokus-Achs-Technik; SAD von engl. source–axis distance) zum Einsatz kommt. Je nach Wahl der Bestrahlungstechnik kann das Isozentrum (Achse) auf die Hautoberfläche des Patienten (SSD-Technik) oder direkt in den Körper bzw. Tumor (SAD-Technik) gelegt werden. Der Fokus-Achs-Abstand bleibt jedoch immer bei dem durch das entsprechende Bestrahlungsgerät festgelegten Wert. Der Fokus-Achs-Abstand der Bestrahlungsgeräte, kurz *FAA* oder auch Fokus-Isozentrum-Abstand genannt, ist definiert als der Abstand zwischen dem Fokus und dem Isozentrum. Er liegt bei ^{60}Co-Geräten bei 60 cm bzw. 80 cm, bei Linearbeschleunigern bei 100 cm.

Schon geringe Abweichungen der Patientenlagerung können zu erheblichen Veränderungen im bestrahlten Volumen führen. Hier liegt der Vorteil der *SAD-Technik*, denn für den Patienten ist nur eine Grundeinstellung nötig; auch bei Mehrfeldertechnik können die weiteren Bestrahlungsfelder ohne Umlagerung des Patienten allein durch die Drehung der Gantry eingestellt werden, z. B. bei der Mammazange, der Rektumbox und der Pankreasbestrahlung. Bei der SAD-Technik wird an der Patientenoberfläche auch der Fokus-Haut-Abstand abgelesen und überprüft. Die Berechnung erfolgt auf das Isozentrum. Die gewählte Bestrahlungstechnik bestimmt u. a. die Dosisverteilung im Gewebe. Statt einer isozentrischen Bestrahlungstechnik wird die *SSD-Technik* dann gewählt, wenn sich bei zu großen Referenztiefen der Abstand Fokus–Patientenoberfläche zu stark verkleinern würde und damit einen ungünstigen Tiefendosisverlauf der Strahlung zur Folge hätte.

6.2
Einzelstehfeld

Bei der Stehfeldbestrahlung bleiben der Patient und die Strahlenquelle während der Bestrahlung in Ruhe.

Einzelstehfelder finden ihren Einsatz z. B. in der Weichstrahltherapie, in der Oberflächentherapie, bei der Telegammatherapie mit ^{60}Co und bei Linearbeschleunigern (Abb. 6.1). Indiziert sind Einzelstehfelder z. B. bei der Bestrahlung von Hauterkrankungen, Lymphknoten am Hals, supraklavikulär, retrosternal, in der Leiste oder bei sonstigen oberflächlich gelegenen Herden.

Die Einfallrichtung des Zentralstrahls auf die Hautoberfläche kann 0° betragen, sie kann aber auch schräg zur Körperoberfläche oder tangential sein.

Infolge der Strahlendivergenz sind die Hautfelder grundsätzlich kleiner als die Herdfelder in der Gewebetiefe. Der Feldrand von Stehfeldern in der Hochvolttherapie entspricht dem Verlauf der 50%-Isodose.

6.2 Einzelstehfeld

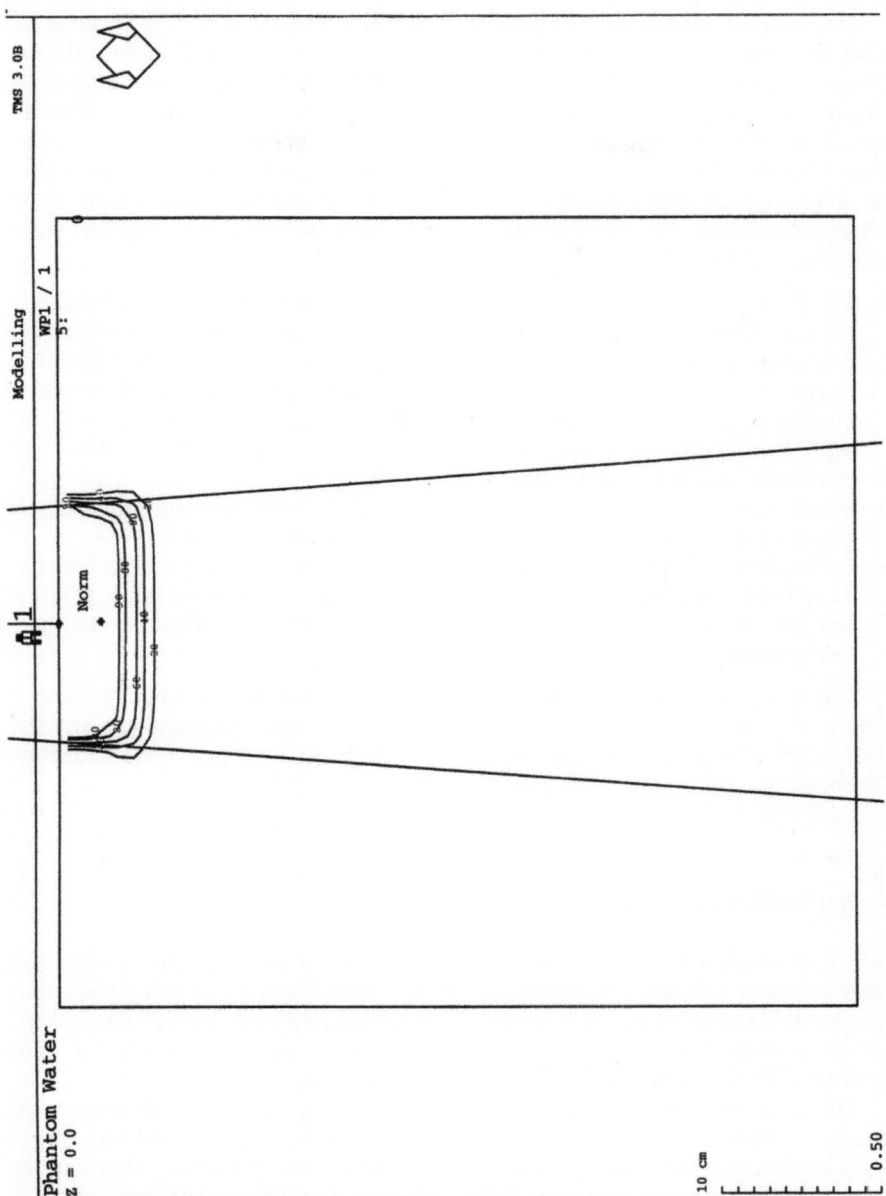

Abb. 6.1. Stehfeldbestrahlung mit Elektronen von 14 MeV

Werden mehrere Einzelstehfelder aneinandergesetzt, so können die Feldanschlüsse der aneinandergesetzten Felder entweder zu einer Überdosierung, der *Hot-spot-Bildung,* oder, wenn eine Lücke gelassen wird, zu einem Dosiseinbruch, der *Cold-spot-Bildung,* führen.

Das Aneinandersetzen kleinerer Felder kann aufgrund evtl. auftretender Überdosierungen zu Schädigungen gesunden Gewebes führen, aufgrund von Unterdosierungen zur Entstehung von Tumorrezidiven. Die Anwendung großer offener Felder bietet den Vorteil, daß weniger Komplikationen und weniger Tumorrezidive entstehen. In offenen Feldern gelegene gesunde Organe bzw. Gewebe, die nicht bestrahlt werden sollen, können z. B. durch individuell gefertigte *Absorber* geschont werden. Zur Vermeidung von Unter- bzw. Überdosierungen bei aneinandergesetzten Feldern existieren mehrere Lösungsmöglichkeiten:

- Die Feldbegrenzungen berühren sich erst am Herd bzw. an der oberflächlichsten Begrenzung des Zielvolumens. Die Lösung ermöglicht eine präzise Bestimmung der Dosis an der Feldgrenze in der gewünschten Tiefe. Im oberflächennahen Bereich kommt es allerdings zu einer unterdosierten Zone. Die erforderliche Lücke zwischen den Feldern an der Hautoberfläche muß individuell berechnet werden und hängt von der Feldgröße, der Herdtiefe und dem Fokus-Haut-Abstand ab.
- Verschiebbare Feldanschlüsse verwischen die Überdosierung über einen größeren Bereich. Man nennt diese Technik *Verschiebetechnik*.
- Felder können lückenlos an der Oberfläche aneinandergesetzt werden, indem beide Felder um ihren jeweiligen halben Divergenzwinkel gekippt werden. Dadurch erreicht man einen senkrechten Strahleinfall an den Feldgrenzen.

Die bei jeder Methode entstehenden Inhomogenitäten können entweder durch den Einsatz eines kleines Spezialfilters, der den Halbschatten an den Feldrändern künstlich verbreitert, oder durch mehrfaches systematisches Verlegen der Feldgrenze vermindert werden.

6.3
Gegenfeldbestrahlung

Als Gegenfeldbestrahlung bezeichnet man die Bestrahlung eines klinischen Zielvolumens mit zwei Stehfeldern, deren Zentralstrahlen durch Spiegelung an der Feldebene, in der der Dosisreferenzpunkt liegt, ineinander übergehen. Die Eintrittsfeldpforte jedes Strahlenfeldes liegt komplett innerhalb der Austrittsfeldpforte des gegenüberliegenden Strahlenfeldes.

Die einfachste Möglichkeit ist die Einstrahlung von gegenüberliegenden Feldern (Abb. 6.2). Man arbeitet mit exakt opponierenden Feldern, wobei sich beide Zentralstrahlen überlagern bzw. ineinander verlaufen. Man spricht von *koaxialer* oder *koplanarer Feldanordnung*. Die Felder können opponierend auf einer 0/180°-Ebene oder auf anderen gegenüberliegenden Winkeln angeordnet sein wie z. B. 90°/270°, 30°/210° usw. (Abb. 6.3).

Zentral sitzende Zielvolumina werden besser über verschiedene Einstrahlwinkel bestrahlt, wobei sich die Strahlen im Zielvolumen treffen. Die Dosisverteilung längs des Zentralstrahls hängt von der verwendeten Strahlenart und der Energie ab. Man erreicht je nach Strahlenart eine homogenere Durchstrahlung des Zielvolumens, jedoch eine hohe Belastung des gesunden

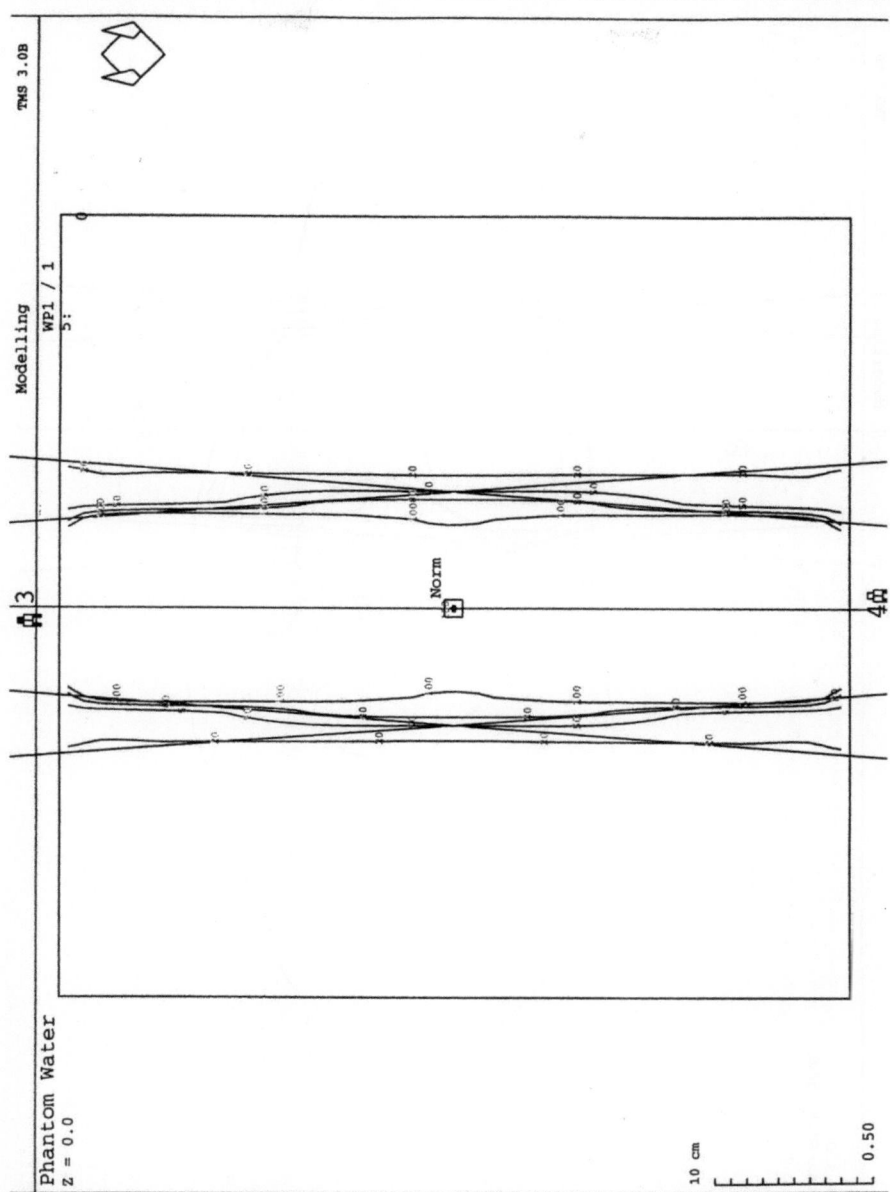

Abb. 6.2. Opponierende Stehfelder in SAD-Technik mit 12-MeV-Photonen im Wasserphantom

Gewebes. Wenn die Dosis im Referenzpunkt mehr als 40 Gy betragen soll, eignen sich Gegenfeldbestrahlungen nur bis Referenztiefen von 10–12 cm.

Die Tiefendosiskurven überlagern sich zu einer *Summenkurve*. Bei größeren Körperdurchmessern und niedrigeren Photonenenergien hängen die

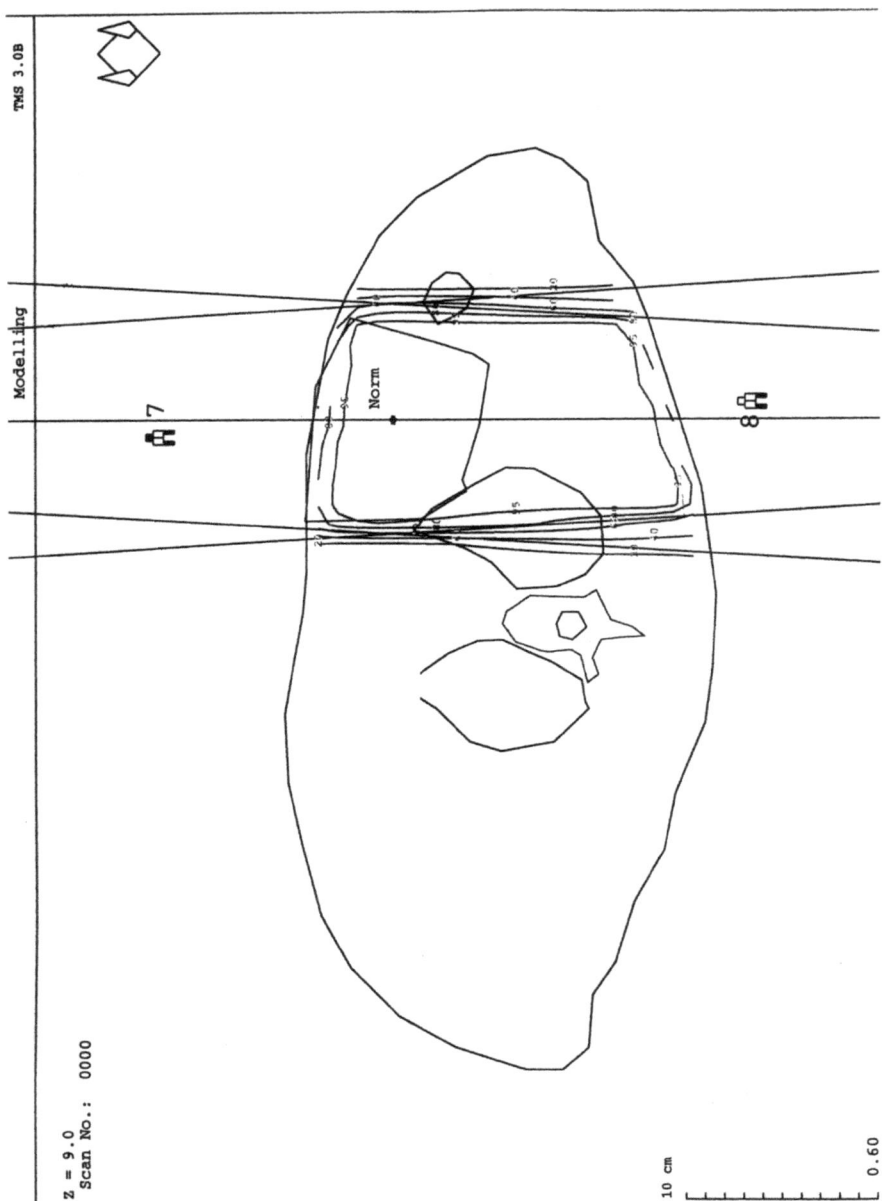

Abb. 6.3. Bestrahlung in SAD-Technik. Axilla mit opponierenden Feldern von 0° und 180° mit Photonen von 12 MeV

Summationsisodosen in der Körpermitte durch (Abb. 6.4). Es entstehen zwei Dosismaxima oberflächennah an den Strahleneintrittsseiten.

Um eine optimale Dosisverteilung zu erreichen, arbeitet man mit der Kombination verschiedener Felder.

Abb. 6.4. Verlauf der relativen Tiefendosis für verschiedene Energien bei opponierenden Feldern mit einer Patientendicke von 30 cm und einer Feldgröße von 10×10 cm. (GE Medical Systems Europe)

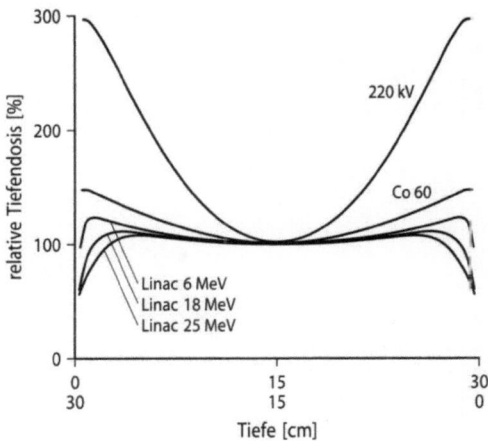

6.4
Mehrfeldertechnik

Bei der Mehrfeldertechnik erfolgt die Bestrahlung mit zwei oder mehreren Einzelstehfeldern, deren Zentralstrahlen gegeneinander abgewinkelt, aber auf den Tumor bzw. das Isozentrum gerichtet sind (Abb. 6.5).

Das Dosismaximum liegt im Zielvolumen, zum Rand hin erfolgt ein rascher Dosisabfall, und am Feldeintritt ist die Dosis wesentlich geringer als im Dosismaximum. Dadurch erreicht man im Zielvolumen eine hohe Dosis, während die Strahlenbelastung im umgebenden gesunden Gewebe und an den Strahleneintrittsseiten reduziert wird. Die Einfalldosis wird durch die Einstrahlung über mehrere Felder verringert, durch den Aufbaueffekt wird die Haut geschont.

6.5
Techniken zur Isodosenmodifikation bzw. -anpassung

Die Anpassung der Isodosen an den Herd findet durch die Variation der Feldgröße, des Einstrahlwinkels oder durch die Benutzung eines Keilfilters statt.

6.5.1
Keilfilter

Die Isodosenmodifikation kann über Keilfilter, die quellennah in das Strahlenfeld eingebracht werden, erfolgen. Als Keilfilter bezeichnet man Schwächungsfilter, die sich kontinuierlich nach einer Seite hin verjüngen und aus Metallen wie Messing- oder Bleilegierungen bestehen. Sie ändern die räumliche Dosisverteilung innerhalb eines Feldes über die gesamte Feldbreite. Es kommt zu einer Abwinkelung des Isodosenverlaufs oberflächenwärts unter der dicken Seite des Keils.

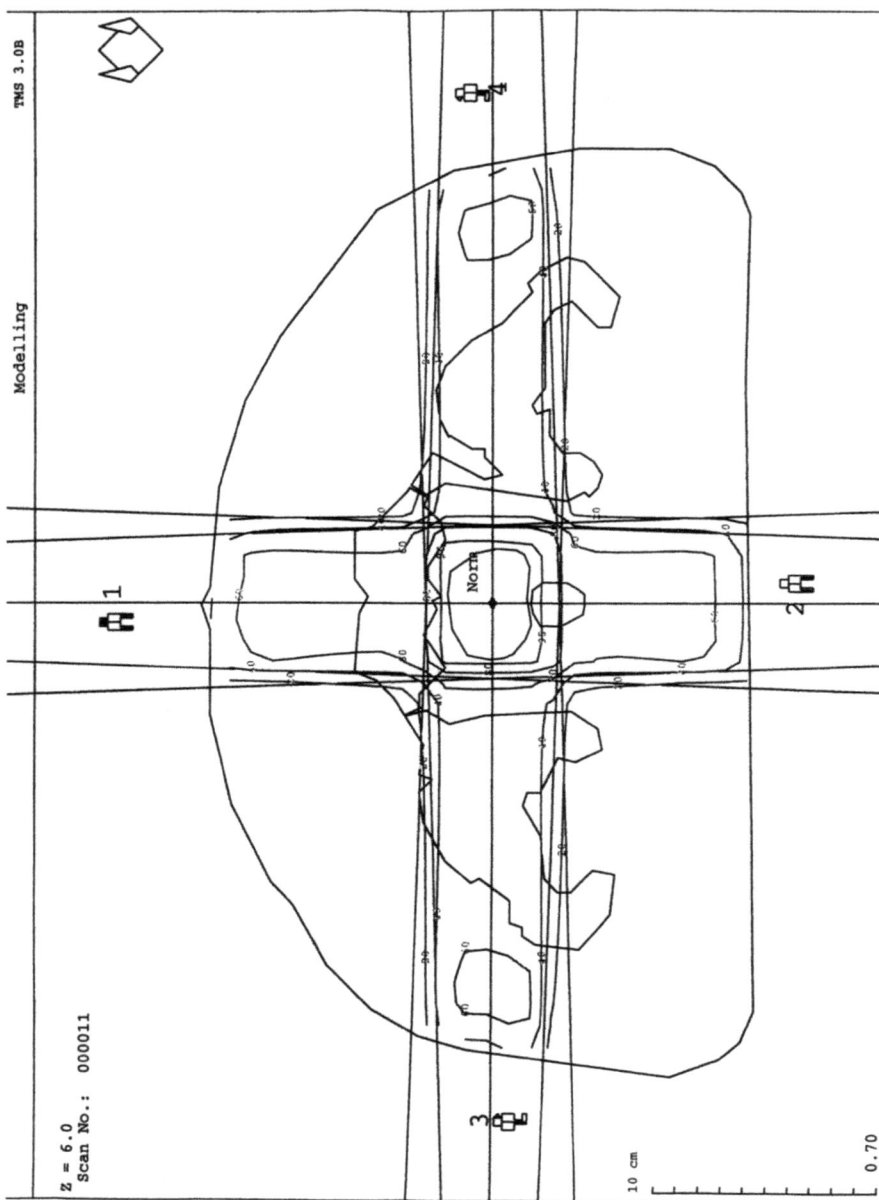

Abb. 6.5. Bestrahlung in Mehrfeldertechnik. SAD-Technik bei der Prostatabox

Der *Isodosenneigungswinkel* dient der Kennzeichnung der Wirkung eines Keilfilters auf die geometrische Dosisverteilung. Die Messung des Isodosenneigungswinkels erfolgt unter Bedingungen eines standardisierten Meßverfahrens und kennzeichnet die Neigung einer Isodosenfläche gegen eine Feld-

6.5 Techniken zur Isodosenmodifikation bzw. -anpassung

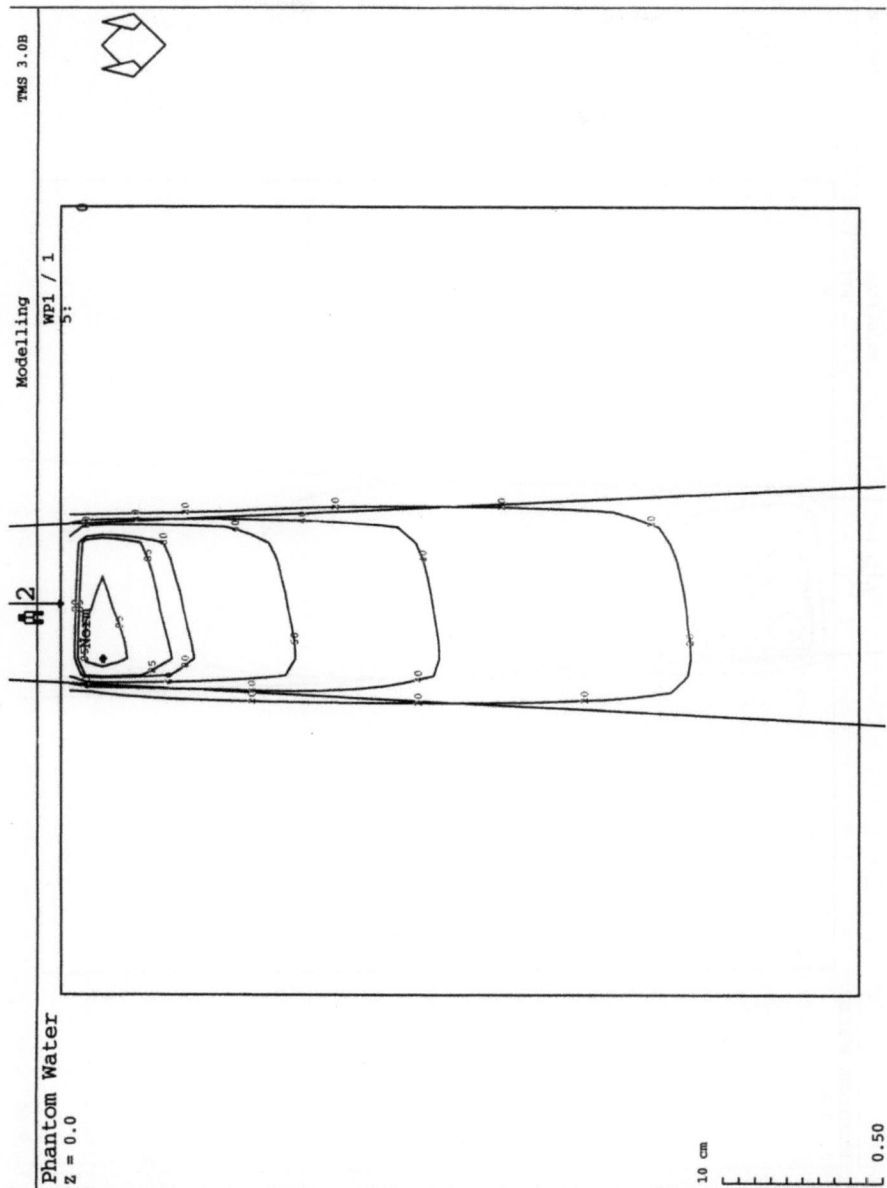

Abb. 6.6. Isodosenmodifikation mittels eines 15°-Keilfilters bei einer Bestrahlung mit 12-MeV-Photonen im Wasserphantom

ebene. Maßgebend für den Keilfilterwinkel ist bei ^{60}Co der Winkel, den die 50%-Isodose in bezug auf ihren normalen Verlauf senkrecht zur Achse des Nutzstrahls bildet, beim Linearbeschleuniger der Winkel, der in einer be-

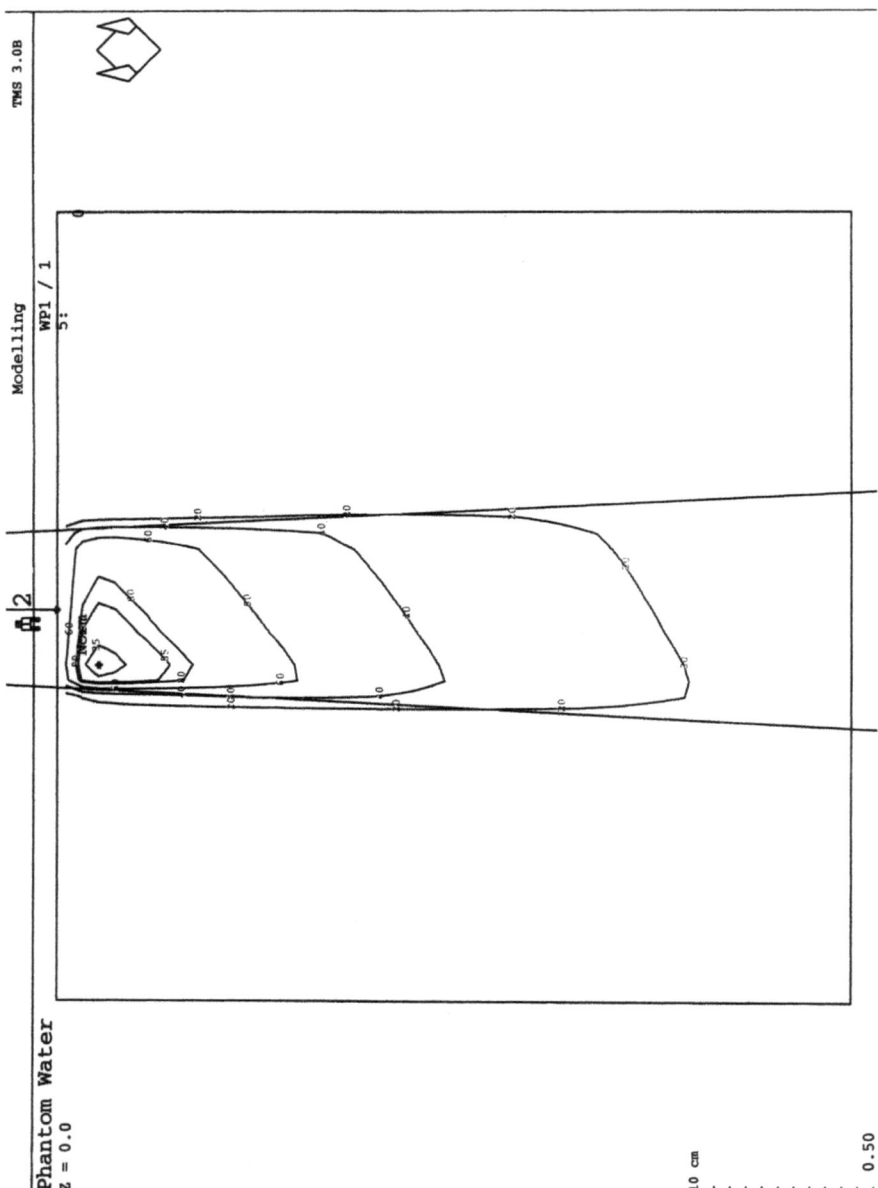

Abb. 6.7. Isodosenmodifikation mittels eines 45°-Keilfilters bei einer Bestrahlung mit 12-MeV-Photonen im Wasserphantom

stimmten Referenztiefe, meist 10 cm, gebildet wird. Der Neigungswinkel der Isodosen ist tiefenabhängig (Abb. 6.6 und 6.7).

Keilfilter werden z. B. bei rechtwinkliger Anordnung zweier Bestrahlungsfelder mit aufeinanderstehenden Achsen paarweise eingesetzt, um den Tumor

6.5 Techniken zur Isodosenmodifikation bzw. -anpassung

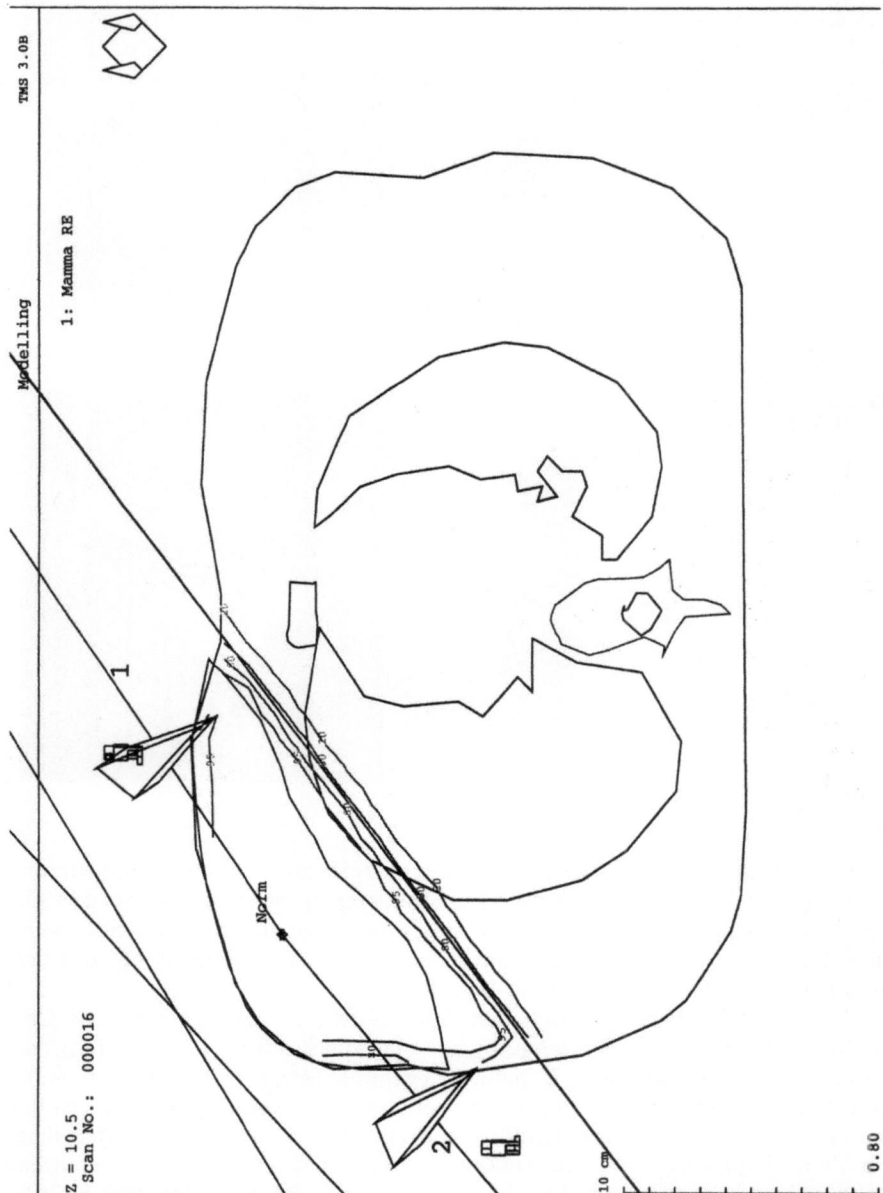

Abb. 6.8. Bestrahlung in SAD-Technik mit Keilfilter. Mammabestrahlung

in einer Körperseite zu bestrahlen. Sie werden auch zur Dosishomogenisierung bei schrägem Strahleinfall verwendet, d.h. wenn Stehfelder nicht senkrecht zur Körperoberfläche angesetzt werden und sich somit Veränderungen der Isodosenlinien innerhalb des Patienten ergeben (Abb. 6.8).

Abb. 6.9. Motorgesteuerter Keilfilter für beliebige Isodosenwinkel von 0–60° (Elekta Onkologische Systeme, ehem. Philips)

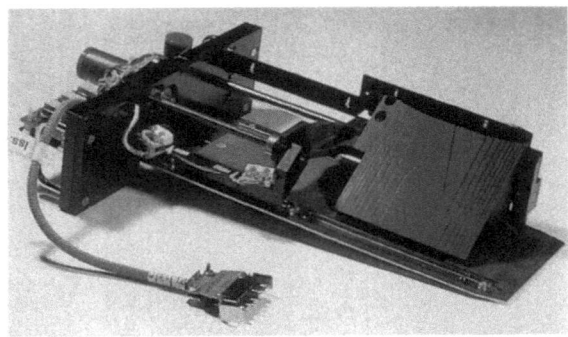

Abb. 6.10. Feststehender Keilfilter (Siemens)

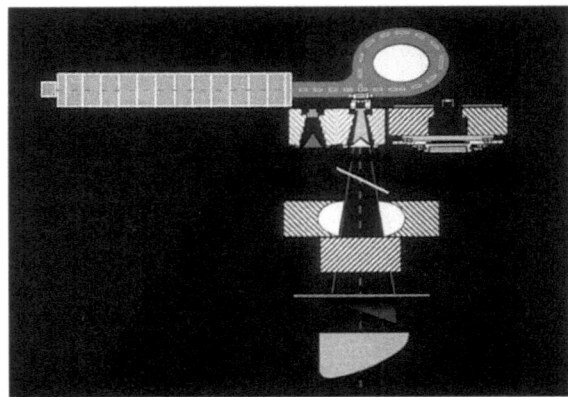

Keilfilter können bei hoher Photonenenergie zur Kompensation unterschiedlich dicker Gewebeschichten im Strahlengang oder zur Kompensation von bestrahlungstechnisch bedingten Dosisinhomogenitäten angewendet werden. Eingesetzt werden Keilfilter auch bei ungleicher Feldverteilung und bei abfallender Körperkontur im Kopf-Hals-Bereich.

Um die Hautschonung durch den Aufbaueffekt zu erhalten und das Gewicht der Keilfilter zu reduzieren, bringt man die Keilfilter patientenfern an. Sie können per Hand wie z. B. beim Telegammabestrahlungsgerät oder einigen Beschleunigern in das Bestrahlungsfeld gebracht werden. Auf diese Weise lassen sich unterschiedliche Keilfilter nutzen. Motorgesteuerte Keilfilter sind im Gantrykopf eingebaut und werden automatisch ferngesteuert eingefahren (Abb. 6.9 und 6.10). Durch die Überlagerung eines Strahlenfeldes mit Keilfilter mit einem Strahlenfeld gleicher Feldgröße ohne Keilfilter läßt sich bei motorgesteuerten Keilen ein gewünschter Isodosenneigungswinkel erzeugen. Auf diese Weise wird beispielsweise aus einem 45°-Keilfilter ein 22,5°-Keilfilter hergestellt, wobei mit einer Dosiswichtung von 1:1 zu bestrahlen ist.

Bei der Verwendung *dynamischer Keilfilter* handelt es sich nicht um materielle Filter, sondern um ein Verfahren, mit dem durch kontinuierliches oder diskontinuierliches asymmetrisches Öffnen oder Schließen der Blenden ein

6.5 Techniken zur Isodosenmodifikation bzw. -anpassung

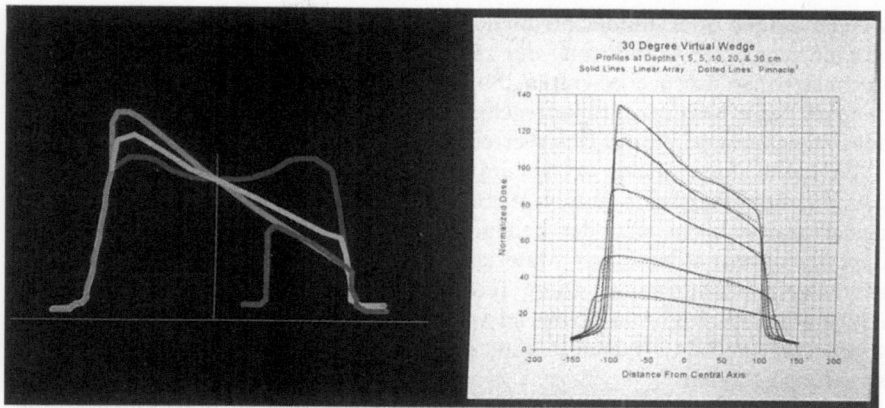

Abb. 6.11. Dosisverteilung unter einem virtuellen Keilfilter (Siemens)

gewünschter Isodosenneigungswinkel erreicht wird, ohne das Spektrum zu verändern (Abb. 6.11).

Ein Keilfilter bewirkt im Zentralstrahl eine Reduktion der Dosisleistung, das Tiefendosisverhalten ändert sich fast nicht. Die Reduktion der Dosisleistung ist abhängig von der Feldgröße und muß daher gemessen werden. Durch die so gemessenen Keilfilterfaktoren verlängern sich die Bestrahlungszeiten bzw. vergrößert sich die Monitorvorwahl.

6.5.2
Kompensatoren

Zum Ausgleich unregelmäßiger Oberflächen oder bei irregulär geformten Inhomogenitäten verwendet man Kompensatoren. Darunter versteht man *patientenfern positionierte Schwächungsfilter*, die der Dosishomogenisierung im Zielvolumen dienen.

Kompensatoren können aus gewebeäquivalenten Stoffen oder dichten Materialien hergestellt sein und für jeden Patienten individuell angefertigt werden; sie werden aus einem Styrodurblock, der Negativform, geschnitten und an der Blende des Strahlerkopfes angebracht. Kompensatoren müssen in die Bestrahlungsplanung einbezogen werden.

Je nach Fertigung können sie zur ein- oder zweidimensionalen Kompensation unregelmäßiger Oberflächen, z. B. am Hals, wie auch von Inhomogenitäten verwendet werden. Sie erhalten den gewünschten Aufbaueffekt und die Hautschonung, müssen sich jedoch in genügend großem Abstand von der Körperoberfläche befinden.

6.5.3
Moulagen oder Bolus

Unter Moulagen oder Boli versteht man gewebeäquivalente Materialien wie Wachs, Wasser, sodagefüllte Reissäckchen oder flexible Kunststoffe, die in gleichmäßiger oder unterschiedlicher Dicke der Körperoberfläche angepaßt werden und eine Veränderung der räumlichen geometrischen Dosisverteilung im bestrahlten Körper bewirken. Bolusmaterial unterschiedlicher Dicke wird benutzt, um Körperkonturunregelmäßigkeiten und luftgefüllte Hohlräume auszugleichen und so die Dosisverteilung zu verbessern.

Boli konstanter Dicke werden im Bereich der Strahleneintrittspforten auf die Patientenoberfläche aufgelegt. Sie gleichen den Aufbaueffekt aus, wenn dieser unerwünscht ist, oder heben die Dosis im oberflächennahen Bereich des Zielvolumens durch den Materialaufbau an. Der Aufbaueffekt entsteht im aufgelegten Bolusmaterial. Diese Technik wird bei Tumoren angewendet, die in die Hautoberfläche infiltrierend wachsen. Ein neben einem Körperteil angebrachter im Feld liegender Bolus kann die Dosis durch zusätzliche Streustrahlung erhöhen.

In der Brachytherapie bezeichnet man eine Moulage auch als einen an die Körperoberfläche angepaßten *Applikator*.

6.6
Bewegungsbestrahlungen

Bei der Bewegungsbestrahlung wird der Zentralstrahl auf das Tumorvolumen ausgerichtet, und die Strahlenquelle bewegt sich auf einem Kreisbogen bzw. auf einem Kugelschalensegment um den Patienten herum. Die Lage des Strahlenfeldes verändert sich während der Bestrahlung in bezug auf den Patienten kontinuierlich.

Bei der früher angewandten Form der Bewegungsbestrahlung, der *Pendelbestrahlung*, bewegte sich die Strahlenquelle mit gleichmäßiger Geschwindigkeit hin und her, bis die errechnete Zeit abgelaufen war. Die Pendelung im Uhrzeigersinn wurde beim ^{60}Co mit +, die gegen den Uhrzeigersinn mit – angegeben.

Bei der *Rotation* erfolgt die Bewegung in nur einer Richtung. Eine Bewegung um 360° nennt man eine Vollrotation. Bei der Vollrotation fällt die Dosis außerhalb des Zielvolumens steiler ab als bei einer Teilrotation. Der Vorteil dieser Technik liegt in der Hautentlastung, der Schonung des gesunden Gewebes und der Erhöhung der relativen Herdraumdosis, da die eingestrahlte Dosis sich auf ein größeres Hautgebiet verteilt. Die Oberflächendosis wird durch ein maximales Auseinanderziehen der Strahleneintrittspforten verkleinert.

Unter *relativer Herdraumdosis* versteht man das Verhältnis der von der Strahlung im Herd deponierten Energie zur gesamten, auf Herd und gesundes Gewebe übertragenen Energie. Die Angabe erfolgt in Prozent.

Bei der Bewegungsbestrahlung ist die Lage und Konfiguration der Summenisodosen von folgenden Parametern abhängig:

- Pendelradius oder Rotationsradius:
  Unter Pendelradius versteht man den Abstand zwischen Strahlenquelle und der Pendelachse (Abb. 6.12). Bei der Hochvolttherapie am Beschleuniger beträgt der Pendelradius 100 cm, beim ^{60}Co-Gerät liegt er zwischen 60 cm und 80 cm.

6.6 Bewegungsbestrahlungen

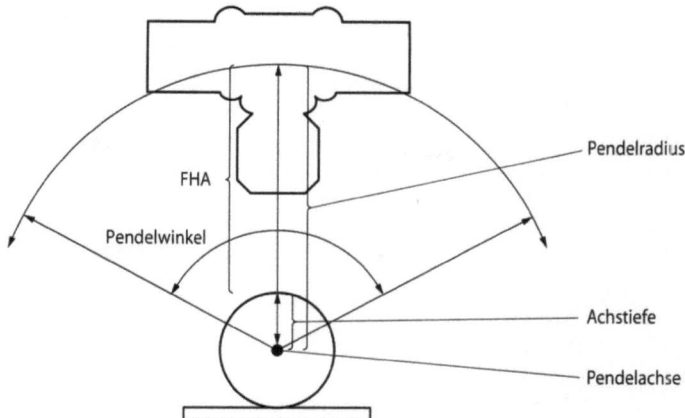

Abb. 6.12. Skizzierte Parameter bei der Bewegungsbestrahlung

- Pendelwinkel oder Rotationswinkel:
Als Pendelwinkel bezeichnet man den Winkelbereich innerhalb dessen sich der Zentralstrahl bewegt. Die Wahl des Pendelwinkels hängt von der Form des Tumors und den zu schonenden Abschnitten ab. Seine Wahl hat Bedeutung für das Verhältnis von der Dosis im Maximum (D_{max}) zur Dosis an der Oberfläche und ist auch bedeutend für die Auswanderung bzw. Verschiebung des Dosismaximums längs der Winkelhalbierenden aus der Drehachse zur Oberfläche hin. Eine Verkleinerung des Pendelwinkels führt zu einer Verflachung des Dosismaximums und zu der bereits erwähnten Auswanderung des Dosismaximums an die Patientenoberfläche. Bei der Planung wird die Auswanderung des Dosismaximums berücksichtigt.

Die D_{max}-Auswanderung hängt unter anderem von der Achstiefe, der Energie, der Feldbreite und dem Pendelwinkel ab. Mit zunehmender Energie wird die D_{max}-Auswanderung geringer. Bei ultraharter Röntgenstrahlung ist die Auswanderung des D_{max} weniger ausgeprägt als bei der Bewegungsbestrahlung mit ^{60}Co (Abb. 6.13 und 6.14).

Einen Einfluß auf die Isodosenverteilung hat auch der Körperdurchmesser des Patienten. Bei kleinem Pendelwinkel und zunehmendem Körperdurchmesser wird das Verhältnis von Dosismaximum zur Dosis in der Drehachse größer. Je breiter das Feld gewählt wird, um so stärker wandert das Dosismaximum zur Oberfläche und um so flacher wird der Dosisabfall.

Die *Achstiefe* gibt den Abstand zwischen der Pendelachse bzw. dem Drehpunkt und der Patientenoberfläche wieder; sie entspricht der Herdtiefe bei der Einstellung. Bei festem Pendelradius ändert sich während der Rotation die Achstiefe infolge des irregulären Körperdurchmessers; aus diesem Grund wird bei der Bewegungsbestrahlung grundsätzlich die *SAD-Technik* angewendet. Die Bestrahlung kann um eine, 2 oder 4 Achsen und mit einem oder mehreren Segmenten erfolgen. Die Achse kann zentrisch oder exzentrisch in den Körper gelegt werden.

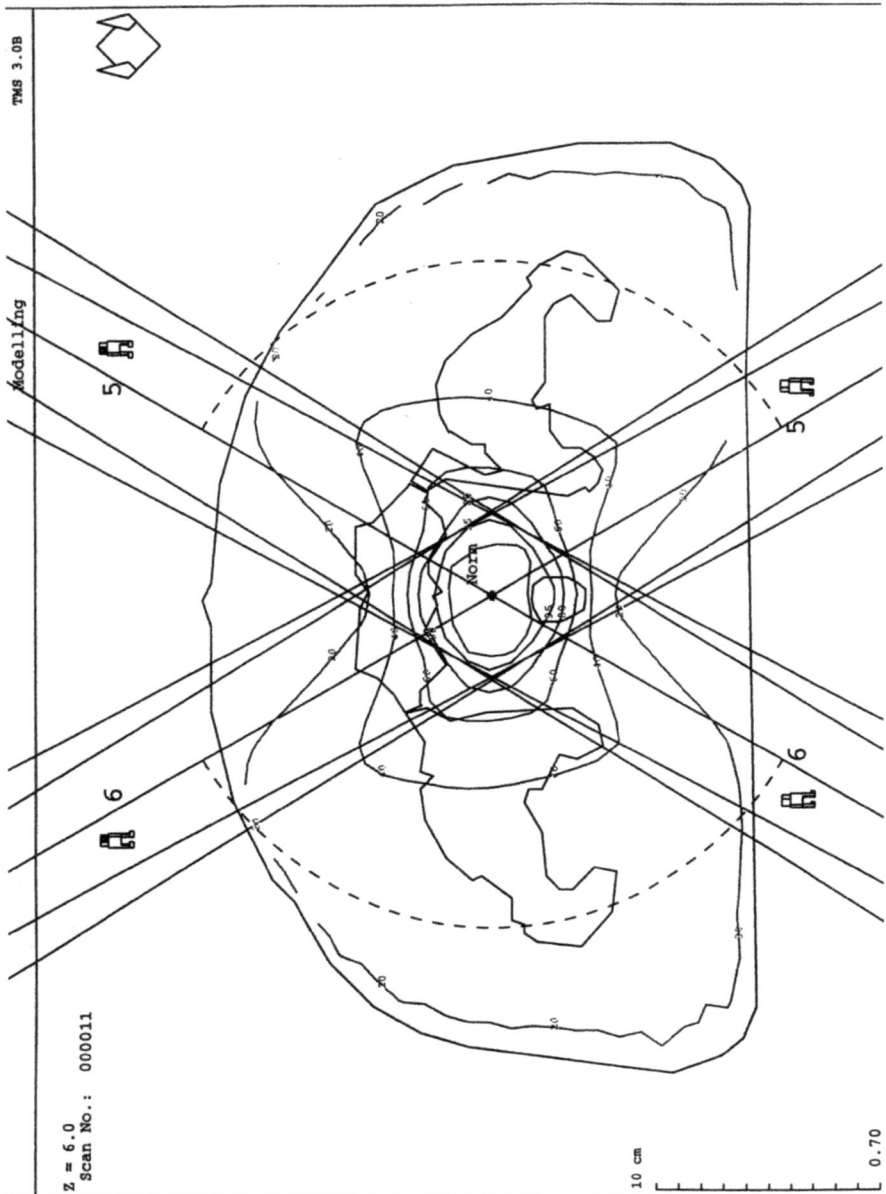

Abb. 6.13. Bisegmentale Rotationsbestrahlung in einem Winkelbereich von 30–150° und 210–330°

Bei der Bestrahlung mit dem Telekobaltgerät ist eine *Skip-scan-Technik* möglich, d.h. während des Bestrahlungsvorgangs kann die Strahlung über eine Blendenöffnung ein- oder ausgeschaltet werden.

6.6 Bewegungsbestrahlungen

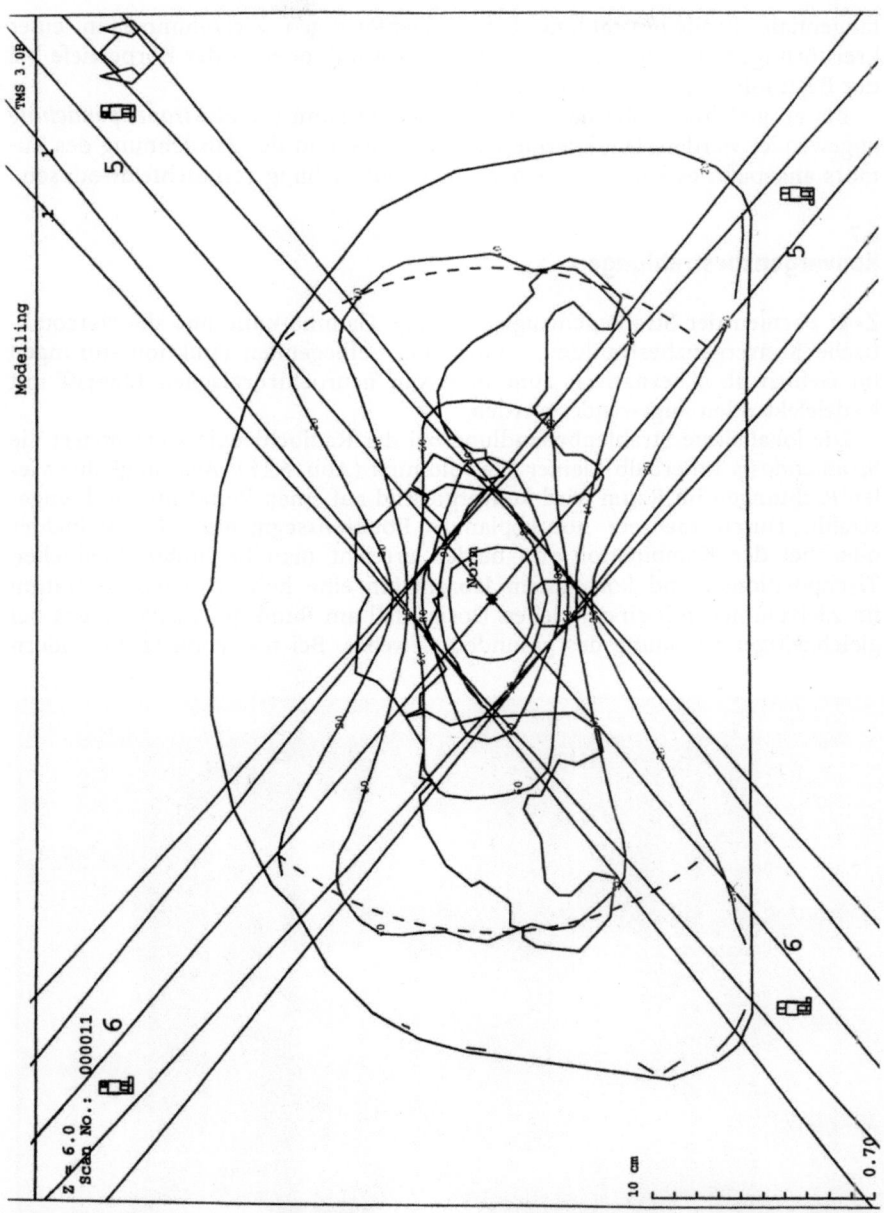

Abb. 6.14. Bisegmentale Rotationsbestrahlung in einem Winkelbereich von 50–130° und 230–310°

Eine weitere Technik der Pendelbestrahlung liefert die *tangentiale Pendelbestrahlung*. Dabei ist der Zentralstrahl nicht auf die Drehachse gerichtet, sondern um wenige Grad ausgelenkt, meist 4–6°. Optimal genutzt wird die tangentiale Pendelbestrahlung bei schalenförmigen Zielvolumina in einer kreisförmigen Oberfläche, z. B. in der Brustwand, oder in der Körpertiefe bei der Bestrahlung paraaortaler Lymphknoten.

Bei ausgedehnten oberflächennahen Herden kann die *Elektronenpendelung* angewendet werden. Die Energie wird der Lage und der Ausdehnung des Tumors angepaßt; es kommt zu einer Aneinanderreihung von Stehfeldisodosen.

6.7
Konvergenzbestrahlungen

Zwei Formen der Strahlenchirugie, das sog. Gamma-knife und die stereotaktische Konvergenzbestrahlung, können bei tiefliegenden Funktionsstörungen im Gehirn als Alternativen zum invasiven neurochirurgischen Eingriff mit Nadelelektroden angewendet werden.

Die lokalisierte Strahlenbehandlung bei der Radiochirurgie konzentriert die Strahlendosis innerhalb kleiner Zielvolumina (Abb. 6.15). Aus möglichst vielen Richtungen im Raum wird konvergierend auf einen Punkt im Herd eingestrahlt. Durch mehrere non-koplanare Rotationssegmente oder Stehfelder oder bei der Kombination von beiden erreicht man bei unterschiedlichen Tischpositionen und konstantem Isozentrum eine hohe Dosiskonzentration im Zielvolumen mit einem steilen Dosisabfall am Rand des Zielvolumens bei gleichzeitiger Schonung des gesunden Gewebes. Bei non-koplanaren Feldern

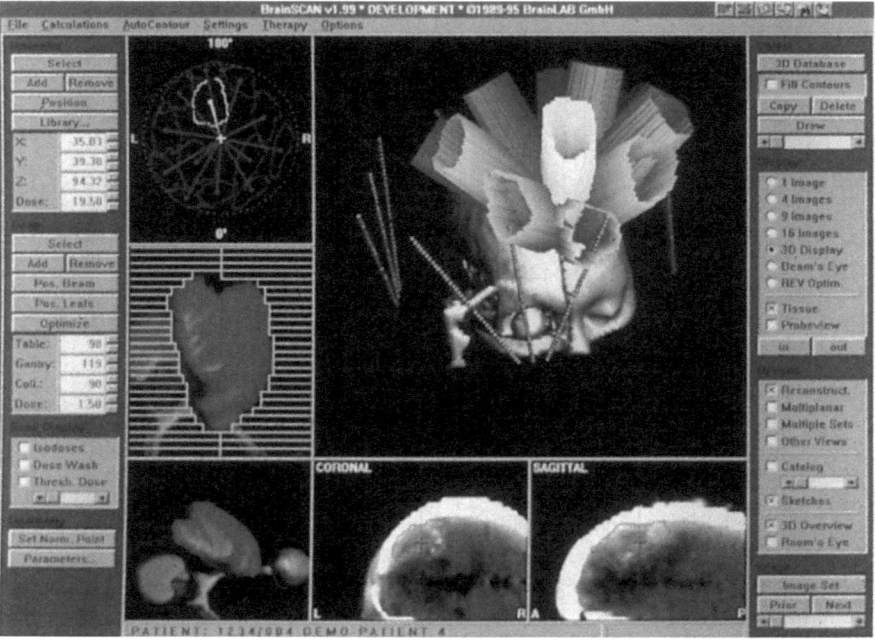

Abb. 6.15. Planungsbeispiel mit verschiedenen Einstrahlrichtungen bei einer stereotaktischen Bestrahlung (BrainLab)

6.7 Konvergenzbestrahlungen

Abb. 6.16. Rundlochkollimator zur stereotaktischen Bestrahlung (BrainLab)

bewegt man sich mit der Einstrahlrichtung aus der Ebene der CT-(Computertomographie-)Aufnahmen heraus.

Konzentriert wird die Dosis im Zielvolumen entweder über mehrere Rotationssegmente, deren Anzahl zwischen 4 und 12 variiert, oder über multiple Stehfelder mit einer Anzahl zwischen 6 und 14. Die Bewegung der Bestrahlungsquelle wie auch der Patientenliege erfolgt sequentiell oder teilweise simultan.

Die Strahlenfelder können mittels zylinderförmiger Wolfram-Rundlochkollimatoren angepaßt werden, die einen Durchmesser zwischen 4 und 50 mm aufweisen (Abb. 6.16). Die Anpassung der Strahlenfelder kann auch über computergesteuerte Micro-Multi-leaf-Kollimatoren erfolgen. Die Kollimatoren werden über eine zusätzliche Halterung am Gantrykopf exakt justiert.

Besteht zwischen Patient und Linearbeschleuniger keine weitere Verbindung, so ergeben sich maximale Freiheitsgrade zwischen dem Tisch und der Beschleunigerbewegung. Die Präzision der Strahlführung wird aber durch die mechanische Ungenauigkeit des Beschleunigers und des Tisches begrenzt.

Zur Verbesserung der Präzision stehen 2 Maßnahmen zur Verfügung:

- eine spezielle Konstruktion zur Fixierung des Tisches, der sog. Behandlungstischstabilisator;
- die Konzeption eines Stereotaxiestands, wodurch die exakte Führung des Rundlochkollimators sowie auch die isozentrische Positionierung des Kopfes im stereotaktischen Grundring gewährleistet wird.

Wie Patientenstudien ergaben, besteht bei bestimmten Tumorerkrankungen ein Zusammenhang zwischen der Konformität und Homogenität der Dosisverteilung sowie den klinischen Ergebnissen.

Aus der klinischen Erfahrung ist bekannt, daß das Risiko radiogen bedingter Spätfolgen mit zunehmendem Behandlungsvolumen, mit der Anzahl der Isozentren, mit der Dosisinhomogenität und mit der maximalen Zielvolumendosis ansteigt. Um möglichst tumorkonform mit einer homogenen Dosisverteilung und unter Reduktion der Spätfolgen zu bestrahlen, kann die *Kombination* der stereotaktischen Lokalisation der Zielkoordinaten bei den Röntgen-, CT- und MR-(Magnetresonanz-)Aufnahmen mit Fixationssystemen und die tumorangepaßte Bestrahlungstechnik zum Einsatz kommen. Durch die speziellen Fixationsverfahren wird eine Verbindung zwischen den strahlenbiologischen Vorteilen der fraktionierten Bestrahlung mit den stereotaktischen Lokalisationstechniken hergestellt und gleichzeitig die jeweilige Einzeldosis auf umgebende kritische Strukturen signifikant reduziert.

Eine Dosisanpassung an irreguläre Zielvolumina mit abwechselnd konvexen und konkaven Anteilen wie z. B. bei Keilbeinmeningiomen erfordert im Gegensatz zu kugelförmigen oder ovalen Raumforderungen eine aufwendigere Bestrahlungsplanung. Innerhalb des Zielvolumens kommt es hier zu einer erheblichen Inhomogenität. Durch die Verwendung individuell angefertigter Absorber oder durch den Einsatz von Multi-leaf-Kollimatoren ist es möglich, fast jede beliebige Tumorform konformal aus jeder einstellbaren Tisch- und Gantryposition zu bestrahlen. Besonders geeignet ist diese Technik für diffuse und maligne Tumoren sowie Läsionen nahe kritischen Strukturen, z. B. große Akustikusneurinome oder pädiatrische Fälle. Komplexe Strukturen lassen sich einfacher mit Kollimatoren behandeln, die sich der Form des Tumors anpassen lassen.

Die Anwendung der stereotaktischen Technik kann entweder in mehreren Fraktionen auf ein Isozentrum mit mehreren Gantrywinkeln und Tischrotationen unter Verwendung von speziellen Micro-Multi-leaf-Kollimatoren sowie als eine Einzeitbestrahlung mit etwa 20 Gy durchgeführt werden.

Verwendung finden sowohl manuell einstellbare als auch elektronisch ansteuerbare motorgetriebene Micro-Multi-leaf-Kollimatoren. Beim Einsatz manueller Micro-Multi-leaf-Kollimatoren werden ovale, kreisförmige oder irregulär geformte Schablonen zur Feldformung in einem kodierten Schablonenhalter verwendet. Manuell einstellbare wie auch rechnergesteuerte Micro-Multi-leaf-Kollimatoren werden bereits in einigen Kliniken eingesetzt.

Die stereotaktische Konvergenzbestrahlung kann sowohl bei arteriovenösen Fehlbildungen im Gehirn, z. B. bei inoperablen oder nur teilweise embolisierbaren arteriovenösen Malformationen, bei Tumoren, z. B. Neurinomen und Gliomen, als auch bei singulären Metastasen eingesetzt werden. Durch die Bestrahlung wird in der pathologischen Gefäßstruktur eine Entzündungsreaktion mit einer Verdickung der Gefäßwand bis hin zu einem kompletten Verschluß hervorgerufen. Bei der Resektion solitärer Hirnmetastasen in Kombination mit Ganzhirnbestrahlungen ergibt sich im Vergleich zur alleinigen Bestrahlung eine signifikante Verbesserung der Tumorkontrolle und der medianen Überlebenszeit. Beim Akustikusneurinom bietet die Radiochirurgie eine Alternative zur Operation. Bei dieser Erkrankung handelt es sich um Tumoren des 8. Hirnnervs, die einen dauerhaften Hörverlust ein- oder beidseits hervorrufen können.

Qualitätssicherung

Bei stereotaktischen Techniken muß für jeden Arbeitsschritt eine umfangreiche Qualitätssicherungsprüfung durchgeführt werden. Man benutzt Kopfphantome, in deren Mitte verschiedene Einsätze eingebracht werden können (Abb. 6.17).

Abb. 6.17. Kopfphantom zur stereotaktischen Bestrahlung (BrainLab)

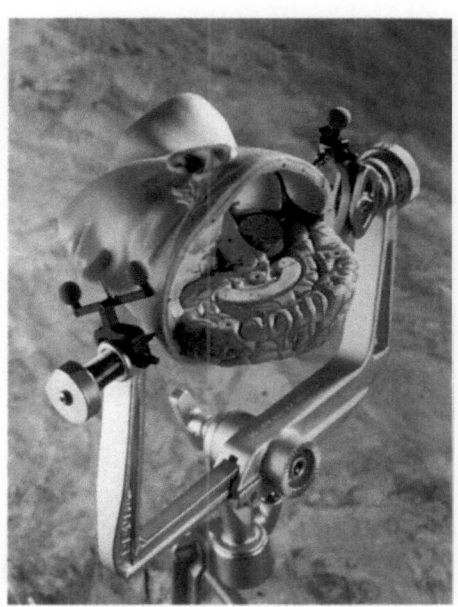

Vor der Bestrahlung wird die Zielpunktbestimmung, die mittels der stereotaktischen Lokalisatoren bei der Angiographie, der CT und der MRT ermittelt wurde, mit dem kompletten Datentransfer überprüft und verifiziert.

Bestimmte Ansprüche werden vorab an die Planung gestellt. Die Grundlage zur Berechnung der räumlichen Koordinaten des Zielvolumens und der Dosisverteilung liefert das CT oder das MR. Bei Gefäßfehlbildungen stellt die zerebrale Angiographie eine wichtige Planungsuntersuchung dar.

Die dreidimensionale Graphik sollte auch feinste Oberflächendetails anatomisch korrekt visualisieren. Die Datenübertragung von CT und MR zum Planungscomputer kann mittels Datennetz, Magnetband, Optical disk oder anderen Speichermedien erfolgen. Angiographiebilder können mit einem speziellen Röntgenbildscanner eingelesen werden.

Im 1. Schnittbild wird der Marker des Lokalizers mit der Maus identifiziert und automatisch zentriert. In allen weiteren Schnittbildern erfolgt die Lokalisation automatisch.

Informationen aus CT, MRT und Angiographie sollen direkt und schnell korreliert werden. Bei MR-Informationen findet dies durch eine automatische Bildverschmelzung statt, da die Linearität der MR-Informationen von vielen Faktoren abhängt. Vom CT-Bild ausgehend werden die MR-Daten, die in der Regel nicht in derselben räumlichen Ebene liegen, von einem Algorithmus dreidimensional rekonstruiert, so daß die schwarzen Schattenbereiche mit den Knochenstrukturen der CT-Information deckungsgleich sind. Eine anatomische Korrelation der MR-Informationen mit bereits vorhandenen diagnostischen Daten wird durch den automatischen 3D-Abgleich der Knochenstrukturen aus CT und MR möglich. Alle relevanten anatomischen Informationen fließen so in die Bestrahlungsplanung ein.

Abb. 6.18. Aufbau eines stereotaktischen Grundringes (BrainLab)

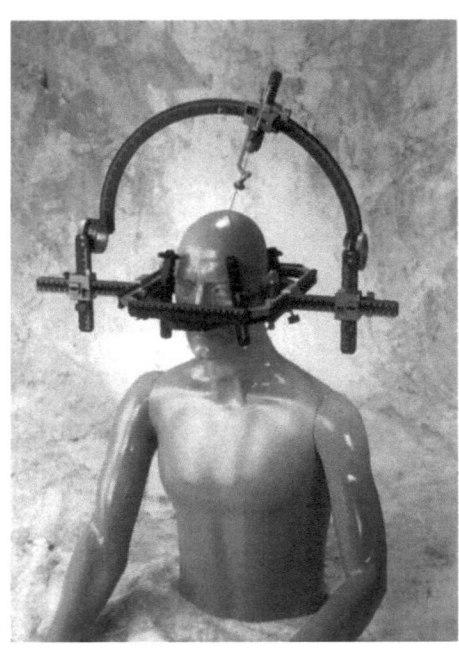

Möglicher praktischer Ablauf einer stereotaktischen Bestrahlung

Zur Fixierung des Patienten wird mit einem individuellen Maskensystem bzw. einem Stereotaxiering gearbeitet. Das Maskensystem basiert paßgenau auf den Kopfkonturen des Patienten. Die Maske besteht aus einem thermoplastischen Kunststoffmaterial. Wird die Maske zusätzlich noch seitlich im Maskengrundring fixiert, so wird eine Kopfrotation in allen 3 Richtungen unterbunden (Abb. 6.18).

Die Lagerung des Patienten am CT- und am MRT-Gerät sowie am Linearbeschleuniger erfolgt z. B. mittels einer gepolsterten Auflage zur Aufnahme des Maskengrundringes bzw. des stereotaktischen Grundringes oder des Maskensystems. Diese Auflage wird auf den entsprechenden Patiententisch gelegt. Am Linearbeschleuniger muß noch zusätzlich eine Verstellmöglichkeit für die Tischplatte in Längs- und Querrichtung gegeben sein. Die Einstellung des Patienten erfolgt mit Hilfe des Zielgerätes und der Seitenlichtvisiere.

Bei der stereotaktischen Einzeldosiskonvergenzbestrahlung kann ein fahrbarer OP-Tisch eingesetzt werden, um den Patienten ohne Umlagerung vom CT- bzw. MRT-Gerät zum Linearbeschleuniger zu fahren. Der fahrbare OP-Tisch wird auch für Biopsien, Angiographien und Implantationen von [125]Jod im OP benutzt. Bei der interstitiellen Radiochirurgie wird [125]Jod in Form von Seeds stereotaktisch direkt in das Tumorvolumen gebracht. Appliziert wird die Dosis protrahiert über mehrere Tage mit einer Dosisleistung von etwa 10 cGy.

Bedeutung der Computertomographie. Um die entsprechenden Untersuchungen durchführen zu können, werden Lokalisatoren am stereotaktischen Grundring befestigt. Durch den CT-Lokalisator können aus den CT-Aufnahmen mittels entsprechender Markierungspunkte das stereotaktische Koordinatensystem und die stereotaktischen Koordinaten einzelner Bildpunkte berechnet werden. Dies ist notwendig, um die Zielpunktkoordinaten während der Bestrahlungsplanung und die Zielpunkte bei Biopsien, bei Implantationen von Seeds usw. ermitteln zu können.

Beim CT-Lokalisator schließen die in den einzelnen Plexiglasplatten befindlichen Markierungsdrähte einen Winkel von 53,13° ein. So entspricht der Abstand der Markierungspunkte in einer Platte genau der stereotaktischen Z-Koordinate der CT-Schicht. Der Patiententisch steht genau senkrecht zur Gantryebene, die Gantry bei 0°. Die Tischhöhe wird so eingestellt, daß der Patient in der Mitte des Meßfeldes des CT liegt. Die Markierungsdrähte bilden sich in den einzelnen CT-Schichten punktförmig ab.

Einsatz der Magnetresonanztomographie. Der MR-Lokalisator stimmt im Aufbau mit dem CT-Lokalisator überein. Statt der Markierungsdrähte findet man hier jedoch mit Gadolinium gefüllte Kunststoffschläuche. Die mit diesem Kontrastmittel gefüllten Schläuche bilden die Markierungspunkte, aus denen wie beim CT-Lokalisator das stereotaktische Koordinatensystem berechnet wird.

Angiographie zur Planung stereotaktischer Bestrahlungen. Für stereotaktisch geführte Angiographieaufnahmen mit dem Röntgenlokalisiergerät wird der Patient immobil im stereotaktischen Grundring fixiert. Um orthogonale Aufnahmen herzustellen, werden die Röntgenröhren so eingerichtet, daß die Zentralstrahlen auf den stereotaktischen Nullpunkt ausgerichtet sind. Aufnahmen werden lateral und anterior–posterior (a.-p.) angefertigt.

Umsetzung am Linearbeschleuniger. Der Tisch des Linearbeschleunigers wird so ausgerichtet, daß die senkrechte Markierung des Zielgerätes genau parallel zu den senkrechten Seitenlichtvisieren steht. Der Patient kann am Linearbeschleuniger so gelagert werden, daß die vorher berechneten Isozentrumkoordinaten mit der größtmöglichen Genauigkeit einstellbar sind.

Die aus den stereotaktischen CT- und MR-Bildern berechneten Zielpunktskoordinaten werden mittels Zielgerät (Target-Positioner) auf den Patienten übertragen. Ein Target-Positioner kann der präzisen Positionierung des errechneten Zielpunktes im Isozentrum anhand der Wandlaser im Bestrahlungsraum dienen (Abb. 6.19). Auf 4 Seitenplatten werden transparente Folien montiert, die nach Planungsabschluß bedruckt wurden. Die Folien zeigen exakte Isozentrumsmarkierungen und feine Skalen zur schnellen unabhängigen Verifikation der Koordinaten sowie zur Projektion der Läsion von verschiedenen Seiten; somit läßt sich die räumliche Lage der Läsion visualisieren. Auf diese Weise können Ungenauigkeiten eliminiert und das Fehlerrisiko gesenkt werden. Außerdem ist die Dokumentation gewährleistet.

Die vorausberechneten Koordinaten können grob eingestellt werden. Die Feineinstellung erfolgt über den Kopfhaltering am Tisch. Der Patiententisch

Abb. 6.19. Target-Positioner für die stereotaktische Anwendung (BrainLab)

wird in der Höhe, der Längs- und der Querrichtung verschoben, bis sich die Schnittpunkte der Laserlichtvisiere mit den Markierungen auf den Visierplatten decken. Ist die exakte Lagerung erfolgt, wird das Zielgerät entfernt, und die Bestrahlung kann beginnen.

Bestrahlung mit Lochkollimatoren. Die Bestrahlung kann mit Lochkollimatoren erfolgen. Dazu wird eine Platte, auf der ein justierbarer Kollimatorhalter angebracht ist, in den Zubehörhalter des Linearbeschleunigers spielfrei eingeschoben. Die Kollimatorjustierung wird einmalig bei der Installation eingestellt. Lochkollimatoren mit Durchmessern von 5–10 mm werden in die Kollimatorhalterung eingesetzt. Während der Bestrahlung fährt die Gantry Kreisbögen bei jeweils unterschiedlichen Tischwinkeln. Die Lochkollimatoren bestehen aus Wolfram mit Bohrungen zwischen 2 und 50 mm. Sie sind 80 mm hoch und alle fokussierend. Kollimatoren mit 2 mm Bohrungen werden zur Filmdosismetrie benutzt.

Micro-Multi-leaf-Kollimatoren. Computergesteuerte Micro-Multi-leaf-Kollimatoren, die zum Einsatz kommen können, bestehen z. B. aus 26 Wolframblendenpaaren mit einer Blendendicke von etwa 1,5 mm; das effektive Abschirmmaterial pro Blende beträgt 60 mm. Einstellbar sind effektive Feldgrößen von 100×100 mm im Isozentrum. Statt auf Kreisbögen der Gantry wird die Dosis beim Einsatz von Micro-Multi-leaf-Kollimatoren auf einzelne räumlich beliebig angeordnete Stehfelder verteilt.

Gamma-knife. Darunter versteht man ein geschlossenes System, das aus einer Strahlungseinheit und einem hydraulisch steuerbaren Lagerungstisch besteht.
201 zylindrisch angeordnete ^{60}Co-Quellen in Form von 5 Ringen erzeugen die ionisierende Strahlung. Der Strahl jeder einzelnen Quelle wird primär eingeblendet. Die Sekundärkollimation erfolgt über einen sog. Kollimator-

helm. In diesem Helm wird der Kopf des Patienten mit Hilfe eines stereotaktischen Rahmens positioniert. Zur Verfügung stehen 4 Helme mit 4, 8, 14 oder 18 mm großen Kollimatoröffnungen. Diese Öffnungen können einzeln oder in Gruppen verschlossen werden. Der Durchmesser der Quellen beträgt 1 mm, die Länge 20 mm und die spezifische Aktivität 5,55 Bq/g. Die Dosisverteilung kann mit Hilfe der Positionierung des Kopfes, der Kollimatoren, der Anzahl und Lage der Zielpunkte und durch den Verschluß einzelner Kollimatorkanäle angepaßt werden.

6.8
Dosierungsmöglichkeiten

6.8.1
Protrahierung

Bei der protrahierten Dosierung erfolgt die Bestrahlung in einer Fraktion protrahiert, d.h. über einen längeren Zeitraum, mit niedriger Dosisleistung. Unter Ausnutzung der unterschiedlichen Erholungsfähigkeit von Normal- und Tumorgewebe wird das Tumorgewebe zerstört, während das gesunde Gewebe weitestgehend geschont wird.

Großvolumige Bestrahlungen, die bei Ganzkörper- und Ganzhautbestrahlungen oder bei der interstitiellen und intrakavitären Strahlentherapie zum Einsatz kommen, werden häufig mit mittlerer oder niedriger Dosisleistung durchgeführt.

6.8.2
Fraktionierte Bestrahlung

Bei der fraktionierten Bestrahlung wird die Gesamtdosis in mehreren kleinen Einzeldosen auf mehrere Tage bzw. Wochen verteilt appliziert. Bestrahlt wird mit hoher Dosisleistung in kurzer Zeit, z. B. 2 Gy/min einmal pro Tag an 5 Tagen die Woche. Zwischen den einzelnen Fraktionen kommt es zur Erholung der Zellen vom subletalen Strahlenschaden sowie zur Reparatur veränderter Eiweißmoleküle. Aufgrund dieser Erholungsprozesse ist eine Erhöhung der Gesamtdosis nötig, wobei die Höhe der Gesamtdosis die Wahrscheinlichkeit der Tumorzerstörung bestimmt. Es ist bekannt, daß höhere Strahlendosen eine bessere Tumorzerstörung bewirken und daß mit jeder Erhöhung der Strahlendosis ein bestimmter Anteil der Zellen zerstört wird. Wie experimentell ermittelt werden konnte, ist die Zahl der überlebenden Zellen proportional der Ausgangszellzahl und dem Anteil, der mit jeder Fraktion zerstört wurde.

Bei einer Fraktionierung der Gesamtdosis ist der biologische Effekt der Bestrahlung wesentlich geringer als bei einer einmaligen Bestrahlung mit der Gesamtdosis. Allerdings hat die Fraktionierung günstigere Auswirkungen auf Organe wie die Haut, weil die Stammzellen der germinalen Schicht der Haut eine relativ große Erholung aufweisen.

Die Höhe der Einzeldosis nimmt einen entscheidenden Einfluß auf die Häufigkeit und das Ausmaß von Spätfolgen auf gesundes Gewebe.

Zwischen der Sauerstoffversorgung und der Fraktionierung besteht ein Zusammenhang. Es wird angenommen, daß es nach einer fraktionierten Bestrahlung aufgrund des Abbaus und Abtransports der zerstörten Tumorzellen zu einer Tumorverkleinerung und damit zu einer Abnahme der hypoxischen Zellen kommt. Der Diffusionsweg des Sauerstoffs von den Kapillaren zu den entfernteren Zellen wird verkürzt. Dieser als *Reoxygenierung* bezeichnete Effekt führt zu einer erhöhten Strahlensensibilität. Die mit der Fraktionierung verbundene bessere Sauerstoffversorgung bewirkt eine Aktivierung des Zellzyklus, d. h. die Zellen treten aus der Ruhephase in die proliferierenden Phasen des Zellzyklus ein. Damit wird wiederum die Strahlensensibilität erhöht.

Die fraktionierte Bestrahlung kommt zum Einsatz, wenn die Erholungsfähigkeit im gesunden Gewebe besser ist als im Tumorgewebe. Gesundes Gewebe erholt sich in der Regel besser von subletalen Strahlenschäden als Tumorgewebe. Nebenwirkungen und Spätfolgen können durch die fraktionierte Bestrahlung gering gehalten werden.

6.9
Alternative Fraktionierungen

Die Strahlentherapie soll auf die Tumorzellproliferation abgestimmt sein. Dabei muß berücksichtigt werden, daß der Tumor auch an Pausentagen wächst, z. B. am Wochenende und an Feiertagen. So sind nach einem Wochenende 2 Drittel der eingestrahlten Montagsdosis nötig, um den Wirkungsverlust des bestrahlungsfreien Wochenendes auszugleichen und das wieder einsetzende Tumorwachstum zurückzudrängen.

6.9.1
Split-course-Strahlenbehandlung

Um die während der Bestrahlung auftretenden Nebenwirkungen zu reduzieren, kann es nötig sein, die Bestrahlungsserie auf längere Zeit zu unterbrechen. Dadurch wird für den Patienten eine bessere Verträglichkeit der Therapie erreicht. Allerdings sinkt die Tumorrückbildungswahrscheinlichkeit, und das Rezidivrisiko steigt.

Ist in einer Bestrahlungsserie eine Unterbrechung erforderlich, so sollte sie erst nach einer verabreichten Dosis von 20–25 Gy erfolgen, denn bis dahin hat die Tumorschädigung noch keine relative Verstärkung der Tumorzellproliferation bewirkt.

Bestrahlungspausen sollten ansonsten vermieden werden. Die Gesamtbehandlungsdauer sollte so kurz wie möglich gewählt werden. Sie wird durch die Reaktion des gesunden Gewebes begrenzt. Unterbrechungen in der Therapie lassen sich evtl. durch eine Erhöhung der konventionellen Fraktionierung ausgleichen.

Sollen die unterschiedlichen Erholungsvorgänge im Tumor- und im Normalgewebe optimal genutzt werden, so kann eine alternative Fraktionierung vorgenommen werden.

6.9.2
Akzelerierte Bestrahlung

Hier findet eine Erhöhung der täglichen Gesamtdosis durch eine höhere Einzeldosis oder mehrfache Fraktionen mit konventioneller Dosis 2mal pro Tag statt, entweder morgens 2 Gy und mittags 2 Gy oder einmal täglich 3 Gy. Damit verkürzt sich die Gesamtbehandlungszeit.

6.9.3
Hyperfraktionierte Bestrahlung

Die Zahl der Bestrahlungsfraktionen pro Tag wird mit einer oder mehreren Einzeldosen von jeweils 1–1,2 Gy erhöht, z. B. zweimal 1–1,2 Gy. Die Gesamtbehandlungszeit bleibt unverändert. Hier nutzt man bei einer hohen Gesamtdosis die Reparaturmechanismen des Normalgewebes.

6.9.4
Hypofraktionierte Bestrahlung

Unter Hypofraktionierung versteht man eine Reduzierung der Bestrahlungsfraktionen zur besseren Verträglichkeit für den Patienten. Die Einzeldosis wird auf mehr als 2 Gy erhöht, dann folgt eine über mehrere Tage dauernde Bestrahlungspause bis zur nächsten Bestrahlung.

Diese Art der Dosierung wurde früher bei langsam wachsenden Tumoren eingesetzt und wird heute nur noch selten angewendet, da stärkere Nebenwirkungen im Normalgewebe auftreten können. Angewandt wird die Hypofraktionierung noch im palliativen Bereich, wenn nur wenig gesundes Gewebe im Bestrahlungsvolumen liegt, oder bei Reizbestrahlungen z. B. des Knies bei Gonarthrose.

6.9.5
Kombination von hyperfraktionierter und akzelerierter Bestrahlung

Bei schnell wachsenden Tumoren können die hyperfraktionierte und die akzelerierte Bestrahlung gleichzeitig Anwendung finden. Mehrere gegebene Einzeldosen von 1,2–1,8 Gy pro Tag haben eine Erhöhung der täglichen Gesamtdosis zur Folge. Die Gesamtbehandlungszeit verkürzt sich. Bei Mehrfachbestrahlungen pro Tag müssen aus biologischen Gründen zwischen den Einzelfraktionen mindestens 4 h, besser 6–8 h liegen, da vorher die Reparaturmechanismen des Normalgewebes nicht beendet sind und somit eine maximale Erholung des gesunden Gewebes nicht gewährleistet wäre.

Diese Art der Fraktionierung wird z. B. bei der Bestrahlung des Glioblastoms eingesetzt.

KAPITEL 7

Therapie mit umschlossenen Radionukliden

Um am Tumor eine möglichst hohe Dosis unter größtmöglicher Schonung des umgebenden gesunden Gewebes zu applizieren, kommt neben der dreidimensionalen Bestrahlungsplanung, den Multi-leaf-Kollimatoren und in der perkutanen Strahlentherapie dem Portal-Imaging – einem Bildverarbeitungssystem, mit dem die eingestellten Bestrahlungsfelder während der Bestrahlung als Echtzeitaufnahme kontrollierbar und verifizierbar sind und die Lage der Absorber wie auch die Position der Multi-leaf-Lamellen ebenfalls sofort überprüfbar und korrigierbar werden – die Brachytherapie zum Einsatz.

Die *Brachytherapie* wird dann eingesetzt, wenn am Tumor eine Dosiserhöhung als Boost erfolgen oder der Tumor allein ohne Ausbreitungswege bestrahlt werden soll. Die Radionuklide können direkt am Herd plaziert werden.

Bei der Therapie mit umschlossenen Radionukliden ist das Präparat von einer allseitig dichten, festen inaktiven Hülle umgeben, die normalerweise einen Austritt des radioaktiven Stoffes verhindert. Mittels Applikatoren, d.h. speziellen Vorrichtungen, können ein bzw. mehrere Strahler bei der Brachytherapie mit umschlossenen Radionukliden in die gewünschte Position des zu bestrahlenden Gewebes oder an dessen Oberfläche gebracht werden. Eventuell eingesetzte Distanzkörper bestehen aus gewebeäquivalentem Material, Teilabschirmungen aus Materialien hoher Ordnungszahl.

In der Therapie mit umschlossenen Radionukliden sind mehrere Brachytherapiemethoden anwendbar.

7.1
Oberflächenbrachytherapie oder Kontakttherapie

Bei dieser Therapieform wird ein umschlossener Strahler oder ein Applikator mit einer inneren oder äußeren Körperoberfläche, wie Haut bzw. Schleimhaut des Patienten, in Kontakt gebracht. Moulagen und die heute seltener angewandten Dermaplatten werden als Applikatoren für die Strahlenquellen verwendet.

Unter *Moulagen* versteht man gewebeäquivalente Materialien. Man unterscheidet zwischen der Anwendung ebener Moulagen, auch Flabs genannt, und anatomisch angepaßten Moulagen. Moulagen bestehen aus einem plastisch formbaren Material wie Plastilin oder Schaumgummi, worin γ-Strahler wie Iridiumdrähte, Kobaltperlen, Gold oder Radio-Jod-Seeds eingelassen sind. Moulagen lassen sich optimal und individuell an die Körperoberfläche anpassen. Die klinischen Indikationen zur Verwendung von Moulagen sind oberflächlich gelegene Haut- und Schleimhauttumoren.

Der Vorteil der Kontaktbestrahlungen besteht in der geometrischen Anordnung der Strahlenquelle, die weitgehend dem Herd angepaßt werden kann.

Beträgt die Tiefenausdehnung des zu bestrahlenden, oberflächlich gelegenen Herdes nur wenige Millimeter, kann zur Bestrahlung ein β-Strahler verwendet werden. Der Vorteil gegenüber einem γ-Strahler liegt im steilen Dosisabfall zur Tiefe hin, so daß nur einfache Strahlenschutzmaßnahmen erforderlich sind. Die Auswahl der β-Strahler richtet sich nach der Grenzenergie, der spezifischen Aktivität, der Halbwertszeit und auch dem Preis. Mit β-Strahlern werden Hautkarzinome, Tumoren der Bindehaut des Auges, Hämangiome, Dermatosen und ähnliche Erkrankungen bestrahlt.

Verwendete β-Strahler sind ^{90}*Strontium* (Sr) mit einer Halbwertszeit (HWZ) von 28 Jahren, das sich in ^{90}Yttrium (Y) umwandelt. Letzteres besitzt eine HWZ von 64,8 h und wandelt sich in das stabile ^{90}Zirkonium (Zr) um. Die Grenzenergie von ^{90}Sr liegt bei 0,61 und 2,18 MeV; es ist ein reiner β-Strahler mit einer maximalen Reichweite von 7 mm in Wasser. Verwendung findet dieses Präparat in der Augenheilkunde und in der Dermatologie. Bei ^{90}Y handelt es sich um einen β- und γ-Strahler mit einer Energie von 2,27 und 1,73 MeV. Die Dosis des ^{90}Sr fällt zur Tiefe hin steil ab.

Therapeutisch genutzt werden Strontium und Yttrium in Form von Platten, die in 1 mm dickes Silberblech eingeschweißt sind, das von einer 0,1 mm dicken Silberschicht umgeben ist. Als Korrosionsschutz wird es mit Gold bedampft. Das radioaktive Silberblech wird in einer Metall- oder Plexiglasfassung von 1 cm Dicke gehalten. Diese Dicke reicht aus, um 2 MeV völlig abzuschirmen und die Hand des Arztes bei der Applikation zu schützen. Die Scheiben befinden sich in einer festverschweißten Edelstahlfassung. Die Edelstahlabdeckung nach vorn beträgt 0,1 mm, der Plattenrücken schirmt die β-Strahlung nach hinten vollständig ab.

7.2
Intrakavitäre Therapie

Bei dieser Therapieform werden umschlossene radioaktive Präparate mit oder ohne Applikatoren durch natürliche Köperöffnungen in eine präformierte Körperhöhle eingebracht, z.B. Corpus uteri, Cervix uteri, Vagina oder Rektum.

In der gynäkologischen intrakavitären Brachytherapie werden Edelstahlapplikatoren aus einem einfachen geraden oder einem definiert gekrümmten Stahlhohlrohr benutzt oder Ringapplikatoren, wobei Kombinationen möglich sind.

Verschiedene Meßsonden registrieren die Strahlendosis in Vagina, Blase und Rektum. Die herkömmliche Applikation erfolgt neben ^{226}*Radium* (Ra) mit ^{60}*Kobalt* (Co) und mit ^{137}*Cäsium* (Cs). Die Radiumeinlage wird zunehmend seltener angewendet.

^{226}Ra bildet beim radioaktiven Zerfall unter Emission von α-, β- und γ-Strahlung zuerst gasförmiges Radon (Rn). Radium ist ein γ-Strahler mit einer HWZ von 1600 Jahren; seine Energie liegt bei 1,0 und 1,5 MeV. Meist liegt das Präparat als wasserunlösliches Sulfat vor, gekapselt in Platin-Iridium-Röhrchen mit einer Wandstärke von 0,5–1 mm. Die Länge der Röhrchen beträgt 3–30 mm, der äußere Durchmesser 1–3 mm. Gearbeitet wird mit Röhrchen von 5, 10 und 20 mg, was einer Aktivität von 200–400 MBq entspricht. Die Filterung verhindert den Austritt des Radons und absorbiert die α- und β-Strahlung. Die Edelstahlhülle aus Platin kann jedoch undicht werden und dann einen Austritt des radioaktiven Radons zulassen.

Der Fokus-Haut-Abstand von 0 cm bewirkt einen steilen Dosisabfall im Gewebe mit einer geringen Tiefendosisreichweite.

Meist werden mehrere Röhrchen in einem Träger aufgereiht. Die Applikatoren bestehen aus Messing oder Plexiglas. Sie absorbieren die im Platin entstehende Sekundärstrahlung.

Die Hauptanwendungsgebiete der intrakavitären Radiumapplikation liegen in der Gynäkologie, und zwar in Zylinderform, in Eiform oder als Platte-Stift-Kombination. Bei der Packmethode werden mehrere eiförmige oder zylindrische Radiumträger ins Uteruskavum eingebracht. Cervix-uteri-Karzinome werden mit einer Platte-Stift-Kombination behandelt, wobei der Stift fest mit der Platte verschraubt ist.

Die Aufgaben der medizinisch-technischen Assistenten bei der Radiumapplikation waren

- Vorbereitung der gynäkologischen Radiumeinlage,
- Füllung der Applikatoren,
- Richten der Spekula, der Stifte zur Erweiterung des Zervixkanals, der Zangen zum Anklemmen der Portio, Richten der Tupfer und Tamponaden.

Zu einer Strahlenbelastung des medizinischen Personals kommt es bereits beim Be- und Entladen der Applikatoren wie auch später bei der Pflege des Patienten während der Liegezeit.

Deshalb verwendete man später anstelle des Radiums ^{60}Co, das die Form von Kugeln oder Perlen hatte und je nach gewünschter Aktivität in Stifte mit Schraubverschluß gefüllt war; diese Stifte besaßen Ösen. Die maximal verwendete Aktivität pro Präparat betrug 3,76 GBq. Die β-Strahlung und der weiche Anteil der γ-Strahlung wurden vollständig in der Umhüllung oder in der Mantelung des Trägers absorbiert. Die Perlen von 6 mm Durchmesser waren mit einer galvanisch aufgebrachten Goldschicht überzogen und perforiert, so daß sie, ähnlich einer Perlenkette an einem Faden aufgereiht, mittels eines speziellen metallischen Katheters in die Blase oder das Cavum uteri eingebracht werden konnten. Aus Strahlenschutzgründen wendet man dieses Verfahren heute nicht mehr an.

Eine weitere Möglichkeit war die Verwendung von ^{60}Co-Suspensionen, in dem 3 mm große, mit ^{60}Co gefüllte Plexiglaskügelchen in eine viskose Flüssigkeit gebracht, in einen Gummiballon gefüllt und in die Harnblase appliziert wurden.

7.3
Interstitielle Brachytherapie

Bei der interstitiellen Therapie werden umschlossene Strahler mit oder ohne Applikator direkt ins Gewebe implantiert z.B. bei Tumoren im Hals-Nasen-Ohren-Bereich, im Beckenbereich, bei Mammakarzinomen, Lymphknoten, Prostatakarzinomen, Weichteiltumoren usw. Eingesetzt werden kann die interstitielle Brachytherapie auch bei Tumorrezidiven nach Vorbestrahlung, bei primär inoperablen Tumoren und bei Knochenmetastasen mit Weichteilkomponente.

Im Gegensatz zur perkutanen Strahlentherapie können höhere Einzelfraktionen appliziert werden, die ein schnelleres Eintreten des palliativen Effekts bewirken. Die Dosis kann bei einem verbliebenen Resttumor nach einer perkutanen Strahlentherapie ähnlich einem Boost interstitiell erhöht werden (Abb. 7.1).

Es besteht die Möglichkeit, die interstitielle Therapie mit der Hyperthermie zu kombinieren.

Die Vorteile der interstitiellen Strahlentherapie liegen in einer hohen relativen Herdraumdosis (s. Kap. 9), was für den Patienten eine geringe Volumenbelastung bei einer hohen Herddosis (s. Kap. 9) bedeutet. Im gesunden Gewebe tritt wegen des raschen Dosisabfalls nur eine geringe Dosis auf. Innerhalb einer Serie sind nur 1–2 Applikationen nötig. Es kommt zu einer optimalen Isodosenverteilung.

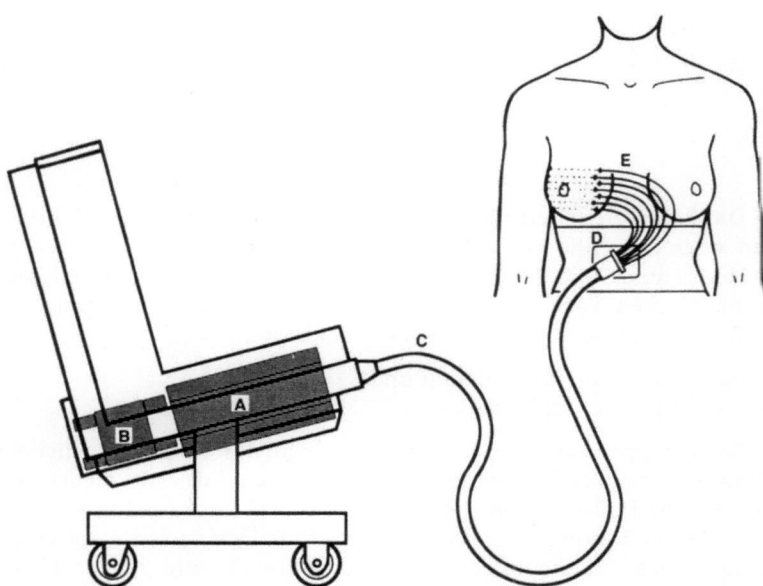

Abb. 7.1. Tumorbettbestrahlung mit ^{137}Cs beim Mammakarzinom. *A* ^{137}Cs-Quelle (geschützt), *B* Motoren, *C* Behandlungsschlauch, *D* Schnellauslaßkupplung, *E* Quellentransferschläuche (Nucletron)

Abb. 7.2. Analapplikator (Nucletron)

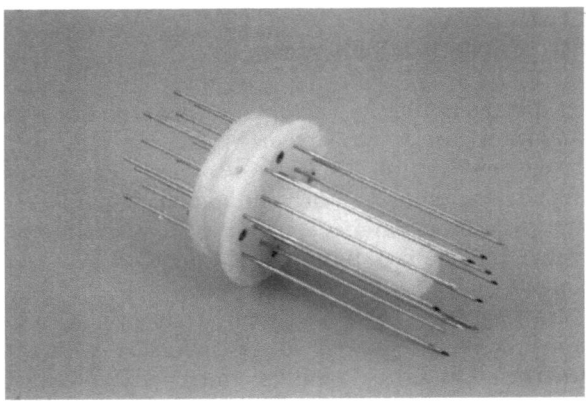

Abb. 7.3. Zungenapplikator (Nucletron)

Die Präparate können als Hohlnadeln, Seeds, Drähte oder Röhrchen vorliegen oder mit Hilfe von Applikatoren ins Tumorgewebe eingebracht werden (Abb. 7.2 und 7.3). Bei einigen Implantationen kann die Applikation mittels automatischen Nachladens mit einem Afterloadinggerät erfolgen.

Zu unterscheiden sind 2 Arten der Implantationen:

- die permanente Implantation und
- die temporäre Implantation.

Bei der *permanenten* Implantation bleibt das Präparat zeitlebens im bestrahlten Gewebe. Verwendet werden Radionuklide mit niedriger Aktivität und kurzer Halbwertszeit. Bei der *temporären* Implantation werden die Präparate nach Verabreichung der gewünschten Dosis wieder entfernt. Verwendung finden Radionuklide mit hoher Aktivität und langer Halbwertszeit. Temporäre Implantate können Nadeln sein, die an Fäden befestigt sind, Seeds in einer besonderen Trägervorrichtung oder im Nachladeverfahren eingebrachte Präparate, die sich wieder vollständig entfernen lassen.

7.3 Interstitielle Brachytherapie

Radiumnadeln mit meist 2 bzw. 4 mg Inhalt waren die älteste Applikationsform bei der interstitiellen Therapie. Sie waren zwischen 15 und 50 mm lang und wurden mittels eines durch ein Öhr gezogenen Fadens wieder entfernt. Gute Ergebnisse wurden bei Tumoren der Mundhöhle erzielt.

Die Anwendung von *Gold* (Au) erfolgte früher hauptsächlich intraperitoneal und intrapleural. ^{198}Au ist ein β- und γ-Strahler mit einer Energie von 0,96 und 0,41 MeV und einer HWZ von 2,7 Tagen, wobei die β-Strahlung therapeutisch genutzt wird. Die maximale Reichweite als β-Strahler in Wasser liegt bei 3,8 mm.

Verwendung findet ^{198}Au in Form von Stäbchen, sog. Seeds, meist als *Permanentimplantat* zur Hypophysenausschaltung bei Patienten mit weit fortgeschrittenen, metastasierenden Karzinomen, z. B. Mamma- oder Prostatakarzinomen. Um die Kügelchen oder Stäbchen in der Hypophyse implantieren zu können, wird ein nasaler Zugang durch die Keilbeinhöhle und die Sellavorderwand gewählt. Unter Röntgenkontrolle in 2 Ebenen wird eine Leitkanüle mit einem Durchmesser von 2,5 mm in die entsprechende Position gebracht. Der Knochen wird mit einem Drillbohrer durchbohrt, und eine zweite dünnere Kanüle, die die Seeds enthält, wird vorgeschoben. Die radioaktiven Präparate werden so verteilt, daß in der Hypophyse eine homogene Dosis von 100 Gy erzielt wird. Die Applikation kann auch mit ^{90}Y-Seeds erfolgen.

Goldkörner, die zur Infiltrationsbehandlung der Parametrien einsetzbar sind, werden mit einer Pistole durch eine Kanüle ins Tumorgewebe implantiert. Der Goldkern sitzt in einer dünnen Platinhülle. Die Aktivität reicht von 200–400 MBq.

Eine weitere Applikationsform war das Einbringen von kolloidalen Goldlösungen in Körperhöhlen. Die klassische Behandlung der disseminierten Ovarialkarzinome mit oder ohne Aszites erfolgte durch die Instillation von kolloidalem Gold mit 3,0–3,7 GBq, was 80–200 mCi entspricht.

Radiojod-Seeds aus ^{125}J bestehen aus einer Titankapsel, die an ihren Enden ^{125}J, an ein Ionenaustauscherharz absorbiert, enthält. In der Mitte der Seeds befindet sich eine inaktive Goldkugel, mit deren Hilfe sich die Seeds unter Durchleuchtung lokalisieren lassen. Die Seeds werden intraoperativ unter Spinalanästhesie durch exakt plazierte Hohlnadeln eingebracht. Um dies genau durchführen zu können, benötigt man einen C-Bogen zur Durchleuchtung sowie ein Ultraschallgerät. Der Patient wird auf einem Stuhl gelagert, der einem gynäkologischen Stuhl ähnelt. Anwendung findet diese permanente Implantation beim Prostatakarzinom. Aus *Strahlenschutzgründen* muß der Patient eine bestimmte Zeit abgeschirmt stationär bleiben.

Präparate, die sich aufgrund ihrer langen Halbwertszeit nicht zur permanenten Implantation eignen, werden nach verabreichter Dosis wieder entfernt und können im Nachladeverfahren appliziert werden.

Verwendete Drähte können aus ^{182}Tantal (Ta) oder ^{192}Iridium (Ir) bestehen. Ketten mit ^{192}Ir werden bei allen Indikationen der interstitiellen Radiotherapie im Afterloading eingesetzt. Anwendungsbeispiele sind Kopf/Hals-Tumoren, Mammakarzinom, Prostatakarzinom, Analkarzinom, gynäkologische Tumoren usw.

7.4
Intraluminale Brachytherapie

Eine weitere Brachytherapiemethode stellt die intraluminale Therapie dar. Umschlossene Strahler mit oder ohne Applikatoren werden durch eine künstliche Öffnung in ein Hohlorgan oder eine präformierte Körperhöhle eingeführt, z. B. Gallengang, Urethra, Blutgefäße, Ösophagus oder Bronchus. Als Applikatoren werden meist Einzelapplikatoren aus flexiblen, schmalen Plastikrohren verwendet, die je nach Anwendungsgebiet mit Ballons oder Spreizkörben zur Dilatation versehen sein können.

7.5
Berechnung der applizierten Dosis

7.5.1
β-Strahler

Beim Kauf eines β-Strahlers für die Dermatologie und die Ophthalmologie werden vom Hersteller meist Isodosenkarten mitgeliefert. Die Dosisleistung wird in der Symmetrieachse des Präparates angegeben, ebenso die relative Isodosenverteilung.

Bestrahlungszeit = zu applizierende Dosis/angegebene Dosisleistung.

Die Dosisleistung des β-Strahlers wird mit Ionisationskammern oder geeichten Szintillationskristallen gemessen. Die vom Hersteller angegebenen Dosisleistungen gelten nur für den Zeitpunkt des Kaufes; die Aktivität nimmt in Abhängigkeit von den Gesetzen des radioaktiven Zerfalls ab.

7.5.2
γ-Strahler

Die Dosisverteilung von γ-Strahlern muß immer gemessen werden; nur bei einfachen geometrischen Anordnungen kann die Dosis aus der Dosisleistungskonstante berechnet werden. Bei komplizierter Strahlenquellenanordnung – z.B. bei gleichzeitiger Verwendung verschiedener Applikatoren unterschiedlicher Aktivität und bei der interstitiellen Implantation von Radium- oder Gold-Seeds – geben Messungen der Strahlung im Meßphantom Auskunft über die Dosisverteilung.

Dosisleistungskonstante Γ_δ. Der Zusammenhang zwischen der Aktivität A von Radionukliden, die γ-Strahler sind, und der von ihr erzeugten Luftkermaleistung K_δ in Luft im Abstand r ist über die Dosisleistungskonstante Γ_δ nach DIN 6814, Teil 3, von 1985 gegeben: $K_\delta = \Gamma_\delta \cdot A/r^2$. Die Luftkermaleistung K_δ wird in mGy/h, die Dosisleistungskonstante Γ_δ in mGy·m²/h·GBq und die Aktivität A in Bq angegeben. Streng gültig ist diese Beziehung nur bei punktförmigen Strahlenquellen, deren Abmessung gegenüber dem Meßabstand r klein ist, und bei vernachlässigbar kleiner Absorption zwischen Strahlenquelle und Meßort durch Luft oder andere Absorber. So läßt sich eine Luftkermaleistung einer Radiumnadel mit 10 mg ^{226}Ra in einem Abstand r von 10 cm bei einer Filterdicke von 0,5 mm Platin wie folgt berechnen:

$K_\delta = \Gamma_\delta \cdot A/r^2 = 0{,}196$ mGy·m²/h·GBq·0,366/0,1² GBq/m² = 7,1736 mGy/h.

Das Ergebnis ist eine Luftkermaleistung von ca. 7,2 mGy/h.

Die Werte der Dosisleistungskonstanten lassen sich aus entsprechenden Tabellen entnehmen.

7.6 Afterloadingverfahren

Darunter versteht man in der Brachytherapie mit umschlossenen Radionukliden den ferngesteuerten automatischen oder von Hand durchgeführten Transport von umschlossenen Strahlungsquellen zwischen dem Strahlenschutzgehäuse und den im bzw. am Patienten vor Einschalten der Strahlung positionierten Applikatoren.

Das Afterloadingverfahren eignet sich nur für temporäre Implantationen, nicht für Permanentimplantationen wie z. B. die Therapie mit Jod-Seeds.

Eingeführt wurde das sog. Afterloadingverfahren, ein Nachladeverfahren, 1903 von Strebel als für den Strahlenschutz günstige Alternative zu den historischen Brachytherapiemethoden. Bis zu diesem Zeitpunkt wurde bei der intrakavitären und der interstitiellen Therapie nur mit Radium als einzigem umschlossenen γ-Strahler gearbeitet. Der Gebrauch von Radium bedeutete allerdings eine hohe Strahlenbelastung des Personals, da Radium eine hohe Radiotoxizität und eine geringe spezifische Aktivität besitzt; zudem entsteht das radioaktive Edelgas Radon, das bei undichter Umhüllung entweichen kann. Die Entstehung von Radon erfordert eine hermetisch abgeschlossene Einkapselung, da das Gas eingeatmet werden kann. Ebenso ist bei Zerbrechen der Einkapselung eine Zerstreuung des sehr radioaktiven Pulvers möglich, das die Umgebung kontaminieren kann.

Es kommen 3 verschiedene Afterloadingmethoden zur Anwendung.

LDR-Afterloading. Beim LDR-Afterloading (low-dose rate) wird ^{137}Cs als Strahlenquelle verwendet (Abb. 7.4). Bestrahlt wird protrahiert, d. h. mit niedriger Dosisleistung <2 Gy/h über einen, 2 oder mehrere Tage. Dadurch muß der Patient lange Liegezeiten in Kauf nehmen. Durch die lange Liegezeit kann bei manchen Patienten die Lagestabilität der Quelle nicht mehr gesichert sein.

Diese Methode ist sowohl manuell als auch ferngesteuert möglich. Bei Anlagen mit niedriger Dosisleistung sind beim ferngesteuerten Afterloading keine großen baulichen Strahlenschutzmaßnahmen erforderlich.

HDR-Afterloading. Die zweite Methode wird als HDR-Bestrahlung, (high-dose rate) bezeichnet. Darunter versteht man die fraktionierte Bestrahlung mit ^{192}Ir oder ^{60}Co. Bestrahlt wird mit einer hohen Dosisleistung von >12 Gy/h.

Bei diesem Verfahren ist nur die ferngesteuerte Technik möglich, wodurch das Pflegepersonal von Strahlung entlastet wird. Die hohe Dosisleistung erhöht die mögliche Behandlungskapazität und optimiert die Dosisverteilung

Abb. 7.4. Selectron-LDR mit ^{137}Cs-Quelle (Nucletron)

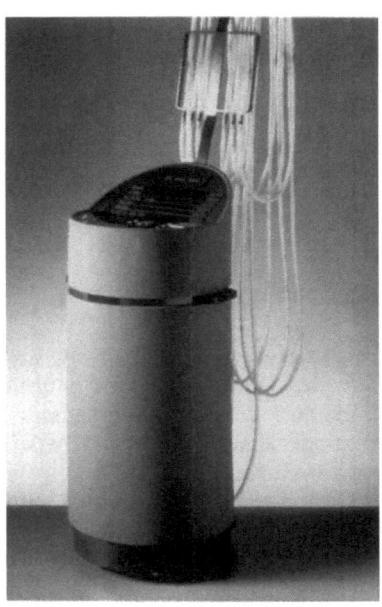

im Zielvolumen durch die Auswahl entsprechender Strahlenquellen und Applikatoren. Bei Geräten mit hoher Dosisleistung sind allerdings bauliche Schutzvorrichtungen ähnlich wie bei Telekobaltanlagen nötig.

MDR-Afterloading. Unter einer MDR-Bestrahlung (medium-dose rate) versteht man eine strahlentherapeutische Methode, die mit mittlerer Dosisleistung von 2–12 Gy/h angewendet wird.

7.6.1
Verfügbare Strahlenquellen für die Brachytherapie

Bei einer idealen Brachytherapiequelle soll es sich um eine unlösliche, atoxische, feste Substanz ohne α- und β-Strahlung handeln. Gewünscht ist auch eine lange HWZ und eine hohe spezifische Aktivität. Die Energie der γ-Strahlung soll 0,2–0,5 MeV betragen und ein möglichst monoenergetisches Spektrum aufweisen. Das ideale Isotop sollte in metallischer Form vorliegen. Nicht zuletzt sollen die Herstellungskosten gering sein.

^{226}Radium

Radium ist ein γ-Strahler mit verschiedenen Energien und mit einer geringen spezifischen Aktivität der aktiven Substanz. Bei der *spezifischen Aktivität* wird die Aktivität auf die Masse des Radionuklids bezogen. Die spezifische Aktivität von 1 g ^{226}Ra beträgt 36,6 GBq. Radiumquellen weisen ein relativ großes Volumen auf.

7.6 Afterloadingverfahren

Aus verschiedenen Gründen scheidet Radium bei der Verwendung im Afterloading aus.

Beim Einsatz von Radium sind aufwendige Strahlenschutzmaßnahmen erforderlich. ^{226}Radium geht mit der Emission von α-Strahlung in ^{222}Radon über; dadurch kann es zur Beschädigung oder dem Verlust des Radiumträgers kommen (s. S. 98). Wegen der hohen Energieemission der β-Strahlung ist eine starke Filterung nötig.

Als *Vorteile* des Radiums gelten eine konstante Dosisleistung, die sehr lange HWZ und die jahrzehntelange klinische Erfahrung in der Radiumbehandlung.

^{137}Cäsium

^{137}Cs besitzt eine Halbwertszeit von 30 Jahren. Es handelt sich um einen β-Strahler mit einer Energie von 1,9 MeV und einen γ-Strahler mit einer Energie von 0,7 MeV. Es entsteht künstlich aus Uran gleichzeitig mit ^{90}Sr.

Cäsium ist die beste und am häufigsten verwendete Quelle für die manuelle intrakavitäre LDR-Anwendung. Bei dieser Technik werden äquivalente Beladungen und äquivalente geometrische Abmessungen der Strahlenträger wie beim Radium verwendet. Die Isodosen stimmen bei beiden Verfahren weitgehend überein.

^{60}Kobalt

Häufig wird ^{60}Co in Afterloadinggeräten verwendet, wenn eine kurze Bestrahlungszeit und eine hohe spezifische Aktivität gefordert sind. Da die Energie des Kobalts hoch ist, eignet es sich besonders für HDR-Bestrahlungen mit ferngesteuerten Nachladegeräten.

^{192}Iridium

Dieses Präparat ist sicher in der Handhabung und weist eine sehr hohe spezifische Radioaktivität auf. Es ist ein ausreichend niedrigenergetischer γ-Strahler, wobei die kurze HWZ von 74 Tagen allerdings störend ist. Sehr kleine Quellen mit einem Durchmesser <1 mm werden mittels eines angeschweißten mehrfaserigen Drahtes aus dem Strahlenschutztresor in die Bestrahlungsposition bewegt.

Für die HDR-Brachytherapie verwendet man heute Afterloadinganlagen mit einzelnen, schrittweise bewegten ^{192}Ir-Strahlern.

7.6.2
Ferngesteuerte Afterloadingverfahren

Durch den Einsatz ferngesteuerter Afterloadingverfahren kommt es zur Herabsetzung bzw. Eliminierung der Strahlenbelastung des Klinikpersonals. Ferngesteuerte Afterloadinggeräte werden in einem strahlengeschützten Raum betrieben. Die Geräte bestehen aus einem Strahlenschutztresor, in dem sich die Quellen befinden. An flexible Schläuche können spezielle Applikato-

Abb. 7.5. Schaltpult des Selectron-LDR (Nucletron)

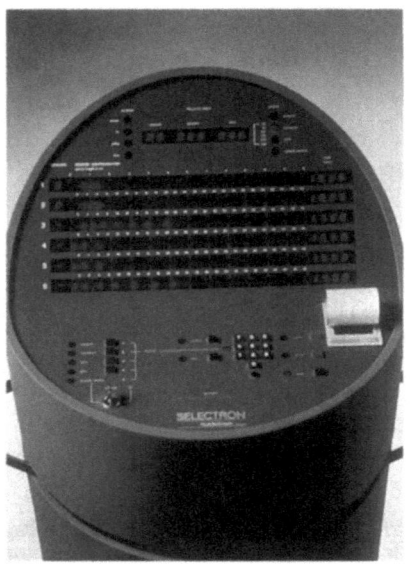

ren angeschlossen werden. Erst wenn das Personal den strahlengeschützten Raum verlassen hat, werden die Strahlenquellen vom Schaltraum aus über das Transportsystem aus dem Tresor in die im bzw. am Patienten liegenden Applikatoren gefahren. Für pflegerische oder medizinische Maßnahmen kann die Behandlung jederzeit durch ein Zurückfahren der Quellen in den Tresor unterbrochen werden.

An die Afterloadinggeräte werden bestimmte Forderungen gestellt, wie z. B. die Betriebssicherheit, genaue und reproduzierbare Positionen der Quellen und eine zulässige Strahlenexposition des Patienten während des Quellentransportes.

Es existieren Afterloadinggeräte mit feststehender Quellenanordnung und Geräte mit beweglicher Quellenanordnung. Die Quellenbewegung ist programmierbar, d. h. die Quellenposition und Aufenthaltsdauer der Quellen wird vorher festgelegt (Abb. 7.5). Diese Geräten verfügen über einen mechanischen Transportmechanismus, mit dem vorgewählte Kombinationen der Strahlenquellen vom Tresor bis zur Bestrahlungslage am Patienten und zurück transportiert werden.

Bei anderen Geräten liegt eine oszillierende Bewegung einer punktförmigen Quelle in den Strahlenträgern vor. Damit wird es möglich, lineare oder nichtlineare Aktivitätsverteilungen nachzuahmen. Eine weitere Möglichkeit wäre die schrittweise Bewegung der punktförmigen Quelle.

Aus Sicherheitsgründen ist eine automatische Zurückführung der Quelle bei Betriebsstörungen erforderlich.

Der Brachytherapie geht die Bestrahlungsplanung voraus. Sie bestimmt die Applikatorwahl sowie die Bestrahlungsparameter und zeigt die Isodosenverteilung auf, so daß man daraus die geometrische Anordnung der Strahler und deren Dosisverteilung entnehmen kann.

Abb. 7.6. Isodosenverteilung bei der intrakavitären Strahlenbehandlung des Corpus uteri nach dem Afterloadingverfahren mit bewegter ^{192}Ir-Quelle von 185 GBq. Dosisangaben in Gy für die in der Abbildung angegebenen Zeitintervalle und Aufenthaltsorte der Quelle. (Aus Scherer u. Sack 1996)

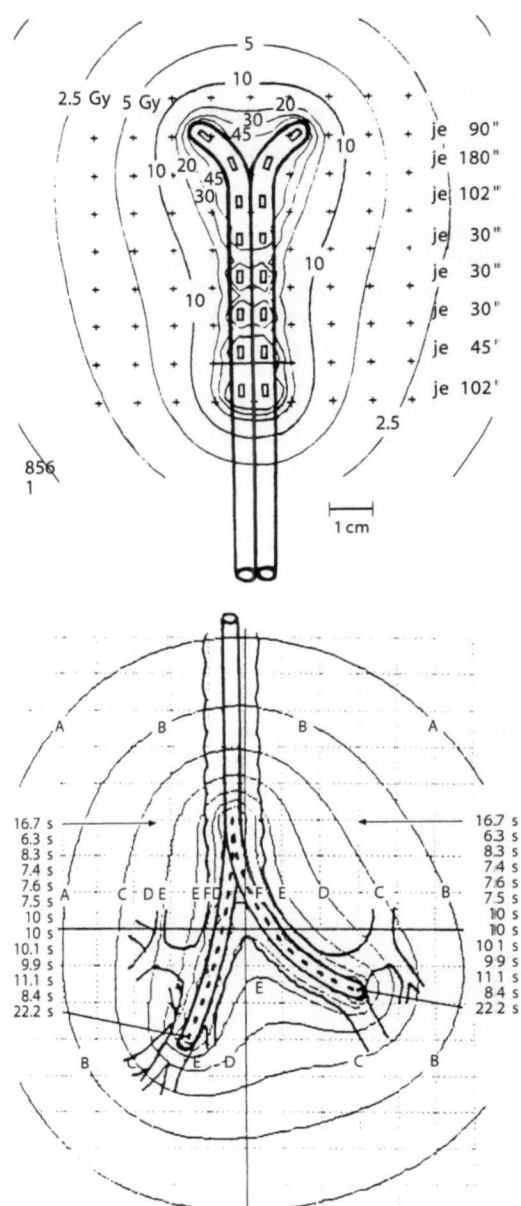

Abb. 7.7. Isodosenverteilung bei doppelseitiger endobronchialer Afterloadingtherapie. Die Afterloadingsonde wird üblicherweise zunächst in den rechten Hauptbronchus eingeführt, dort wird mit Hilfe der schrittgesteuerten Afterloadingquelle bestrahlt. Unter Röntgendurchleuchtung wird die Sonde dann in den linken Hauptbronchus geführt, wo die zweite Bestrahlung in der genannten Technik erfolgt. Strahleraktivität: 300 GBq, Schrittlänge 5 mm. Aufenthaltszeiten des Strahlers an den angegebenen Punkten in der Sonde. Isodosen: *A* 0,5 Gy, *B* 1 Gy, *C* 2 Gy, *D* 4 Gy, *E* 8 Gy (Zielvolumendosis), *F* 16 Gy. (Aus Scherer u. Sack 1996)

Die Dosisspezifikation kann in Abhängigkeit von der Planungsausstattung, dem Aufwand bei der Lokalisation und der Kenntnis der anatomischen Verhältnisse in 3 Stufen angegeben werden. Diese Zuordnung hängt von der Geräteausstattung, dem zu behandelnden Zielvolumen und dem therapeutischen Ziel ab.

Stufe I. Die Stufe I geht von einer einfachen klinischen Grundausstattung aus. Lokalisiert wird über Röntgenaufnahmen in 2 Ebenen ohne rechnerische Rekonstruktion der Applikatorlage, der Strahlerposition und des Zielvolumens. Die Dosis- und Zeitberechnungen erfolgen mit Hilfe vorberechneter Dosisschablonen oder Zeittabellen. Einzelne Strahlerpositionen können deshalb rechnerisch nicht optimiert werden.

Stufe II. Bei der Stufe II wird die Applikatorlage ebenso wie die anatomischen Strukturen radiographisch mittels Röntgenaufnahmen rekonstruiert. Die Berechnung der Dosis erfolgt mit einem Planungssystem, um die Dosisverteilungen in mehreren Ebenen berechnen und die Isodosen graphisch darstellen zu können.

Stufe III. Die Stufe III setzt die Bestrahlungsplanung mit einer dreidimensionalen Lokalisation der Applikatoren und der Patientenanatomie, eine 3D-Berechnung, Optimierung und eine graphische Dokumentation voraus (Abb. 7.6 und 7.7).

Durch das Abstandsquadratgesetz bedingt, tritt in der Brachytherapie ein hoher Dosisgradient um die Applikatoren auf. Trotzdem muß bei der Planung auf Risikoorgane geachtet werden.

KAPITEL 8

Konventionelle Röntgentherapie

Röntgenstrahlung, die zu therapeutischen Zwecken verwendet wird, liegt in einem Energiebereich von 7–300 keV und wird auch als konventionelle Therapie (früher Orthovolttherapie) bezeichnet. Allerdings wird sie nur noch bedingt eingesetzt, z. B. bei gutartigen Erkrankungen, Hauterkrankungen und degenerativen Veränderungen. Je nach gewünschter Energie unterscheidet man verschiedene Therapiebereiche, die auch einen unterschiedlichen Aufbau der Röntgentherapiegeräte erfordern. Auf die Erzeugung von Röntgenstrahlung soll hier nicht eingegangen werden.

8.1
Aufbau einer Röntgentherapieanlage

Die Röntgentherapieanlage besteht aus dem Generator, dem Stativ, der Röntgenröhre mit Röhrenschutzgehäuse, dem Schaltgerät und evtl. einem Behandlungstisch oder -stuhl (Abb. 8.1).

Je nach Art der Therapie wie Oberflächentherapie, Halbtiefentherapie oder Tiefentherapie benötigt man verschiedene Anlagen, wobei die Konstruktion des Generators und der Röntgenröhre dem jeweiligen Zweck angepaßt sind. Gefordert werden leistungsstarke Generatoren und hohe Röhrenströme bis 30 mA, die eine hohe Dosisleistung im Dauerbetrieb ermöglichen. Da hier

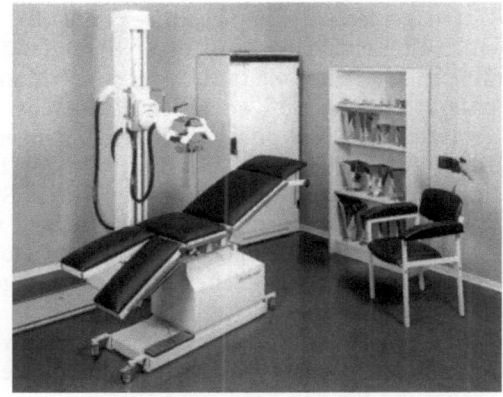

Abb. 8.1. Bestrahlungsraum mit Patientenliege, Bestrahlungsgerät und Tubussen (Hille X-Ray Therapy Systems)

Abb. 8.2. Schalttisch mit Bedienkonsole (Hille X-Ray Therapy Systems)

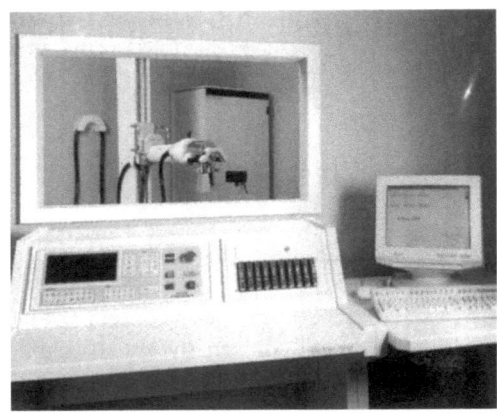

die Abbildungsschärfe nicht interessiert, besitzen diese Röhren einen größeren Brennfleck als Röntgengeräte in der Diagnostik.

Der Generator ist bei diesen Anlagen in das Schaltgerät integriert, und das Röhrenstativ ist meist auch direkt am Schaltgerät fixiert. Die Betriebsspannung kann von 10 kV bis 300 kV variieren (Abb. 8.2).

Am Schaltgerät sind folgende Einstellungen möglich:

- Schalter „ein/aus" für den Netzstrom,
- angewählter Arbeitsplatz,
- Strahlungsvorbereitung „ein/aus" (bei „ein" wird die Glühkathode vorgeheizt),
- eingelegtes Filter,
- angewählte Spannung,
- eingestellter Röhrenstrom,
- vorgewählte Behandlungszeit,
- abgelaufene Behandlungszeit,
- Strahlung „ein/aus".

Zur Sicherheit wird die Bestrahlungszeit mit 2 voneinander unabhängigen Uhren gemessen. Am Schalttisch muß die vorgesehene Bestrahlungszeit an einer Uhr einstellbar sein und vor und während der Bestrahlung angezeigt werden. Zu jedem Zeitpunkt der Bestrahlung, auch nach einer Bestrahlungsunterbrechung, muß entweder die bereits abgelaufene Zeit bzw. die schon verabreichte Dosis oder der Rest der eingestellten Bestrahlungszeit bzw. der Dosis zu ersehen sein. Die Kontrolle der Dosisleistung erfolgt durch einen Strahlungsmonitor im Nutzstrahl vor dem Strahlenaustrittsfenster. Die Dosisleistung wird in einem definierten Abstand vom Brennfleck gemessen.

Das Röhrenschutzgehäuse schützt vor Hochspannung bei einer Berührung der von außen zugänglichen Teile des Röntgenstrahlers und mindert die Röhrendurchlaßstrahlung.

An der Therapieanlage existieren Haltevorrichtungen für Filter, Tubusse, Tiefenblenden oder Dosisleistungsmonitoren. Am Stativ befindet sich eine Skalierung für den Kipp- und Nickwinkel.

Im Bereich höherer Spannungen sind die Röhren ölgelagert. Das Öl dient zur elektrischen Isolierung und führt in einem geschlossenen Kühlkreislauf Wärme ab. Um die Kühlwirkung zu verbessern, kann das Öl mit Wasser in einem Sekundärkreislauf gekühlt werden.

Tubusse und Siebe

Sie dienen der scharfen Begrenzung des Nutzstrahlenbündels. Durch den Gebrauch von Tubussen wird der Fokus-Haut-Abstand festgelegt. Tubusse können auch zur Kompression von Weichteilgewebe benutzt werden, um eine bessere Tiefenwirkung zu erreichen. Die Metalltubusse besitzen ein körpernahes Ende, das mit einer gewölbten Kunststoffkappe verschlossen und mit einem Zentrierkreuz versehen sein kann; damit wird die Lage des Zentralstrahls markiert. Durch ein Bleiglasfenster in der Tubuswand kann die Einstellung überprüft werden.

Bei Verwendung eines Siebes erhält man eine bessere Hautschonung. Das vor dem Herd liegende Gewebe wird inhomogen, das Herdgebiet homogen bestrahlt. Das Sieb besteht aus Blei oder einer Blei-Gummi-Platte, die fast strahlenundurchlässig ist. Diese Platte verfügt über rasterartig angeordnete Öffnungen, die einen ungehinderten Durchgang der Strahlung zulassen. Unter einem 40%-Sieb versteht man, daß 40% der gesamten Feldgröße durchlässig für Strahlung sind und 60% undurchlässig. Die Tiefendosiskurve steigt unter den abgedeckten Stellen wegen der Divergenz der Strahlung und wegen der Streustrahlung mit der Tiefe zunächst an, fällt dann aber ab. Unter den offenen Stellen fällt die Tiefendosiskurve ab. Beide Kurven nähern sich mit zunehmender Tiefe einander an.

Filter

Für die verschiedenen Therapiebereiche werden zur Anpassung des Spektrums der Röntgenstrahlung an den jeweiligen Verwendungszweck Therapiefilter unterschiedlicher Materialien und verschiedener Dicke verwendet.

Unter Therapiefiltern versteht man Metallbleche aus Blei, Aluminium und Kupfer oder Legierungen wie Messing. Therapiefilter sind Härtungsfilter, die die spektrale Verteilung einer heterogenen Photonenstrahlung ändern. Härtungsfilter werden je nach kV-Stufe verwendet.

Bringt man ein Metallfilter in den Strahlengang einer konventionellen Röntgenröhre, wird zuerst der weiche, langwellige Anteil der Strahlung absorbiert. Dieser Strahlungsanteil besitzt nur eine kurze Reichweite und wird vor allem in der Haut wirksam. Die Strahlung wird durch die Absorption dieses Anteils „aufgehärtet" und bezogen auf das Gesamtspektrum homogenisiert. Durch die Härtung der Strahlung wird die effektive Energie erhöht, die Dosisleistung des Nutzstrahls aber erheblich reduziert. Die Intensität der Strahlung nimmt mit zunehmender Filterdicke ab, die Durchdringungsfähigkeit jedoch zu, die Strahlung wird kurzwelliger.

Die erforderlichen Filterfaktoren sind in die Dosisleistungstabellen der Geräte eingearbeitet. Aus diesem Grund kann eine Bestrahlung mit einem falschen oder ohne Filter zu einer Über- oder Unterdosierung führen. Um dies zu vermeiden, wurde in die konventionellen Röntgentherapiegeräte eine automatische Filtersicherung eingebaut.

Bei sehr niedrigen kV-Stufen werden keine zusätzlichen Filter mehr benutzt, da die Gehäusewandung der Röhre durch die Eigenfilterung als Härtungsfilter wirkt. Das Strahlenaustrittsfenster für Weichstrahlröhren bis 50 kV besteht aus Beryllium mit einer Dicke von 1–2 mm und einem Aluminium-Gleichwert von 0,03 mm, was gleichzeitig der Filterwirkung des Röhrengehäuses für Weichstrahlröhren entspricht.

Als *Härtungsgleichwert* einer Materialschicht bezeichnet man diejenige Dicke eines Vergleichsmaterials, meist Aluminium, Kupfer oder Blei, durch die eine Strahlung einer bestimmten Qualität genauso aufgehärtet wird wie durch die betreffende Schicht. Beryllium läßt aufgrund seiner niedrigen Ordnungszahl auch die weichen Anteile des Röntgenspektrums austreten. Verschiedene Eindringtiefen lassen sich durch Variation der Betriebsspannung zwischen 10 kV und 50 kV und durch Zusatzfilter mit Dicken bis zu 1 mm Aluminium erzielen. In der konventionellen Halbtiefentherapie bis 120 kV hat die Eigenfilterung der Röhre einen Aluminium-Gleichwert von 2 mm.

Gesamtfilter bedeutet in der konventionellen Tiefentherapie die wahre Metallfilterdicke von 0,5–1 mm Kupfer plus das Röhrengehäuse.

Es existieren Unterschiede hinsichtlich der Strahlenabsorption an den Gewebegrenzflächen unterschiedlicher Dichte je nach Strahlenenergie. Aus diesem Grund kommt es in der konventionellen Therapie zu Unterschieden in der Dosisverteilung. Knochen, eine Substanz mit hoher Ordnungszahl und hoher Dichte, weist eine hohe Energieabsorption auf. Wegen des Zuwachses der Knochenmarkdosis durch die Absorption ist die Dosis hinter dem Knochen wesentlich niedriger als hinter einer gleich dicken Schicht Weichteilgewebe. Bei einer 200-kV-Therapie mit 1-mm-Kupfer-Halbwertschichtdicke wird eine Quantenenergie von 80 keV erreicht, die im Knochenmark eine um 30% höhere Dosis als im Weichteilgewebe produziert.

Um die Strahlenqualität einer Röntgenstrahlung zu charakterisieren, genügen Angaben über die Halbwertschichtdicke und die Röhrenspannung.

Die *Halbwertschichtdicke* ist definiert als diejenige Schichtdicke eines Materials, durch die die Luftkermaleistung in einem großen Abstand hinter der Schicht auf die Hälfte des Wertes herabgesetzt wird. Voraussetzung ist, daß ein eng eingeblendetes Photonenstrahlenfeld einheitlicher Richtung verwendet wird.

Wird mit einem ersten Metallfilter der langwellige Anteil der Strahlung herausgefiltert, so muß die 2. Halbwertschichtdicke größer sein. Das Verhältnis der 1. (s_1) zur 2. (s_2) Halbwertschichtdicke gibt den Homogenitätsgrad an: $H = s_1/s_2$.

In der konventionellen Strahlentherapie werden die folgenden Filter für bestimmte Spannungsbereiche verwendet:

- Aluminium für 10–120 kV,
- Kupfer für 120–400 kV,
- Zinn oder Blei oberhalb 400 kV,
- Blei oberhalb 1000 kV (1 MV).

Auskunft über die Dosisverteilung im Körper unter konventionellen Röntgentherapiebedingungen gibt die *Gewebehalbwerttiefe*, kurz *GHWT*. Sie gibt die Gewebeschichtdicke an, nach welcher noch die halbe Oberflächendosis vorliegt, was der 50%-Isodose entspricht. Die Gewebehalbwerttiefe soll der Tiefenausdehnung des Herdes entsprechen, d. h. der Herd wird in der Tiefe von der 50%-Isodose umschlossen. Die Dosierung in der konventionellen Therapie wird nach der Oberflächendosis vorgenommen.

Aus heutiger Sicht stellt nur die Weichstrahltherapie für oberflächliche Prozesse eine adäquate Alternative zur Elektronenbestrahlung dar. Im Halbtiefenbereich bis zu 6 cm werden überwiegend nur gutartige Erkrankungen bestrahlt.

8.2 Therapiebereiche

Grenzstrahlentherapie

Darunter versteht man sehr weiche Röntgenstrahlung ab 7 kV. Die Anwendung erfolgt selten bei gutartigen Hauterkrankungen.

Weichstrahltherapie

Diese Therapie liegt im Spannungsbereich zwischen 10–50 kV. Bestrahlt wird bei oberflächlichen Läsionen. Die Eigenfilterung der Röhre wird durch ein Berylliumfenster niedrig gehalten. Geräte für die Weichstrahltherapie verfügen über ein Filtersicherheitssystem.

Eine Bleiglasscheibe mit bis zu 1 mm Blei-Gleichwert dient dem Strahlenschutz des Personals. Ein weiterer baulicher Strahlenschutz ist meist nicht nötig.

Oberflächentherapie. Die Oberflächentherapie gehört zum Bereich der Weichstrahltherapie. Von Oberflächentherapie spricht man, wenn der Herd auf der Haut oder nur wenige mm in oder unter der Haut liegt. Sie wird angewandt, wenn nicht erst gesundes Gewebe zu durchdringen ist. Aufgrund der niedrigen Strahlenenergie kommt es zu einem steilen Dosisabfall innerhalb des Tiefendosisverlaufs im gesunden Gewebe hinter dem Herd, was durch einen kleinen Fokus-Haut-Abstand (FHA) noch gesteigert wird.

Die Verringerung des FHA auf nur 10 cm trägt zum raschen Dosisabfall bei.

Dermopan. An diesem Gerät tritt ein großer Anteil weicher Strahlung auf (Tabelle 8.1). Die Tubusse dienen der Festlegung des FHA. Für die Behandlung kleinerer Felder wird die Auflage von Bleigummiwinkeln erforderlich. Die Kleinfeldtubusse bestehen aus Bleiglas.

Bestrahlungsbeispiele. Geeignet ist die Weichstrahltherapie besonders bei Induratio penis plastica, Hauterkrankungen wie Basaliomen, Spinaliomen, Kaposi-Sarkomen usw.

Bei der Induratio penis plastica ist die Tunica albuginea – eine derbe, weißliche, kaum dehnbare Bindegewebehülle aus straffen kollagenen Faser-

Tabelle 8.1. Radiologische Daten des Dermopans

Stufe am Dermopan 2	Spannung [kV]	Strom [mA]	Filter [mm] Al	HWD [mm] Al	GHWT [mm] Cellon	Oberflächen-dosisleistung [R/min]
1	10	25	–	0,02	0,4	100
2	29	25	0,3	0,15	0,3	100
3	43	25	0,6	0,40	7,5	100
4	50	25	1,0	0,75	13,0	100
4	50	25	2,0	1,40	18,0	45

schichten – von fibromatösen Wucherungen in knotiger und strangförmiger Form betroffen; die Patienten kommen mit bereits bestehenden funktionellen Störungen. Erektionsschmerzen sprechen besonders gut auf die Behandlung an. Alternativ ist eine Therapie mit Elektronen von 3–5 MeV möglich.

Früher setzte man zur Therapie Radium-Moulagen ein, die jedoch wegen des unzureichenden Testisschutzes abgelöst wurden.

Röntgenröhren für Nahbestrahlungen. Bestrahlt werden Läsionen in Körperhöhlen z. B. mit der Hohlanodenröhre nach Chaoul. Der Fokus-Haut-Abstand ist klein. Diese Art der Bestrahlung wurde von Chaoul in Anlehnung an die Radium-Kontakttherapie entwickelt. Bei dieser speziell konstruierten Hohlanodenröhre liegt der Brennfleck nicht wie bei anderen Röntgenröhren in der Röhrenmitte, sondern am Ende der Röhre in einem längeren Rohr mit kleinem Durchmesser. Dieses lange Rohr ermöglicht das Einbringen in natürliche Körperöffnungen wie z. B. Vagina und Rektum. Über die Variation der Tubusform läßt sich die räumliche Dosisverteilung der Tumortiefe und -form anpassen.

Der kurze FHA bewirkt einen steilen Dosisabfall. Er liegt zwischen 1,5 und 5 cm, die Gewebehalbwerttiefe zwischen 5 und 15 mm. Die Spannung reicht bis 60 kV.

Einfluß des Fokus-Haut-Abstands auf die Dosis. Eine Verringerung des Fokus-Haut-Abstands auf oft nur 10 cm oder weniger trägt zum raschen Dosisabfall bei. Der Dosisabfall zur Tiefe hin ist um so steiler, je kleiner der FHA ist, was sich aus dem Abstandsquadratgesetz ergibt.

Die Form der Tiefendosiskurve wird bestimmt von der Schwächung der Primärstrahlung, dem Abstandsquadratgesetz und dem Fokus-Haut-Abstand. Als Beispiel wird eine Erhöhung des FHA von 100 cm auf 101 cm betrachtet:

$$\frac{D100}{D101} = \frac{100^2}{101^2}$$

$0,98 \times 100 = 98\%$

Die Dosis ist um 2% gefallen.
Bei einer Vergrößerung des FHA von 10 cm auf 11 cm ergibt sich:

$$\frac{D10}{D11} = \frac{10^2}{11^2}$$

$0{,}83 \times 100 = 83\%$

Die Vergrößerung des FHA von 10 auf 11 cm bedingt einen Dosisabfall von 17%.

Bei größeren Abständen findet eine Absorption in Luft statt. Bei höherer Energie bewegen sich die gestreuten Quanten und die Elektronen zunehmend in Vorwärtsrichtung, d. h. in Strahlenrichtung. Die Streuung führt zu einer Verbreiterung der Dosisverteilung. In der konventionellen Therapie ist die Ausbildung eines Streustrahlenmantels zu beobachten.

Halbtiefentherapie

Bei der Halbtiefentherapie liegt der zu bestrahlende Herd einige Zentimeter unter der Oberfläche. Die verwendeten Grenzenergien liegen meist zwischen 80 keV und 150 keV.

Bei diesen Therapieanlagen ist ein separater Bestrahlungsraum mit einer Strahlenschutztür und einem Strahlenschutzfenster oder eine Videoüberwachung nötig. Der Patientenkörper ist mit einer Bleischürze zu schützen.

Die Vorteile der Weichstrahltherapie sind:
- Schonung tiefliegender Gewebeschichten durch die niedrige Strahlenenergie,
- steile Tiefendosiskurve,
- geringer FHA bewirkt einen starken Tiefendosisabfall in Quellnähe gemäß dem Abstandsquadratgesetz.

Die Vorteile der Megavolttherapie (Strahlentherapie im hochenergetischen Bereich) gegenüber der konventionellen Therapie liegen in
- der Hautschonung durch Aufbaueffekt,
- der gleichmäßigen Durchdringung von Geweben verschiedener Ordnungszahl,
- der Knorpel- und Kapselschonung,
- der größeren Tiefendosis,
- den größeren Bestrahlungsfeldern und der schärferen Begrenzung des seitlichen Strahlenbündels.

KAPITEL 9

Bestrahlungsplanung

Bei der ersten Begegnung des Patienten mit der strahlentherapeutischen Abteilung wird der Patient mit seinen gesamten Unterlagen zur Besprechung vorgestellt. Zuvor muß die Sicherung der Diagnose durch Maßnahmen wie Sonographie, Mammographie, Biopsie, OP usw. gewährleistet sein. Voraussetzungen für die Durchführung einer Radiatio sind genaue Kenntnisse über den Patienten und den Tumor, d. h. daß unter anderem eine Anamnese, die Histopathologie und die Stadieneinteilung des Tumors erfolgt ist.

Die Vorstellung des Patienten umfaßt auch die gesetzlich vorgeschriebene Aufklärung über Befunde und Prognose der Erkrankung durch den zuständigen Arzt. Die Verpflichtung ergibt sich aus dem Behandlungsvertrag. Der Patient ist über das Behandlungvorgehen und mögliche Nebenwirkungen der Therapie sowie den Spontanverlauf der Erkrankung ohne Therapie aufzuklären. Bei der Befragung des Patienten soll auch geklärt werden, ob bereits Behandlungen mit ionisierenden Strahlen einschließlich offener und umschlossener Nuklide erfolgten und wenn ja, ob die früheren Bestrahlungsdaten verfügbar sind. Nach der Aufklärung muß der Patient schriftlich auf einem speziellen Vordruck sein Einverständnis zur Bestrahlung geben (Abb. 9.1).

Der nächste Schritt ist die Erstellung eines Planungs-CT mit der gleichen Lagerung wie später am Simulator und am Bestrahlungsgerät; dabei liegt der Patient auf einem flachen Tisch. Der Arzt gibt mittels eines Anforderungsscheines an das CT-Personal Anweisungen über den gewünschten Bereich wie z. B. Schädel, Hals, Thorax usw., die genaue gewünschte Lagerung des Patienten, Lagerungshilfen und entsprechende Informationen über die Erkrankung, z. B. das Tumorstadium (Abb. 9.2). Als Lagerungsbeispiele erwähnt werden sollen die Rektumbox mit Lochbrett, wobei sich der Patient in Bauchlage befindet, und die Mammazange, bei welcher der Patient mit halber Knierolle die Rückenlage einnimmt, dabei die Arme nach oben hält, und evtl. auf einem Keilkissen gelagert ist.

Den Patienten werden, falls erforderlich, vor dem Erstellen des Planungs-CT Masken angepaßt. Wirbelsäulenstehfelder z. B. können auch ohne Planungs-CT simuliert werden.

Vor der Anfertigung des Planungs-CT sollte am Simulator erst die grobe Lokalisation des Zielvolumens unter Festlegung der Lagerungsbedingungen für den Patienten sowie der Fixationsmittel verbunden mit der Filmdoku-

Abb. 9.1. Beispiel einer Einverständniserklärung

Name der Klinik
Anschrift
Direktor
Telefon

Einverständniserklärung

Ich erkläre mich mit der Durchführung der Strahlenbehandlung einverstanden. Ich bin über meine Erkrankung und über die Behandlungsmöglichkeiten im einzelnen wie auch über die Bedeutung, Tragweite und Notwendigkeit einer Strahlenbehandlung eingehend unterrichtet worden. Ebenso weiß ich, daß die Strahlenbehandlung zur Heilung oder auch als Vorsichtsmaßnahme erforderlich ist, daß sie aber auch unvermeidbare und unangenehme Begleit- und Folgeerscheinungen haben kann, die in der Regel nach einiger Zeit wieder abheilen. Die Möglichkeit von strahlenbedingten und unvermeidbaren Reizerscheinungen an einzelnen Organen ist mit mir besprochen worden, wobei es sich um folgende Organe handelt:

....

....

....

....

Bei etwa auftretenden Beschwerden werde ich mich an den zuständigen Arzt in der Strahlenabteilung wenden.
Alle wesentlichen Regeln der Lebensführung und der Pflege der Haut bzw. der Schleimhäute wurden mit mir besprochen. Ich bestätige, daß zum Beginn und der Durchführung der Strahlenbehandlung keine weiteren Fragen mehr bestehen. Ich wurde auf die Notwendigkeit von Nachsorgeuntersuchungen hingewiesen.

Ort, den .... 19....

_____
Unterschrift des Patienten bzw. der
Eltern bei minderjährigen Patienten
bzw. des Vormundes

_____
Unterschrift des behandelnden Arztes

**Computertomogramm
zur Bestrahlungsplanung**

```
                                          den _____
                                          Geplanter Termin : _____
                                          CT-Voruntersuchung :  ☐ ja  ☐ nein
                                          Datum : _____
oben Feld für Patientendaten (HINZ-Drucker / Versichertenkarte)
```

Bereich

☐ Schädel _____   ☐ Thorax _____

☐ Hals _____   ☐ Oberbauch _____

☐ Wirbelsäule _____   ☐ Retroperitoneum _____

☐ _____   ☐ Becken _____

☐ _____   ☐ Extremitäten _____

Patientenlage ☐ Bauchlage ☐ Rückenlage ☐ sonstige _____

Armhaltung ☐ seitlich am Körper ☐ beide über Kopf ☐ rechts hinter Kopf ☐ links hinter Kopf

Lagerungshilfen ☐ Maske ☐ Lochbrett ☐ sonstige _____

Klinische Angaben (Tumorstadium ect.) _____

Bemerkungen : _____

Schichtabstand ☐ 1 cm ☐ __ cm ☐ kontinuierlich von _____ bis _____

Schichtdicke ☐ 1 cm ☐ __ cm Besonderheiten : _____

Kontrastierung ☐ Parenteral ☐ Oral ☐ Rektal ☐ Tampon

Unterschrift : _____

Abb. 9.2. Beispiel eines CT-Anforderungsscheins

mentation vorgenommen werden. Die CT-Untersuchung des vorgesehenen Zielvolumens kann mit der Markierung der evtl. geplanten Feldgrenzen einhergehen, wobei die Markierung durch dünne, mit Kontrastmittel gefüllte Katheter, die auf der Haut befestigt werden, erfolgt. Auf diese Weise kann auch das Isozentrum markiert werden.

Nach der Erstellung des Planungs-CT findet vor der Durchführung einer strahlentherapeutischen Maßnahme die Bestrahlungsplanung statt. Das Ziel der physikalischen Bestrahlungsplanung ist es, nach der Vorgabe des therapeutischen Zielvolumens und der Risikoorgane durch den Arzt eine rechnerische Simulation verschiedener möglicher Bestrahlungstechniken, der Feldkonfiguration und der Feldparameter durchzuführen. Damit wird unter anderem die räumliche Dosisverteilung unter Berücksichtigung der Gesamtsituation, der zeitlichen Bestrahlungsplanung und der vorhandenen Möglichkeiten der Tumortherapie optimiert.

Wichtig ist die Kenntnis bestimmter Faktoren, die dem Therapieziel entgegenstehen können. Dazu zählen klinische, physikalisch-technische sowie biologische Faktoren:

- Klinische Faktoren
  Dazu gehören eine Fehleinschätzung der vollen Tumorausdehnung in benachbarten Geweben oder nicht nachweisbare regionale Lymphknotenmetastasen ebenso wie klinisch nicht erkannte Fernmetastasen zum Zeitpunkt der Primärbehandlung.
- Physikalisch-technische Faktoren
  Darunter fallen eine ungenaue Abgrenzung des zu behandelnden Tumorvolumens, eine unzureichende Bestrahlungsplanung mit inhomogener Dosisverteilung in kritischen Zielvolumenanteilen, eine nicht verläßlich reproduzierbare Lagerung und Immobilisierung des Patienten ebenso wie das Fehlen ausreichender Dosismessungen am Patienten.
- Biologische Faktoren
  Zu den biologischen Faktoren zählen ein zu großer Primärtumor, hypoxische Tumorareale, die eine höhere Strahlendosis erfordern, die Erholung vom subletalen oder potentiell letalen Strahlenschaden zwischen den einzelnen Fraktionen, die begrenzte Strahlentoleranz des umgebenden gesunden Gewebes, die Art des umgebenden gesunden Gewebes, in welches der Tumor infiltrierend wächst, der Allgemeinzustand, der Ernährungszustand, die Stoffwechsel- und die Immunlage des Patienten.

Im Rahmen der Bestrahlungsvorbereitung ist die Lokalisation des Zielvolumens notwendig. Unter Lokalisation mit diagnostischen Verfahren versteht man die Darstellung der Lage und Ausdehnung eines Tumorgebietes wie z.B. Knochenmetastasen, die unter Durchleuchtung und mittels Röntgenaufnahmen abgrenzbar sind. Bei Weichteiltumoren kann unter Zuhilfenahme von Kontrastmittel eine begrenzte Aussage über die Tumorausdehnung getroffen werden.

Nach der Planung werden die Planungsergebnisse am Therapiesimulator als Vorlage für die Einstellung des Patienten verwendet. Die errechneten Bestrahlungsparameter werden unter den geometrischen Bedingungen des jeweiligen Therapiegerätes auf den Patienten übertragen. Gleichzeitig wird geprüft, ob der Rechnerplan praktisch durchführbar ist.

9.1
Computertomographie

In der Bestrahlungsplanung dient die CT der Darstellung der Körperkontur, ggf. des Tumors, der Lokalisation der gesunden Gewebe und Organe. Das

Planungs-CT stellt die Inhomogenitäten dar und mißt ihre Dichte. Daraus läßt sich die zur Dosisberechnung notwendige räumliche Verteilung der Elektronendichte bzw. die räumliche Verteilung der effektiven Schwächungskoeffizienten errechnen. Für die dreidimensionale Planung ist immer eine volumetrische CT-Untersuchung erforderlich. Durch eine Serie von CT-Schnitten wird die räumliche Information zur Erstellung eines Patientenmodells geliefert.

Bestimmte technische und organisatorische Voraussetzungen sollten für die Bildgebung und Datenaufbereitung gegeben sein:

- Der Patient muß therapiekonform positioniert und gelagert werden.
  Bei der Erstellung des Planungs-CT muß auf eine korrekte Patientenlagerung geachtet werden. Der Patient wird so im CT gelagert, wie es der Simulation und der späteren Bestrahlung entspricht. Besonders zu beachten sind die Armpositionen und die jeweils verwendeten Lagerungshilfen.
- Das Zielvolumen und alle Risikoorgane müssen volumetrisch aufgenommen werden.
- In allen drei Raumrichtungen muß eine geometrische Linearität vorhanden sein.
- Maßstabstreue muß vorliegen.
- Die online-Dateneingabe vom CT bzw. MR sollte möglich sein.
- Den Hounsfield-Werten werden automatisch Dichtewerte zugewiesen.
- Soll eine dreidimensionale Bestrahlungsplanung durchgeführt werden, so muß die Aufbereitung eines konsistenten 3D-Datensatzes im Planungsrechner möglich sein.

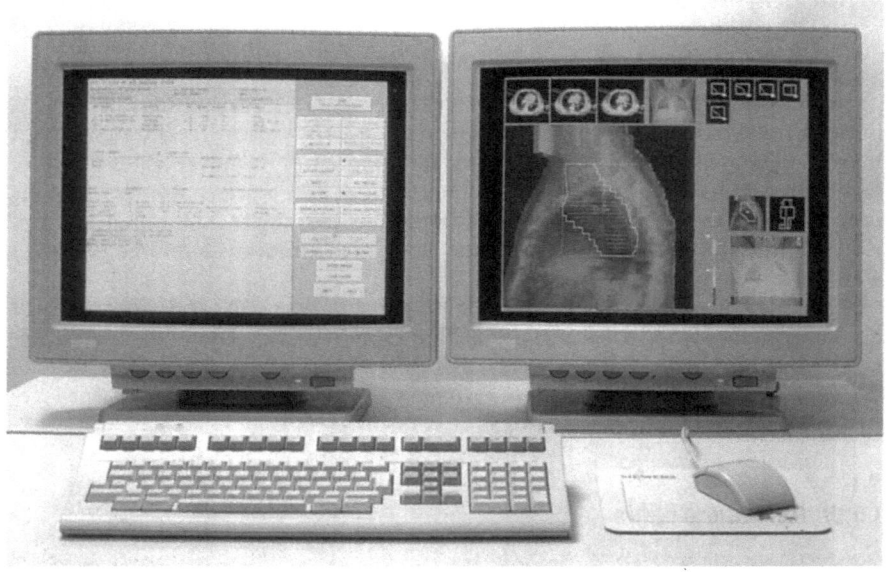

Abb. 9.3. Planungssystem mit eingespieltem CT-Schnitt

- Zusätzliche MR-Untersuchungen erfolgen in Multi-slice-Technik oder als 3D-Sequenz.
- Die CT-Daten werden in digitaler Form direkt oder indirekt in den Planungsrechner übernommen (Abb. 9.3).

Bei der Computertomographie wird zur Differenzierung die fast lineare Beziehung zwischen Absorptionswert und physikalischer Dichte des Weichteilgewebes des Körpers genutzt. Das CT-Bild stellt in den sich ergebenden Transversalschnittbildern die Verteilung der Schwächungswerte der Gewebe dar. Dadurch können interessierende Organe in einem dreidimensionalen Bildraum dargestellt und geringe Dichteunterschiede von Weichteilgewebe kontrastreich abgebildet werden.

Die linearen Schwächungskoeffizienten werden nach einem Vorschlag von Hounsfield auf eine dreidimensionale Skala übertragen, in der Wasser den Wert 0 und Luft den Wert –1000 aufweist. Die Einheit der Skala wird in Hounsfield-Einheiten (HU) angegeben. Die Dichtewerte der einzelnen Volumenelemente (Voxel) werden somit in der Hounsfield-Skala dargestellt.

Als Voxel (von engl. volume element) bezeichnet man Pixel (von engl. picture element) × Schichtdicke.

Die Schwächungswerte des CT-Bildes werden in bis zu 256 Graustufen umgesetzt.

Die direkte Einbeziehung der Computertomographie in die Bestrahlungsplanung ermöglicht neben den engeren Aufgaben der biophysikalischen Bestrahlungsplanung die Festlegung für etwaige Tumoraufsättigungsbehandlungen, die Boost-Bestrahlungen. Nach einer erfolgten Radiatio dient das CT-Bild auch der Erkennung radiogener Veränderungen nach der Therapie. Bei größeren Lymphomen können Volumetrien erstellt werden, um das Ansprechen des Tumors auf die Therapie zu beurteilen.

9.2 Magnetresonanztomographie

Die MRT eignet sich besonders zur Tumorlokalisation im ZNS, Kopf-Hals-Bereich sowie im Abdomen.

MR-Tomogramme bringen eine bessere Strukturerkennung, sind jedoch im allgemeinen nicht verzerrungsfrei. Es können geometrische Verzeichnungen auftreten, die vor dem Einsatz in der Therapieplanung korrigiert werden müssen.

Simulatorlokalisationsaufnahmen oder Therapieverifikationsaufnahmen, Topogramme und Angiogramme können als zusätzliche Informationen digitalisiert und zur Bestrahlungsplanung genutzt werden. Sollen korrespondierende Strukturen korreliert werden, so sind mindestens 3 gemeinsame Referenzpunkte erforderlich.

9.3
Dreidimensionale Planung

Die dreidimensionale Bestrahlungsplanung ermöglicht eine räumliche Dosisverteilungsberechnung, wobei die jeweilige anatomisch-topographische Situation einen Einfluß auf die Dosisverteilung hat. Um einen optimierten Bestrahlungsplan zu erstellen, werden bei der Computerplanung neben der Auswahl der Strahlenqualität das Ziel- und das Behandlungsvolumen, die Gesamtdosis, die Fraktionierung, das Fraktionierungsschema und die Bestrahlungstechnik wie Stehfeld-, Gegenfeld-, Mehrfeldertechnik oder Bewegungsbestrahlung festgelegt bzw. auf verschiedene Arten verglichen.

Die Planung erfolgt in Zusammenarbeit von Arzt und Medizinphysiker. MTAR werden in den meisten Kliniken in die Planung miteinbezogen.

Bei der früher üblichen 2D-Bestrahlungsplanung wurde die Planung meist nur in der Transversalebene, die die Zentralstrahlen aller Felder enthält, als koplanare Felder durchgeführt.

Die konventionelle Bestrahlungsplanung betrachtete die Dosisverteilung in den Zielvolumina und im umgebenden Normalgewebe bei einem angenommenen Zielvolumen, bekannter Patientenkontur und -struktur und bei vorgegebener Feldkonfiguration. Optimiert wird diese Art der Bestrahlungsplanung durch die Modifikation des Einstrahlwinkels, des Isozentrums, der Feldgröße oder der Feldform.

Multiplanare Planungstechniken ermöglichen die Planung der Dosisverteilung in parallelen Ebenen. Zur Planung von Gegenfeldern kann eine 1D-Bestrahlungsplanung mit einfachen Bestrahlungstabellen genutzt werden.

Die Angabe des Dosisminimums, die zur Ermittlung der Dosisvariation erforderlich ist, ist nur mit Planungsrechnern möglich. Komplizierte Bestrahlungstechniken, die Berücksichtigung der Gewebeinhomogenitäten oder die Dosismodifikation mittels Keilfilter erfordern im allgemeinen ebenfalls den Einsatz von Planungsrechnern.

Durch die dreidimensionale Planung wird die echte räumliche Dosisverteilungsberechnung und -darstellung möglich. Benötigt wird eine Vielzahl von Transversalschnitten. Man arbeitet mit 2D-Schnittbildern in den Richtungen transversal, sagittal, frontal, oblique und mit 3D-Darstellungen der Patientenoberfläche, der Zielvolumina und der Risikoorgane. Anhand der diagnostischen Unterlagen wie auch des erhaltenen CT-Bilds erfolgt die Festlegung und Planung des Zielvolumens unter Beachtung der Risikoorgane (Abb. 9.4 und 9.5).

Das 3D-Planungssystem bietet die Möglichkeit einer Optimierung durch die Anpassung des Blendenwinkels und der Feldform in Strahlerperspektive, durch die Wahl non-koplanarer Felder und durch eine individuelle Dosismodifikation. Mit non-koplanaren Feldern arbeitet man z.B. bei Halsfeldern mit einem Gantrywinkel von 90° und 270° und einer Tischrotation von 10° bzw. 350°.

Bei der 3D-Bildsegmentierung legt der Strahlentherapeut die Risikoorgane durch den Einsatz von Bildverarbeitungs- und Mustererkennungsverfahren sowie die Zielvolumina fest. Strahlenvorbelastungen im Zielvolumen werden bei der Planung berücksichtigt.

Das 3D-Planungssystem sollte entsprechende Funktionen aufweisen:

9.3 Dreidimensionale Planung

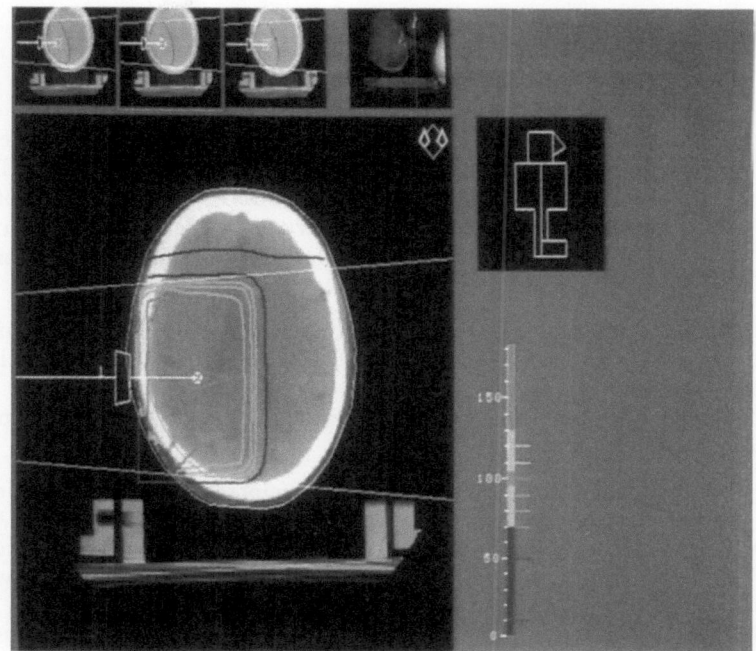

Abb. 9.4. Geplante Schädelbestrahlung mit Keilfilter und entsprechender Isodosenverteilung

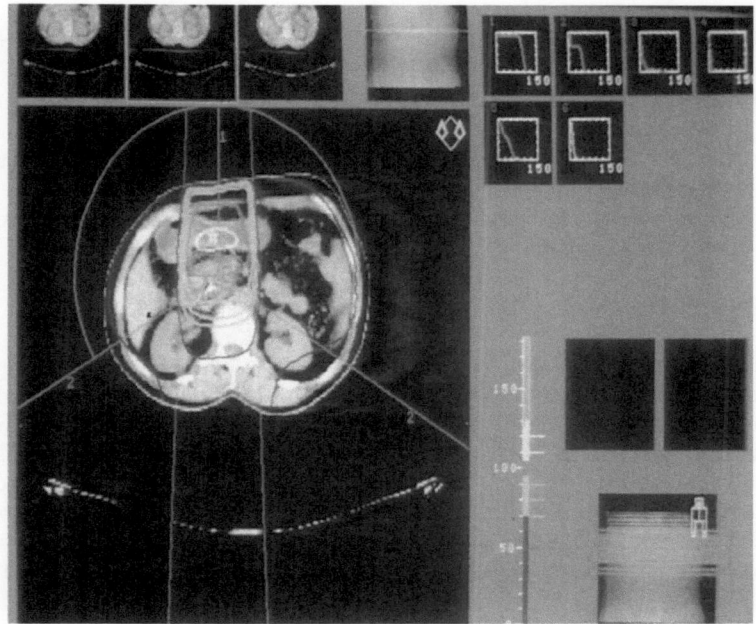

Abb. 9.5. Geplante Bewegungsbestrahlung mit Darstellung der Isodosenverteilung

- Algorithmen zur MR-Verzeichnungskorrektur
  Unter Algorithmen versteht man Rechenverfahren, durch die man nach Durchführung endlich vieler gleichartiger Schritte zum Ergebnis gelangt.
- Simultandarstellung von CT- und MR-Informationen
  Die Bildkorrelation findet z. B. mit Hilfe künstlicher, anatomischer Markierungspunkte oder mit Hilfe von Oberflächen statt. Nach der 3D-Bildsegmentierung müssen die Konturdaten zu 3D-Oberflächen verknüpft werden. Dadurch wird später die 3D-Visualisierung in Form von schattierten Oberflächen, als Voxel-Graphik und die Berechnung von Dosis-Volumen-Histogrammen möglich.

Irreguläre Felder oder Multi-leaf-Kollimatoren werden in die Planung miteinbezogen. Bei der virtuellen Therapiesimulation wird die Bestrahlungstechnik überprüft und festgelegt.

Die 3D-Planung stellt bestimmte Forderungen an die Bestrahlungsgeräte bzw. an die Technik:

- Die Bestrahlungstechnik soll möglichst einfach, leicht reproduzierbar und technisch mit möglichst geringem Aufwand nachvollziehbar sein.
- Eine homogene Bestrahlung des Zielvolumens mit ausreichender Dosis und eine möglichst geringe Strahlenbelastung des gesunden Gewebes und der Risikoorgane sollen erreicht werden.
- Ein geeignetes Bestrahlungsgerät mit allen damit zusammenhängenden festen physikalischen und geometrischen Eigenschaften muß zur Verfügung stehen.
- Die graphische und/oder numerische Eingabe der Feldgröße, auch mit asymmetrischen Blenden, muß möglich sein.
- Die Anpassung von Multi-leaf-Kollimatoren, Keilen und Kompensatoren soll möglich sein.
- Werden mehrere Felder zu einer Technik miteinander kombiniert, so soll das leichte Kopieren und Editieren von Feldern möglich sein.
- Komplexe Bestrahlungstechniken sollen möglich sein und Datenbanken von bereits erstellten Plänen zur Verfügung stehen.
  Diese bereits vorhandenen Pläne können abgerufen und dem entsprechenden Patienten angepaßt werden.

Konformationstherapie oder tumorkonforme Therapie

Die 3D-Bestrahlungsplanung macht eine hochdosierte, kleinvolumige Konformationsbestrahlung möglich. Bei der tumorkonformen Therapie soll das Behandlungvolumen das Planungszielvolumen möglichst eng umschließen. Da die Energiedosis außerhalb des Planungszielvolumens steil abfällt, kommt es zu einer optimalen Schonung der Risikoorgane und einer Reduktion möglicher Nebenwirkungen. Die tumorkonforme Strahlentherapie ermöglicht es, daß das Volumen, das von der tumorzerstörenden Strahlendosis überdeckt wird, in Form und Lage möglichst genau mit dem Zielvolumen übereinstimmt.

9.3 Dreidimensionale Planung

9.3.1 Planungsparameter

Zur Planung ist das Verständnis bestimmter Begriffe erforderlich die im folgenden erläutert werden.

Herddosis

Die gemessene Energiedosis kann an verschiedenen Stellen des durchstrahlten Körpers verschieden groß sein. Unter Herddosis versteht man die Energiedosis an einem bestimmten Punkt im Herd unter anzugebenden Bestrahlungsbedingungen.

Im allgemeinen wird die Herddosis auf die 90%-Isodose, die das Zielvolumen umschließt, festgelegt.

Integraldosis

Unter Integraldosis versteht man die im gesamten durchstrahlten Volumen absorbierte Dosis, d.h. die gesamte von der ionisierenden Strahlung auf den Körper übertragene Energie. Die Einheit lautet 1 Gy · kg=1 J.

Herdraumdosis

Wegen der Vielfalt der möglichen Dosisverteilungen kann die gesamte Strahlenbelastung eines Körperteils nicht nur durch einen Dosiswert beschrieben werden. Um die im betrachteten Gebiet insgesamt absorbierte Energie ermitteln zu können, multipliziert man die jeweilige Dosis in Teilgebieten gleicher Dosis und gleicher Dichte mit der Masse des Gebietes und addiert diese Energieprodukte zur Volumen- oder Integraldosis auf. Herdraumdosis nennt man die speziell über dem Herdgebiet, also im Zielvolumen integrierte Dosis.

Die Volumendosis des gesamten durchstrahlten Gebietes ist immer größer als die Herdraumdosis, da außer dem Herd gesundes Gewebe mitbestrahlt wird. Angestrebt wird eine möglichst hohe Dosis im Herd bei geringer Dosis im durchstrahlten Volumen. Die Angabe der relativen Herdraumdosis erfolgt in %.

Gewebeoberflächendosis

Die Gewebeoberflächendosis ist definiert als die Energiedosis in einem Punkt der Körperoberfläche in einer anzugebenden Tiefe. Die Wasser-Energiedosis in dieser Tiefe gilt als repräsentativ für Strahlenwirkungen in der Gewebeoberfläche. Betrachtet wird der Durchstoßpunkt der Achse des Nutzstrahlenbündels durch die Körperoberfläche. Bei der perkutanen Strahlentherapie kann sich die Gewebeoberflächendosis sowohl auf die Eintrittsseite des Nutzstrahlenbündels als auch auf die Austrittsseite beziehen.

Einfalldosis

Als Einfalldosis bezeichnet man die im Zentralstrahl im Fokus-Haut-Abstand frei in Luft gemessene Elektronengleichgewichtsdosis, früher als Standardionendosis bezeichnet, die von Röntgen- oder γ-Strahlung unter speziellen Bestrahlungsbedingungen (Röhrenspannung, Stromstärke, Filterung usw.) erzeugt wird. Die Rückstreuung wird hierbei nicht beachtet.

Streuzusatzdosis

Unter Streuzusatzdosis versteht man Anteile der Streuung beim Durchgang durch Materie, die zur Direktstrahlung zu zählen sind. Daraus ergibt sich ein Dosiszuwachs zur Einfalldosis. An der Eintrittsoberfläche kann bei einer 150-kV-Röntgenstrahlung bis zu 50% der Dosis der Primärstrahlung erreicht werden. Bei hochenergetischen Photonen wie auch beim ^{60}Co liegt dieser Anteil unter 5%.

Streufaktoren

Beim Compton-Effekt verändert Photonenstrahlung unter partieller Energieabgabe an die Compton-Elektronen ihre Richtung. Ein Teil der beim Compton-Effekt gestreuten Photonen wird in Rückwärtsrichtung unter Winkeln größer als 90° zur Strahlrichtung gestreut.

Der Streufaktor an der Oberfläche der Strahleneintrittsseite wird *Rückstreufaktor* genannt und ist abhängig von der Energie und der Feldgröße.

Austrittsdosis

Die Austrittsdosis ist die an der Körperaustrittsseite noch wirksame im Zentralstrahl an der Oberfläche gemessene Dosis. Sie nimmt mit steigender Strahlenenergie zu und kann u. U. die Oberflächendosis übersteigen.

Tiefendosismaximum

Bei einer Röntgenstrahlung bis 300 kV fallen bei Stehfeldern die Gewebeoberflächendosis und das Dosismaximum zusammen. Das Dosismaximum liegt an der Oberfläche. Bei Linearbeschleunigern hängt die Tiefe des Dosismaximums von der Art und der Energie der erzeugten Strahlung ab.

Energiedosisleistung

Darunter versteht man die Energiedosis pro Zeiteinheit. Normalerweise wird sie in Gy/min gemessen. Weiter verwendete Einheiten sind Gy/s und Gy/h.

Kenndosisleistung

Sie wird zur Kennzeichnung der Dosisleistung von Strahlentherapiegeräten benutzt. In der Therapie dient die Kenndosisleistung als Ausgangswert zur Ermittlung der Dosis an der Oberfläche oder im Herd.

Als Kenndosisleistung von Röntgen-, γ- und Elektronenbestrahlungseinrichtungen für die Strahlentherapie bezeichnet man den Maximalwert der Wasserenergiedosisleistung als D_{100}, die ein Gerät in einem Wasser- oder wasseräquivalenten Phantom bei ebener Eintrittsfläche auf der Strahlenfeldachse im Abstand von 100 cm vom Fokus bei einer Feldgröße von 10×10 cm erzielt.

Bei Röntgen oder γ-Strahlung bis etwa 3 MeV wird die Standardionendosisleistung bei Sekundärelektronengleichgewicht frei Luft gemessen. Die Rückstreuung aus der Luft wird dabei nicht berücksichtigt. Bei über 3 MeV wird der maximale Wert der Hohlraumionendosisleistung in Wasser in der Achse des Nutzstrahlenbündels angegeben.

Tumorvolumen (gross tumor volume)

Darunter versteht man das Volumen, in dem mit diagnostischen Methoden der Tumor nachweisbar ist. Das Tumorvolumen beinhaltet den makroskopischen Tumor, soweit er mit klinischen Methoden entsprechend den Sicherheitsgraden C1 bis C2 der TNM-Klassifikation (s. Kap. 17) abgrenzbar, darstellbar bzw. postoperativ nachweisbar ist. Mit C wird bei der TNM-Klassifikation die verwendete diagnostische Methode gekennzeichnet. T bezeichet die Primärtumorausdehnung, N den Lymphknotenbefall und M die Fernmetastasen.

Bei multipler Tumorentstehung, bei mehreren Rezidiven und Metastasen werden entsprechend viele Tumorvolumina definiert.

Tumorsaum

Der Tumorsaum als direkte subklinisch tumorinfiltrierte Tumorumgebung ist nicht im Tumorvolumen enthalten.

Tumorausbreitungsgebiet

Als Tumorausbreitungsgebiet wird das Volumen außerhalb des Tumorvolumens bezeichnet, von dem angenommen wird, daß es Tumorzellen enthält bzw. das benachbarte Gewebegebiet, in dem Tumorzellen z. B. durch eine Biopsie nachgewiesen wurden. Man versteht unter einem typischen Tumorausbreitungsgebiet z. B. regionale Lymphabflußwege, in die Tumorzellen infiltrieren, oder auch den Liquorraum für Medulloblastomzellen. Die Tumorausbreitung wird durch die Tumorart, das Tumorstadium und die Tumorlokalisation bestimmt.

Als potentielle Tumorausbreitungsgebiete bezeichnet man entferntere Gewebegebiete, für die z. B. bei lokal ausgedehnten und schlecht differenzierten Tumoren eine gewisse Wahrscheinlichkeit der Tumorzellausbreitung gegeben ist.

Das Tumorvolumen, der Tumorsaum und das Tumorausbreitungsgebiet gehören zu den *onkologischen Volumina*.

Wurde der Tumor vor der Bestrahlung entfernt, so spricht man nicht von Tumorvolumen, sondern von *Zielvolumen*. Das Zielvolumen ist in der Regel um das individuelle Tumorvolumen herum angeordnet.

Klinisches Volumen (clinical target volume)

Als klinisches Volumen bezeichnet man das Volumen, das räumlich zusammenhängende onkologische Volumina umschließt und dessen Gewebe mit einer bestimmten, vom Arzt verordneten Energiedosis und Fraktionierung bestrahlt werden soll.

Um den Tumor wird meist eine Sicherheitszone von 1 cm gelegt, um wegen der Unsicherheit der Tumorzellausbreitung den mikroskopischen Befall in der unmittelbaren Umgebung des Tumors, den Tumorsaum, zu erfassen. Man spricht vom *klinischen Volumen 1. Ordnung*.

Das *klinische Volumen 2. Ordnung* beinhaltet das Tumorausbreitungsgebiet, wie regionale Lymphabflußwege, plus einem onkologischen Sicherheitsrand.

Unter dem *klinischen Volumen 3. Ordnung* versteht man entferntere Gewebeareale, wo mit einer gewissen Wahrscheinlichkeit Tumorzellabsiedlungen zu finden sind, d. h. das potentielle Tumorausbreitungsgebiet plus einem onkologischen Sicherheitsrand.

Klinische Volumina enthalten nur die onkologischen Unsicherheiten über die Tumorzellausbreitung. Um auch Unsicherheiten, wie Orts- und Größenunsicherheiten der klinischen Volumina, zu berücksichtigen und relativ zu anatomischen Referenzpunkten zu beschreiben, wurde das Zielvolumenkonzept erstellt.

Zielvolumenkonzept

Orts- und Größenunsicherheiten der klinischen Volumina liegen aufgrund der Lagerung, der Positionierung und der Bewegungen des Patienten vor. Organbewegungen sind durch die Atmung oder Peristaltik gegeben. Größenänderung der Organe können z. B. durch ein Ödem oder unterschiedliche Blasenfüllung bedingt sein.

Mit der verordneten Dosis soll das Zielvolumen möglichst homogen durchstrahlt werden, wobei die applizierbare Dosis durch Risikoorgane mit einer geringen Toleranzdosis limitiert wird. Im Idealfall erhalten alle Anteile des Tumors die gleiche gewünschte Einzeldosis pro Tag.

Wegen der Gefahr der Rezidivbildung ist die Betrachtung der Mindestdosis im Tumor erforderlich. Die Betrachtung der Maximaldosis im umgebenden gesunden Gewebe ist in bezug auf evtl. auftretende Nebenwirkungen und Spätfolgen nötig.

Bei großen Zielvolumina, die den Primärtumor und regionale Lymphabflußwege umfassen, existieren Tumoranteile, die zu ihrer Zerstörung eine unterschiedlich hohe Gesamtdosis benötigen. In Abhängigkeit von der Tumorgröße liegt die zur Primärtumorzerstörung erforderliche Dosis zwischen 60

9.3 Dreidimensionale Planung

und 80 Gy. Häufig kommt die *Shrinking-field-Technik* zum Einsatz, d. h. es findet eine einfache oder mehrfache Verkleinerung der Felder statt. Eine sog. *Boost-Dosis* wird kleinvolumig als Dosisspitze perkutan oder mittels Brachytherapie appliziert.

Zur Festlegung des Zielvolumens sind bestimmte Kenntnisse erforderlich über

- das Tumorvolumen,
- die Malignität des Tumors,
- seine Tendenz zur Infiltration in umgebendes Gewebe,
- seine Tendenz zur Invasion in regionale Lymphknoten,
- die Anwesenheit besonders strahlenempfindlicher Risikoorgane in Tumorvolumennähe.

Das Zielvolumenkonzept unterscheidet Zielvolumina 1., 2. und 3. Ordnung. Die Einteilung erfolgt genauso wie bei den klinischen Volumina. Das Zielvolumenkonzept berücksichtigt noch zusätzlich alle anatomisch-physiologischen und klinischen Unsicherheiten.

Zielvolumina, Risikoorgane, Strahlenfelder und Feldpforten müssen ebenso wie die räumliche Dosisverteilung relativ zu einem patientenbezogenem Koordinatensystem definiert werden.

Planungszielvolumen (planning target volume)

Die ICRU schließt bei der Definition des Planungszielvolumens auch technische Unsicherheiten, wie die begrenzte Reproduzierbarkeit und Positionierungsgenauigkeit bei der täglichen Lagerung und Bestrahlung, sowie Fehler bei der Einstrahlrichtung, der Feldgröße und den Absorberpositionen ein. Diese Unsicherheiten hängen unter anderem von der Bestrahlungstechnik ab.

Behandlungsvolumen

Unter dem Behandlungsvolumen versteht man das Volumen, das von der Isodosenfläche umschlossen wird, auf welcher die Energiedosis ausreicht, um das Behandlungsziel zu erreichen. Dieser Gewebebereich wird von der Isodosenfläche begrenzt, die dem Dosisminimum im Zielvolumen entspricht.

Im Idealfall stimmt das Behandlungsvolumen mit dem Zielvolumen überein, meist wird jedoch ein größeres Volumen bestrahlt. Die Umgebung des Behandlungsvolumens erhält aufgrund der gewählten Bestrahlungstechnik eine nicht gewünschte Dosis. Ihre Höhe muß hinsichtlich der Toleranz des Normalgewebes für Strahlung beachtet werden. Gewünscht wird eine möglichst homogene Dosisverteilung im Behandlungsvolumen, das klein gehalten werden soll, in dem aber alle Teile des Zielvolumens enthalten sind.

Bestrahltes Volumen

Unter bestrahltem Volumen versteht man den Bereich im Körper, der eine in bezug auf die Strahlenwirkung zu berücksichtigende Dosis erhält.

Im Planungssystem sollten zur Definition des Zielvolumens entsprechende manuelle Funktionen vorhanden sein:

- graphische Eingabe in transversalen und multiplanar rekonstruierten Schichten,
- Kopierfunktionen,
- Interpolation von ROIs (regions of interest) in dazwischenliegenden Schichten,
- Bildverarbeitungs- und Mustererkennungsverfahren zur Festlegung der Risikoorgane.

Risikoorgane

Als Risikoorgane bezeichnet man strahlenempfindliche Organe, d.h. nicht tumortragende Normalgewebe, die innerhalb eines bestrahlten Volumens liegen. Die Schädigung dieser strahlensensiblen Organe kann das Überleben oder die Lebensqualität des Patienten beeinträchtigen. Risikoorgane können wegen ihrer besonderen Strahlensensibilität die Bestrahlungstechnik und somit auch die am Tumor applizierte Dosis beeinflussen.

Die Einteilung der Risikoorgane erfolgt nach ihrer Strahlenempfindlichkeit, Mortalität und ihrem Morbiditätsgrad in Klassen. Die Strahlenempfindlichkeit der Risikoorgane hängt unter anderem von der räumlichen und zeitlichen Verteilung der Dosis und von der Organfunktionsstruktur ab, was ebenfalls bei der Planung zu berücksichtigen ist. Ihre Toleranz kann sich während der Behandlung ändern.

Funktionell werden diese Organe in *parallele* und *serielle* Risikoorgane eingeteilt. Risikoorgane wie das Parenchym der *Lunge*, der *Niere*, der *Leber* sowie das *Knochenmark* und die *Haut* mit überwiegend paralleler Funktionsstruktur können durch die Begrenzung der Dosis auf einen entsprechend kleinen Gewebebereich geschont und die Organfunktion aufrechterhalten werden.

Bei überwiegend seriellen Risikoorganen wie *Rückenmark*, *Sehnerv* und *Darm* ist eine Schädigung zu vermeiden, d.h. die Strahlenbelastung muß unterhalb der jeweiligen Toleranzdosis liegen, da Teilausfälle der entsprechenden Organe die gesamte Funktion des Organs stören.

9.3.2
Optimierung der Bestrahlungsplanung

Zur Optimierung der Bestrahlungsplanung sollte

- bei der räumlichen Dosisverteilung im Zielvolumen 1. Ordnung eine möglichst hohe Dosis appliziert werden;
- im Zielvolumen eine möglichst geringe Dosisvariation vorliegen;
- außerhalb des Zielvolumens eine niedrige Dosis vorhanden sein;
- man Toleranzüberschreitungen in seriellen Risikoorganen vermeiden;
- die toleranzüberschreitende Dosis bei parallelen Risikoorganen auf ein möglichst kleines Volumen beschränkt bleiben;

9.3 Dreidimensionale Planung

- darauf geachtet werden, daß außerhalb des Zielvolumens möglichst keine Hot spots entstehen, deren Dosis die des Zielvolumens übersteigt;
- für die Reproduzierbarkeit der räumlichen Dosisverteilung eine leichte Einstellbarkeit und Positionierung des Patienten am Therapiegerät möglich sein.

Die räumliche Dosisverteilung kann absolut in Gy oder relativ z. B. räumlich in 3D-Isodosen oder zweidimensional in ausgewählten Ebenen, längs ausgewählter Geraden als Dosisquerprofil oder Tiefendosisverteilung oder an räumlich ausgewählten Dosispunkten beschrieben und dargestellt werden. Die gewählte räumliche Dosisverteilung hängt von der Ausdehnung des zu behandelnden Volumens ab.

Zur weiteren Optimierung der Bestrahlung sollen in der zeitlichen Dosisverteilung die Behandlungsparameter bei jeder Fraktion identisch sein.

Wesentliche Optimierungskriterien der Bestrahlungsplanung liegen unter anderem in der im Zielvolumen erreichten Minimaldosis und der Dosishomogenität.

Die sich im Zielvolumen ergebende Dosisverteilung und erreichbare Homogenität hängt von bestimmten Faktoren ab:

- der gewählten Bestrahlungstechnik,
- der Form der Patientenkontur,
- der Referenztiefe,
- der Feldgröße,
- dem Halbschatten des Bestrahlungsfeldes,
- der Energie der Strahlung.

In den verschiedenen strahlentherapeutischen Abteilungen sind Dosierungsvariationen möglich, d. h. eine tägliche Dosisverordnung von 2 Gy kann auf die maximale Zielvolumendosis, auf die mittlere Dosis, auf einen Referenzpunkt im Zielvolumen oder auf eine das Zielvolumen umfassende prozentuale Isodose bezogen sein, wobei Isodosenwerte von 80-100% benutzt werden.

Üblicherweise werden 2 Gy als maximale Dosis im Zielvolumen verordnet; dadurch erhält allerdings nur ein sehr kleiner Volumenbereich des Zielvolumens in der Umgebung des Maximums die angegebene Dosis. Normiert man die Dosis auf 100%, so wird der Rand von der 90%- bzw. der 75%-Isodose umfaßt. Die im Zielvolumen tatsächlich applizierte Dosis ist kleiner und beträgt nach außen hin abnehmend am Rand des Zielvolumens 1,8 Gy bzw. 1,5 Gy.

Um zu gewährleisten, daß im Zielvolumen eine ausreichende Dosis appliziert wird, wurde häufig die Minimaldosis zur Dosisspezifikation verwendet. Die Minimaldosis ist jedoch nicht repräsentativ für die räumliche Dosisverteilung im Zielvolumen, da sie immer in einem Bereich mit einem steilen Dosisgradienten am Zielvolumenrand liegt. Nimmt man die Dosis von 2 Gy als minimale Dosis am Rand des Zielvolumens an, so kann die gewünschte Maximaldosis im Zielvolumen überschritten werden. Zentrale Tumoranteile und zentrale Anteile des Zielvolumens erhalten eine höhere Dosis, z. B. 110%, 115% oder 120%. Der Rand des Zielvolumens erhält 2 Gy als Mindestdosis, zentrale Anteile 2,2-2,4 Gy pro Tag.

Relevant für die biologische Wirkung der strahlentherapeutischen Behandlung ist die räumliche und zeitliche Verteilung der Dosis in jedem Zielvolumen und Risikoorgan. Die räumlich-zeitliche Verteilung der Energiedosis wird für jedes Zielvolumen und Risikoorgan geplant. Um die für die Tumorkontrolle repräsentative räumliche Dosisverteilung beschreiben zu können, sind für jedes Zielvolumen Angaben über die Zielvolumendosis und die räumliche Dosisvariation zwischen Minimal- und Maximaldosis im Zielvolumen nötig. Zusätzlich sind Dosis-Volumen-Histogramme erforderlich.

Die Aufgabe der Dosisspezifikation liegt in der repräsentativen, eindeutigen und einheitlichen Beschreibung der verordneten bzw. im Bestrahlungsplan und im Bestrahlungsnachweis realisierten Dosisverteilung.

Für die Bestrahlungsplanung und die Dosisspezifikation sollen *Dosisreferenzpunkte* gewählt werden, deren Dosis repräsentativ für die Bestrahlungssituation ist. Sie sind erforderlich, um innerhalb ausgedehnter Zielvolumina einen repräsentativen Wert für die Dosisverteilung in einem Teilzielvolumen angeben zu können und um die Dosisbeiträge bei einer Mehrfelderbestrahlung wichten, summieren und Fraktionsdosiswerte akkumulieren zu können. Die Dosiswerte verschiedener Serien können z. B. bei sich überlagernden Zielvolumina addiert werden.

Zur Dosisnormierung soll sich die Angabe von relativen Dosiswerten auf die Dosis am Dosisreferenzpunkt beziehen. Normierungen auf das Dosismaximum bzw. Dosisminimum in einem betrachteten Zielvolumen sind nicht geeignet.

Die Dosisreferenzpunkte müssen zentral oder in die Nähe der Mitte eines betrachteten Teilzielvolumens gelegt werden und dürfen nicht im Bereich eines steilen Dosisgradienten liegen. Bei isozentrischen monoaxialen Techniken entspricht das Isozentrum diesen Forderungen. Die Lage der Dosisreferenzpunkte muß eindeutig anatomisch-topographisch beschrieben werden, um eine leichte Bestimmung und Kontrolle der Dosis an diesen Punkten zu ermöglichen.

Nach der räumlichen Berechnung der Dosis kann die Erstellung von *Dosis-Volumen-Histogrammen* erfolgen. Sie erlauben die quantitative Beschreibung und den Vergleich räumlicher Dosisverteilungen.

Zur Optimierung der Bestrahlungsplanung wird von der ICRU empfohlen, neben der Dosis im Spezifikationspunkt das Dosisminimum, das Dosismaximum, die mittlere Dosis im Zielvolumen und das Dosismaximum an den Risikoorganen anzugeben, wobei das Dosisminimum im Zielvolumen nicht kleiner als 95% der Referenzdosis sein soll (Tabelle 9.1).

Tabelle 9.1. Angaben des Dosismaximums und -minimums im Zielvolumen sowie in Risikoorganen

Id	Minimum [%]	Maximum [%]	Median [%]
Zielvolumen	65,5	106,4	97,6
Rechte Niere	3,7	63,8	9,5
Linke Niere	6,0	91,3	45,4
Myelon	0,6	34,2	7,5

Unter dem *Spezifikationspunkt* versteht man einen zentral im Zielvolumen gelegenen Dosisreferenzpunkt. Der ICRU-Report 50 nennt diesen Punkt *point for dose specification* oder kurz *specification point*.

9.3.3 Dosisspezifikation

Aufgrund der Uneinheitlichkeit der verschiedenen strahlentherapeutischen Abteilungen bezüglich der Dosisspezifikation wurde 1978 von der ICRU (International Commission on Radiation Units and Measurements) eine einheitliche Dosisspezifikation zur Beschreibung von Strahlenbehandlungen bei Photonen und Elektronen empfohlen, um die applizierten Dosen in verschiedenen strahlentherapeutischen Abteilungen besser vergleichen zu können. Je nach Bestrahlungstechnik werden unterschiedliche Spezifikationspunkte empfohlen.

Photonen

- *Einzelstehfeld:*
  Der Spezifikationspunkt liegt auf der Achse des Nutzstrahlenbündels in der Mitte des Zielvolumens.
- *Zwei koaxiale gleichgewichtete opponierende Stehfelder:*
  Der Spezifikationspunkt liegt auf der Achse des Nutzstrahlenbündels in der Mitte zwischen den Strahleneintrittspunkten im Patientenkörper.
- *Zwei koaxiale ungleichgewichtete opponierende Stehfelder:*
  Hier liegt der Spezifikationspunkt auf der Achse des Nutzstrahlenbündels in Zielvolumenmitte.
- *Bestrahlungstechniken mit zwei oder mehreren isozentrischen Stehfeldern:*
  Der Spezifikationspunkt liegt im Isozentrum als Schnittpunkt der Achsen der Nutzstrahlenbündel.
- *Rotations- und Pendelbestrahlung:*
  Ist der Einstrahlwinkel >270°, dann liegt der Spezifikationspunkt in der von der Achse des Nutzstrahlenbündels überstrichenen Hauptebene im Isozentrum. Bei kleineren Winkeln sollen 2 Spezifikationspunkte in der Hauptebene benutzt werden, und zwar ein Spezifikationspunkt im Isozentrum, der 2. Spezifikationspunkt in der Mitte des Zielvolumens, meist nahe dem Dosismaximum.

Elektronen

Die Energie der Elektronen wird so gewählt, daß die Isodosenfläche mit mindestens 85% der Maximaldosis das Zielvolumen umschließt. Der Spezifikationspunkt liegt am Dosismaximum.

Dosiswichtung

Zur Beschreibung der Bestrahlungstechnik sollte das Gewicht der eingestrahlten Felder angegeben werden. Das Dosisgewicht und der relative oder absolute Dosisbetrag der Strahlenfelder am Spezifikationspunkt soll dokumentiert werden. Die Art der Wichtung muß angegeben werden, da verschiedene Methoden der Wichtung bei gleichen Gewichtsangaben im allgemeinen zu unterschiedlichen Dosisverteilungen führen.

9.4
Konzepte der Dosisverteilungsplanung

Bei der Dosisverteilungsplanung existieren 2 Ansätze, empirische und physikalische Verfahren.

Bisher wurden fast ausschließlich empirische Verfahren zur Dosisverteilungsberechnung genutzt. Für einfache Bestrahlungssituationen mit bekannter räumlicher Dosisverteilung, z. B. bei der Gegenfeldbestrahlung, kann eine eindimensionale Bestrahlungsplanung mittels Bestrahlungstabellen erfolgen.

9.4.1
Feldgrößenklassen

Zu jedem quadratischen Photonenfeld läßt sich aus den Ergebnissen systematischer Messungen eine Vielzahl äquivalenter Rechteckfelder finden, die nicht nur die gleiche spezifische Dosis am Bezugspunkt besitzen, sondern auch weitgehend übereinstimmende relative Tiefendosisverteilungen aufweisen.

Um eine eindimensionale Bestrahlungsplanung praktisch durchführen zu können, werden Felder mit fast gleicher spezifischer Dosis in Feldgrößenklassen zusammengefaßt. Nach der Umrechnung eines rechteckigen in ein äquivalent-quadratisches Feld läßt sich die entsprechende Dosismonitorvorwahl aus sog. Dosismonitorvorwahl-Bestrahlungstabellen ermitteln, die in Feldgrößenklassen eingeteilt sind.

Beispiel einer manuellen Dosisberechnung. Will man Bestrahlungsfelder mit Hilfe von Bestrahlungstabellen ausrechnen, dann benötigt man folgende Daten:

- den Fokus-Haut-Abstand,
- die Feldgröße, umgerechnet in ein äquivalent-quadratisches Feld,
- die Dosierungstiefe,
- die Energie und die der quadratischen Feldgröße entsprechende prozentuale Tiefendosis,
- den Feldgrößenfaktor für das äquivalent-quadratische Feld,
- die Einzeldosis.

Berechnet wird das äquivalent-quadratische Feld nach der Formel $2 \cdot a \cdot b / a+b$, wobei a und b die Länge und die Breite des rechteckigen Feldes angeben. Als Beispiel sei eine Stehfeldbestrahlung in SSD-Technik mit folgenden Parametern genannt:

- FHA: 100 cm;
- Feldgröße: 12×18 cm, was einem äquivalent-quadratischen Feld von 14,4 cm^2 entspricht;
- Dosierungstiefe: 6 cm;

9.4 Konzepte der Dosisverteilungsplanung

- Energie: 6 MeV Röntgenstrahlung und die der quadratischen Feldgröße entsprechende prozentuale Tiefendosis von 84%;
- Feldgrößenfaktor: 0,951;
- Einzeldosis: 2 Gy.

Durch Einsetzen der Werte in das folgende Berechnungsschema erhält man die notwendigen Monitoreinheiten (s. auch Kap. 6).

Einzeldosis·100·Feldgrößenfaktor prozentuale Tiefendosis
= Monitoreinheiten.

$(2 \cdot 100) \cdot (0{,}951)/84 = 226$ Monitoreinheiten

9.4.2
Matrixverfahren

Die experimentellen, d.h. gemessenen Daten der Therapieanlagen können in Form mehrdimensionaler Datentabellen dargestellt und in das Planungssystem eingegeben werden. Für alle möglichen Bestrahlungsfelder müssen detaillierte experimentelle Daten zur Verfügung stehen. Maßnahmen wie strahlformende Filter oder schräger Strahleinfall werden durch empirische Korrekturfaktoren berücksichtigt.

Geeignet ist dieses Verfahren aufgrund der Verwendung individueller und durch Näherungsverfahren nicht verfälschter Datensätze der Therapieanlagen dann, wenn die Bestrahlungsbedingungen nur wenig von den Referenzbedingungen abweichen. Wegen seiner oft nicht ausreichenden Genauigkeit findet dieses Verfahren in der Therapieplanung kaum Anwendung.

9.4.3
Näherungsverfahren mit speziellen Funktionen

In homogenem Medium lassen sich zweidimensionale Dosisverteilungen mit ausreichender Genauigkeit durch die Absolutdosisleistung, die Tiefendosisverteilungen und die Querprofile beschreiben. Unterscheidbar sind die verschiedenen empirischen Dosisformeln anhand der zu ihrer Darstellung verwendeten Näherungsalgorithmen. Viele Ansätze beruhen auf der im wesentlichen geradlinigen Ausbreitung hochenergetischer Photonenstrahlung in Materie, wobei der Streuung eine geringere Bedeutung zukommt.

Das wichtigste Verfahren ist das *Dekrementlinienverfahren*. Unter Dekrementlinien versteht man Linien gleicher relativer Dosisleistung, bezogen auf die Dosisleistung auf dem Zentralstrahl in gleicher Gewebe- bzw. Phantomtiefe. Experimentell wurde ermittelt, daß Dekrementlinien für hochenergetische Photonen im homogenen Medium näherungsweise Geraden mit Ursprung im Fokus sind. Die Dosisverteilung in einem homogenen Medium läßt sich durch die Dekrementlinien und eine experimentell ermittelte Verteilung der Tiefendosis beschreiben.

9.4.4
Berechnung irregulär geformter Felder

Sektorintegration

Die Dosisbestimmung irregulärer Felder läßt sich ähnlich wie für Rechteckfelder auf die Dosisbestimmung in quadratischen Feldern zurückführen. Die Sektorintegrationsmethode wird zur Bestimmung äquivalenter Felder genutzt, wobei Dosisbeiträge durch Primär- und Streustrahlung getrennt betrachtet werden.

Bei dieser Methode wird das mittlere Streubeitrag-Luft-Verhältnis oder das mittlere Streubeitrag-Maximum-Verhältnis als Mittelwert über 15°-Sektoren in der Feldebene, senkrecht zum Zentralstrahl, über 360° um den Dosispunkt herum berechnet.

Separationsverfahren

Die Dosis in einem Referenzpunkt ergibt sich als Summe eines Primärstrahlenanteils, der tiefen-, aber nicht feldgrößenabhängig ist, und eines Streustrahlenanteils, der von der Tiefe und von der Feldgröße abhängig ist. Die Dosisanteile werden unterschiedlich beeinflußt durch die Feldformung, dosismodifizierende Maßnahmen und Wechselwirkungen im Patientenkörper.

Für quadratische Felder sind dosimetrische Meßdaten wie die Tiefendosis, die Querverteilung und die Absolutdosis in Abhängigkeit von der Feldgröße verfügbar. Rechteckige Bestrahlungsfelder lassen sich anhand von Umrechnungstabellen in äquivalent-quadratische Felder oder kreisförmige Felder umrechnen. Deren Tiefendosisverlauf entspricht dann etwa dem jeweiligen rechteckigen Feld.

Dieses Prinzip wird modifiziert auch bei irregulären Feldern benutzt. Bei Veränderungen des Bestrahlungsfeldes mittels Standardblöcken ist die Umrechnung in ein äquivalent-quadratisches Feld einfach, bei einem Mantelfeld dagegen ist die äquivalente Feldgröße nur noch für ein Partialfeld um den Referenzpunkt gültig. Durch die Zerlegung des komplexen Feldes in geeignete Teilfelder wird näherungsweise versucht, ein äquivalent-quadratisches Feld für das Gesamtfeld oder das Partialfeld zu bestimmen. Die Dosisberechnung im Zentralstrahl kann mittels Standardtabellen erfolgen. Für die Dosisberechnung außerhalb des Zentralstrahls müssen Korrekturfaktoren angewandt werden.

Das Separationsverfahren bewährt sich als einfaches Verfahren bei großen Feldern und einfachen geometrischen Änderungen.

Feldzonenverfahren

Das Feldzonenverfahren berücksichtigt Streustrahlendosisbeiträge entsprechend ihrer Relevanz. Alle dazu benötigten Messungen wurden bereits zur Dosismonitorkalibrierung für quadratische Felder durchgeführt. Bestimmt werden die Streustrahlungsbeiträge zu einem betrachteten Punkt, unabhängig davon, ob dort Primärstrahlung ankommt.

9.4 Konzepte der Dosisverteilungsplanung

Diese Methode erlaubt die Bestimmung der Strahlenbelastung abgeschirmter oder teilabgeschirmter Bereiche, auch an Punkten außerhalb des Bestrahlungsfeldes.

9.4.5
Physikalische Verfahren der Dosisberechnung für Photonenstrahlung

Physikalische Verfahren analysieren typische Bestrahlungssituationen und berechnen daraus die physikalischen Parameter. Um eine vollständige räumliche Dosisbestimmung zu erhalten, müssen sämtliche Wechselwirkungen der Primärstrahlung, der Streu- und der Sekundärstrahlung berücksichtigt werden. Die Einflüsse durch feldformende oder dosismodifizierende Maßnahmen müssen ebenso wie die Einflüsse durch den irregulär geformten, inhomogenen Körper einbezogen werden.

Man unterscheidet je nach den technischen Möglichkeiten bzw. nach den Anforderungen an die Genauigkeit unterschiedliche Näherungsmethoden der Dosisberechnung.

Bei der *zweidimensionalen* Bestrahlungsplanung mit zweidimensionalen Algorithmen findet die Berechnung der geometrischen Dosisverteilung in einer Ebene statt, wobei angenommen wird, daß die Zentralstrahlen aller Felder in der Berechnungsebene liegen.

Bei der *dreidimensionalen* Bestrahlungsplanung kommen Algorithmen zur dreidimensionalen Berechnung zum Einsatz. Besonders berücksichtigt wird hierbei die Streustrahlung aus dem gesamten durchstrahlten Körpervolumen. Um das Strahlenfeld beschreiben zu können, werden die genauen Anteile der Primär-, der Streu- und der Sekundärstrahlung, die Fluenzverteilung und die Spektren benötigt.

Zur Berechnung von Dosisverteilungen werden Nadelstrahlverfahren, Faltungsverfahren oder auch Monte-Carlo-Simulationsverfahren eingesetzt. Die Dosisbestimmung erfolgt durch die Summation kleiner Strahlenfelder, der sog. Nadelstrahlen, bzw. mittels Faltungsintegralen, wobei Faltungskerne die räumliche Energiedeposition in der Umgebung eines Punktes bzw. längs eines Strahles wiedergeben.

Dieses Verfahren wird heute bei 3D-Planungsrechnern benutzt.

Monte-Carlo-Simulationsverfahren

Die genauesten Berechnungen von Dosisverteilungen ermöglicht das Monte-Carlo-Simulationsverfahren. Bei dieser Methode wird der Weg einzelner Photonen durch die absorbierende Materie verfolgt. Mittels Zufallsprozessen, die mit wahrscheinlichkeitstheoretischen Kenngrößen versehen sind, werden die ersten Wechselwirkungsorte der Primärphotonen, die Arten der Wechselwirkungen und die Streuwinkel bzw. die Wege der gestreuten Photonen zur nächsten Wechselwirkung verfolgt. Dadurch werden Dosiswerte aus analytischen Ausdrücken durch Simulation nacheinander stattfindender Zufallsereignisse berechnet. Unter analytischen Ausdrücken versteht man insbesondere die Beschreibungen der Wechselwirkungen ionisierender Strahlung mit Materie und der relativen spektralen Teilchenflußdichte der Nutzstrahlung.

Aus statistischen Gründen müssen je nach Genauigkeitsanspruch die Wege von Photonen in einer Größenordnung bis zu 10^{10} Photonen durch Materie und deren Elementarprozesse verfolgt werden.

In der Bestrahlungsplanung der Teletherapie wie auch der Brachytherapie kann die Monte-Carlo-Simulation bei der Bestimmung der spektrumsabhängigen Energiedepositionsfaltungskerne zum Einsatz kommen.

Die dreidimensionale Dosisberechnung kann auf der Grundlage eines Oberflächenmodells mit höherer Rechengeschwindigkeit oder auf der Grundlage eines *Volumen-Element-Modells*, d. h. voxelorientiert, erfolgen. Das voxelorientierte Modell berücksichtigt genauer die Inhomogenitäten, ohne daß diese vorher in den 3D-Bildern segmentiert werden müssen.

Interessant ist dieses Modell besonders bei der Therapie mit geladenen Teilchen wie Elektronen, Protonen und Schwerionen. Berücksichtigt werden müssen auch die Strahlendivergenz und die Realisierung beliebiger Einstrahlrichtungen.

9.5
Computerplanung

Um eine exakte Computerplanung durchführen zu können, sind folgende Angaben notwendig:

- *Patientendaten* als Berechnungsgrundlage, wie die Konturierung der zu bestrahlenden Körperregionen, die topographische Zuordnung von Organen, Risikoorganen und Dichtewerte des zu bestrahlenden Gebietes.
- *Physikalisch-technische Daten*, wie die Angabe der verwendeten Bestrahlungsgeräte, Strahlenarten, Strahlenqualitäten, Tiefendosiskurven, Einstellparameter wie Gantrywinkel, Feldgröße usw.
- *Zubehör*, wie Keilfilter, Satellitenblenden etc.

Planungsunterlagen

Unter Planungsunterlagen versteht man alle relevanten bildlichen Darstellungen, die zur klinischen Bestrahlungsplanung verwendet wurden, alle bildlichen Darstellungen, die Ergebnis der Planung sind oder zur Kontrolle der durchgeführten Strahlentherapie dienen. Planungsunterlagen sind Lokalisations-, Simulations-, Feldkontroll- und Verifikationsaufnahmen, Skizzen oder Photos, aus denen die Lage der Bestrahlungsfelder hervorgeht, Isodosenpläne und die Planungs-CT-Bilder. Röntgenaufnahmen und CT-Schnitte, die vor der Therapie erstellt wurden, zählen ebenfalls zu den Planungsunterlagen.

Die Aufbewahrungspflicht für bildliche Aufzeichnungen über die Lokalisation und Abgrenzung der Bestrahlungsfelder gilt für einen Zeitraum von 30 Jahren.

Die Unterlagen sind ebenso wichtig bei der Qualitätskontrolle der Strahlentherapie im Rahmen klinischer Studien. Sollte die Planung einer erneuten Strahlentherapie erforderlich sein, ein Rezidiv auftreten, die Erkrankung weiter fortschreiten oder es zu sonstigen Komplikationen kommen, müssen die Unterlagen verfügbar sein und eingesehen werden können.

Bestrahlungsplan

Als Bestrahlungsplan bezeichnet man die strahlentherapeutische Verordnung, die in den Dosierungsplan und den technischen Bestrahlungsplan unterteilt ist. Das Simulatorprotokoll gehört ebenfalls zum Bestrahlungsplan.
Der Bestrahlungsplan soll folgende Angaben enthalten (Abb. 9.6):

- Kennzeichnung des Patienten,
- Kurzbeschreibung der Erkrankung,
- Aufgabenstellung der Strahlenbehandlung,
- Beschreibung der Zielvolumina und Risikoorgane,
- gewählten Bestrahlungsplan,
- Liste aller Planungsunterlagen,
- Angaben über Zusatzmaßnahmen,
- Angabe mitwirkender Personen, ihre Unterschriften und das Datum.

Die genannten Punkte entsprechen den internationalen Empfehlungen der ICRU bzw. den DIN-Vorschriften.

Dosierungsplan

Der Dosierungsplan ist ein Teil des Bestrahlungsplanes, der die Daten der medizinisch-biologischen Bestrahlungsplanung enthält. Für jedes klinische Zielvolumen werden die verordnete Dosis pro Fraktion und die Gesamtdosis im Spezifikationspunkt festgelegt. Die Höhe der Einzeldosis hat einen entscheidenden Einfluß auf die Häufigkeit und das Ausmaß von Spätfolgen für gesundes Gewebe. Eine Erhöhung der Einzeldosis auf mehr als 2 Gy bedingt eine höhere Rate an Nebenwirkungen, allerdings auch eine kürzere Gesamtbehandlungszeit.

Im Dosierungsplan werden für jedes Risikoorgan die maximale Dosis pro Fraktion, die maximale Gesamtdosis und das bestrahlte Teilvolumen angegeben. Für die Zielvolumina sollte zusätzlich zur Dosis in den Referenzpunkten auch die minimale und die maximale Dosis in allen Zielvolumina bestimmt werden, für die Risikoorgane die maximale Dosis pro Fraktion und die maximale Gesamtdosis. Die Höhe der Gesamtdosis bestimmt die Wahrscheinlichkeit der Tumorzerstörung. Höhere Strahlendosen bewirken eine bessere Tumorzerstörung. Die Gesamtdosis stellt einen Kompromiß dar zwischen der Dosis, die vom gesunden Gewebe noch toleriert wird, und der Dosis, die zur Tumorzerstörung nötig ist.

Der Dosierungsplan legt den räumlichen-zeitlichen Ablauf der Therapie fest. Die zeitliche Dosisverteilung wird als Dosis pro Fraktion, pro Serie und insgesamt sowie die Anzahl der Fraktionen pro Tag, deren zeitlicher Abstand und als Anzahl der Fraktionen pro Woche festgelegt. In der Klinik werden die einzelnen Fraktionen meistens mit hoher Dosisleistung appliziert. Die zeitliche Dosisverteilung gibt auch die Gesamtbehandlungszeit wieder.

Durch die räumliche Dosisverteilung kann das Verhältnis der Wahrscheinlichkeit der Tumorzerstörung zur Wahrscheinlichkeit von Spätfolgen am gesunden Gewebe wiedergegeben werden.

PAT.NAME, VORNAME: .... geb. ....

BESTRAHLUNGSGEBIET: ....

THERAPIEZIEL: kurativ   palliativ   prophylaktisch   Reizbestr.

BESTRAHLUNG MIT   Telekobalt   LINAC-Photonen   Elektronen

                     Caesium-Afterloading

BESTR.TECHNIK: Einzelstehfeld   Gegenfelder   mehrere Felder

                      Bewegungsbestrahlung   Thorakales Mantelfeld

                      komplettes / halbes Y-Feld   abdom.Strahlenbad

GESAMTHERDDOSIS: vorgesehen sind .... Gy (+ .... Gy Boost)

FRAKTIONIERUNG / Woche: ..... Tage x ..... Gy oder ..... Tage x ..... Gy

BEHANDLUNGSZEITRAUM: etwa .... Wochen

Die Bestrahlung   ... kann **ambulant** erfolgen

                 ... muß **stationär** erfolgen

                 ... muß **stationär** beginnen und kann
                     evtl. ambulant fortgesetzt werden

BLUTBILDKONTROLLE   halbwöchentlich   wöchentlich   alle 2 Wochen
                     (kleines Blutbild genügt!)

PLANUNGS-CT: .... am .... um ..... Uhr

Sonographie: .... am .... um ..... Uhr

Röntgen: .... am .... um ..... Uhr

Szintigramm: .... am .... um ..... Uhr

Endoskopie: .... am .... um ..... Uhr

SIMULATION   am .... um .... Uhr

BESTR.BEGINN am .... um .... Uhr

Empfohlene Begleitmedikation:
... Azulonkamillenpuder (3-4 x tägl.auf die Hautfelder auftragen,
      bei Gegenfeldern auch auf der gegenüber-
      liegenden Körperseite)

... Venoruton intens Drgs. 100 Stk.   (Dosierung: 3 x ... täglich)

... Kamillosanlösung   ... Bepanthen-Salbe / -Lutschtabletten

                                       Datum / Unterschrift

Abb. 9.6. Angaben eines Teiles des Bestrahlungsplanes (Beispiel)

Technischer Bestrahlungsplan

Hier wird die genaue Zuordnung von Strahlenfeldern und Zielvolumina realisiert. Der technische Bestrahlungsplan enthält alle wesentlichen Angaben, die zur Durchführung der Bestrahlung nötig sind, wie die Bestrahlungstechnik, die Lagerung, Positionierung und Einrichtung, die Feldkonfiguration und Feldpforten, die geometrischen und dosimetrischen Feldparameter, die Ermittlung der Dosis-Monitor-Vorwahl und die Unterschriften mit Datum. Weiter benötigte Informationen sind die räumliche Dosisverteilung und Dosis-Volumen-Histogramme.

Bei der Planung können Feldänderungen, wie Feldverkleinerungen, u. U. Tumoraufsättigungen berücksichtigt und ausgegeben werden. Als Ergebnis dieser Planungen kann die entsprechende Feldkontur direkt an den Schneideplatz übermittelt werden. Die zur Einstellung asymmetrischer Blenden oder zur Kontrolle der Multi-leaf-Kollimatoren notwendigen Daten können z.B. über Computerprogramme wie Lantis oder Vision direkt an den Linearbeschleuniger übermittelt werden. Bei einer Rechnerplanung muß die Bestrahlung ebenfalls mit einfachen Mitteln nachvollziehbar sein.

Nach Abschluß der Planung wird der Plan ausgedruckt.

9.6 Planungsablauf

Für eine dreidimensionale Bestrahlungsplanung benötigt man eine gewisse Anzahl von Transversalschnitten über das gesamte zu bestrahlende Zielgebiet.

Vom CT werden die angefertigten Schnitte an das 3D-Planungssystem übermittelt. Die 3D-Planung ermöglicht eine räumliche Dosisverteilungsberechnung und Darstellung der Dosisverteilung. Über eine virtuelle Simulation kommt es zu einer räumlichen anatomisch-topographischen Darstellung im Patientenmodell (Abb. 9.7).

Bei der CT-Untersuchung wird für den Patienten eine mehrstellige Identifikationsnummer vergeben; diese Nummer kann vom Planungssystem übernommen werden.

Alle angefertigten Schnitte werden in Abhängigkeit vom verwendeten Planungssystem aufgerufen, z.B. etwa 25 Schnitte beim Schädel, beim Abdomen werden u. U. mehr Schnitte angefertigt. Je nach Indikation sind 80 und mehr Schnitte nötig. In allen betreffenden Schichten können das Zielvolumen und die Risikoorgane definiert werden. Der Körperumfang wird für jeden Schnitt automatisch vom Planungssystem festgelegt.

Die Berechnung der *Dichtematrix*, die wichtig für die Isodosenverteilung ist, wird für alle Schnitte im Volumen nach Gewebedichteunterschieden durchgeführt. Die quantitativen Ergebnisse des Planungs-CT werden in die numerische Form umgesetzt. Unter Einbeziehung der Schwächungskoeffizienten der unterschiedlichen Gewebe wird die Isodosenverteilung für alle Schnitte im entsprechenden Volumen durchgeführt.

Die Umsetzung der 3D-Informationen kann in Quellen-, Strahler- und Beobachterperspektive erfolgen.

Abb. 9.7. Virtuelles Patientenmodell bei der dreidimensionalen Planung mit Darstellung der Lungen, der Nieren und des Rückenmarks

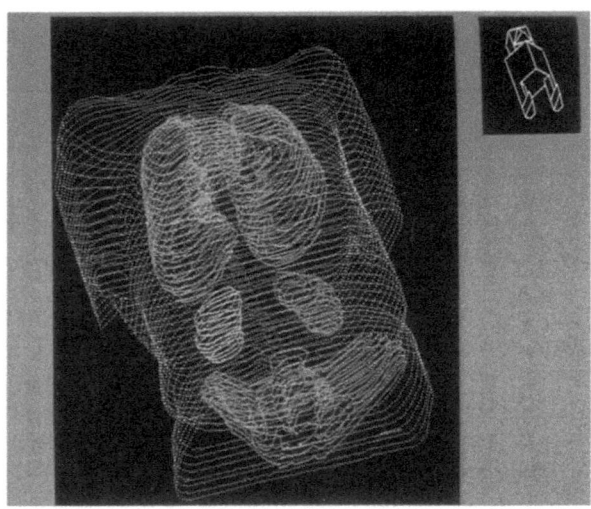

Strahlerperspektive (Beam's eye view)

Die Strahlerperspektive bietet eine Projektionsdarstellung von Planung und Planungsergebnissen aus der Sicht der Strahlenquelle. Die Betrachtung des Zielvolumens und der Risikoorgane kann aus jeder beliebigen Einstrahlrichtung zur Ermittlung der optimalsten Einstrahlrichtung erfolgen.

Beobachterperspektive (observer's eye view)

Hier erfolgt die Darstellung von Planungsergebnissen mit Hilfe der Frontalperspektive aus der frei wählbaren Sicht des Betrachters. Zusätzliche Informationen wie die gewählte Ansicht des Patienten oder der Einrichtung des Lagerungstisches und Tragarmes machen die räumliche Planung anschaulich.

Quellenperspektive (linac view)

Weitere Darstellungen sind im *spherical view* und mit den optischen Kollisionskontrollen, dem *linac view*, möglich.

Im scout view wird die Zentralstrahlebene des Planungs-CT identifiziert. Die bei der Planung stattfindende Strahlkonstruktion, das sog. *Beam modelling*, beinhaltet die Feldbegrenzung, den Gantrywinkel, die Felddrehung, Absorber, Keilfilter, Tischauslenkung usw. Eine Änderung der Strahlgewichtung ist hier möglich. Die Gewichtung erfolgt über die Monitoreinheiten am Linearbeschleuniger.

9.7
Ausblick

In Zukunft werden durch neue Techniken wie z. B. die Intensitätsmodulation die Dosisverteilungen weiter optimiert werden können. Stationäre und dynamische Konformationstherapien werden durch verbesserte Steuer- und Überwachungssysteme möglich. Dadurch können alle Bestrahlungsparameter zwischen den Bestrahlungsfeldern oder während der Bestrahlung automatisch kontrolliert, reproduziert und variiert werden.

9.7.1
Inverse Planung

Um eine bestimmte räumliche Dosisverteilung im Patienten zu erreichen, muß auch der potentielle Einfluß der Körpermaterie auf die Strahlenfelder und die Dosisverteilung beachtet werden. Bei der Bestrahlungsplanung soll die optimale Konfiguration und Form des Feldes zur Kontrolle des Tumorwachstums bei kleinstmöglicher Schädigung des Normalgewebes gefunden werden. Zur Optimierung der dreidimensionalen Therapieplanung betrachtet man bei der *biologisch inversen Planung*, die noch einen Schritt vor der konventionellen Planung beginnt, nicht die Dosisverteilung, sondern primär die biologische Wirkung der Strahlung, die Wahrscheinlichkeit der Tumorkontrolle und die Wahrscheinlichkeit der Vermeidung radiogen bedingter Nebenwirkungen und Risiken.

Die inverse Planung gibt eine feste Anzahl an Stehfeldern aus festgelegten Einstrahlungsrichtungen und die Dosisverteilung vor. Mittels mathematischer Optimierungsverfahren erfolgt die Berechnung der Intensitätsverteilungen in den einzelnen Strahlenfeldern, deren Überlagerung eine optimale dreidimensionale Anpassung der Dosisverteilung an das Zielvolumen ergibt (Abb. 9.8 und 9.9).

Der Einsatz der inversen Planung scheint im besonderen bei der Planung kompliziert geformter Zielvolumina gegeben, um in konkaven Einbuchtungen gelegene Risikoorgane gut zu schonen.

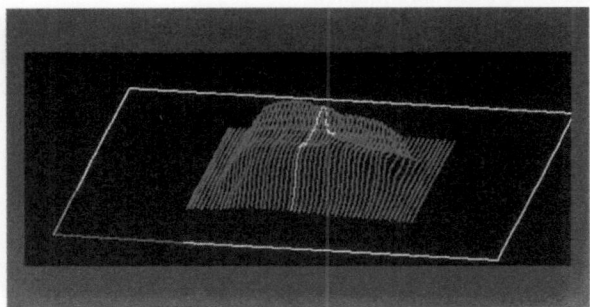

Abb. 9.8. Prinzip der Intensitätsmodulation, plastisch dargestellt (Siemens)

Abb. 9.9. Intensitätsmodulation innerhalb eines Bestrahlungsfeldes (Siemens)

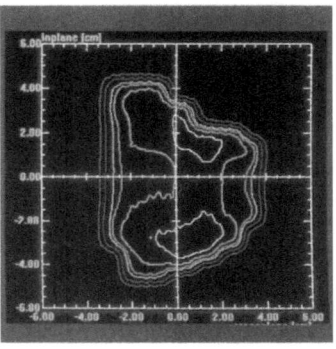

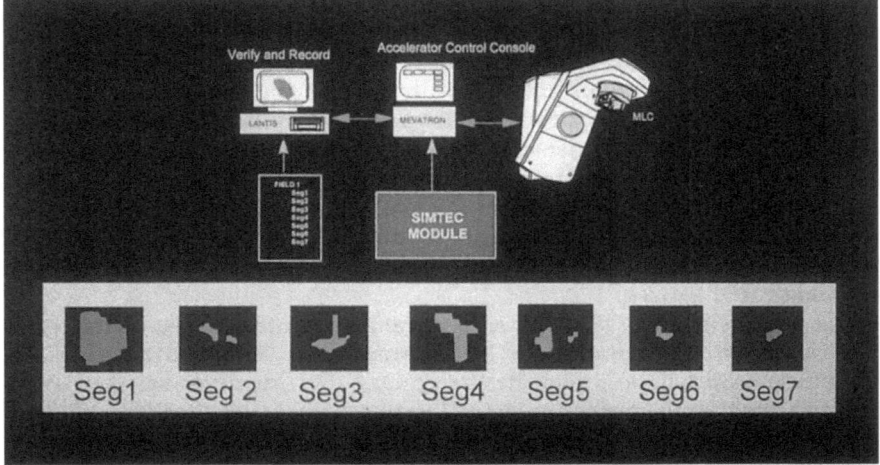

Abb. 9.10. Die Methode der Intensitätsmodulation mittels Multi-leaf-Kollimatoren, die bei den verschiedenen Segmenten eines Feldes eingesetzt wird. Die Verifizierung und Protokollierung erfolgt über das System Lantis, das mit dem Linearbeschleuniger gekoppelt ist. Die Lamellen der Multi-leaf-Kollimatoren im Gantrykopf werden für jedes Segment vom Rechner gesteuert in die gewünschte Position gebracht (Siemens)

9.7.2
Statische Dosismodifikation

Die Intensitätsmodulation kann als statische Dosismodifikation oder Fluenzmodifikation – z.B. über Kompensatoren, die bei der Planung ermittelt werden – erfolgen. Die Kompensatoren werden online mit computergesteuerten Schneidegeräten gefräst.

9.7 Ausblick

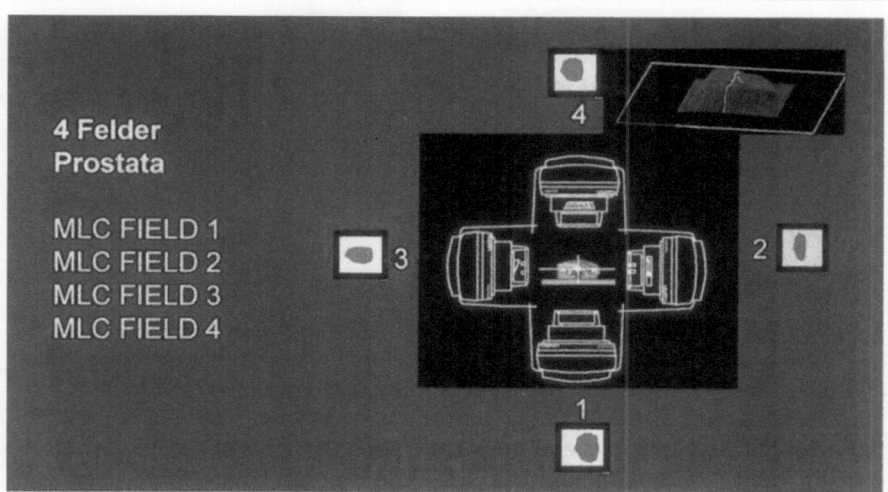

Abb. 9.11. Die Anwendung der Intensitätsmodulation mittels Multi-leaf-Kollimatoren bei jedem Stehfeld am Beispiel der Prostata-4-Felder-Box (Siemens)

9.7.3
Quasidynamische Dosisanpassung

Eine weitere Möglichkeit, intensitätsmodulierte Strahlenfelder zu erzeugen, wäre über den Einsatz von Multi-leaf-Kollimatoren gegeben. Bei der quasidynamischen Dosisanpassung liegt eine automatische Abfolge einer Serie von Einzelstehfeldern bei feststehender Einstrahlrichtung mit unterschiedlichen Lamellenpositionen des Multi-leaf-Kollimators vor. Dieses zukünftige Einsatzgebiet der Multi-leaf-Kollimatoren wird z. Z. noch erforscht (Abb. 9.10 und 9.11).

9.7.4
Bewegungskonformations-Strahlentherapie mit dynamischer Feldformung

Durch die Entwicklung und den Einsatz der dreidimensionalen Planung sowie die Konstruktion motorbetriebener Multi-leaf-Kollimatoren mit entsprechender Lamellengeschwindigkeit wurde die Möglichkeit der Bewegungskonformations-Strahlentherapie gegeben. Die Beschleunigerbewegung und die winkelabhängige automatische Feldformung laufen synchron ab. Zu jedem Zeitpunkt der Bestrahlung wird die Blendenform an die Form des Tumors angepaßt. Ein Problem liegt in der Synchronisation der Beschleunigerbewegung und der winkelabhängigen automatischen Feldformung. Das Problem der Verifizierung der dynamischen Bestrahlungstechnik wird z. Z. in verschiedenen Forschungszentren bearbeitet.

KAPITEL 10

Simulation

Am Therapiesimulator findet die Lokalisation der Bestrahlungsfelder unter den gleichen geometrischen Bedingungen wie bei der Bestrahlung am Therapiegerät statt. Die in der Planung errechneten Parameter werden bei der Simulation auf den entsprechend gelagerten Patienten übertragen. Dabei erfolgen die Feldeinzeichnung und die Einzeichnung der Lasermarkierungen an den Seiten des Patienten. Die optischen Feldgrößen werden mittels Farbe bzw. Farbstiften auf der Körperoberfläche des Patienten angebracht. Gegebenenfalls kann die Feldeinzeichnung auch mit einer leichten Tätowierung erfolgen, wobei die Ecken des Bestrahlungsfeldes als Punkte tätowiert werden. Die Lasereinzeichnungen dienen unter anderem als Lagerungshilfe, um eine reproduzierbare Lagerung bei der täglichen Bestrahlung am Therapiegerät zu ermöglichen (Abb. 10.1). Um die Präzision der Anzeigen zu gewährleisten, sollte am Simulator eine tägliche Überprüfung mittels Phantom erfolgen.

In der konventionellen Therapie mit Röntgenstrahlung werden die Bestrahlungsfelder direkt am Patienten nach anatomischen Gesichtspunkten eingestellt. In Einzelfällen wird allerdings eine Röntgenlokalisation vor der Bestrahlung vorgenommen, um z. B. einzelne Rippen oder Wirbelkörper bestimmen zu können.

10.1
Ausstattung eines Simulatorraumes

Zur Ausstattung eines Simulatorraumes gehört allgemeines Zubehör wie Scheren, Verbandsmaterial, Decken, Pflaster, Leukosilk, Nierenschalen, Hand-

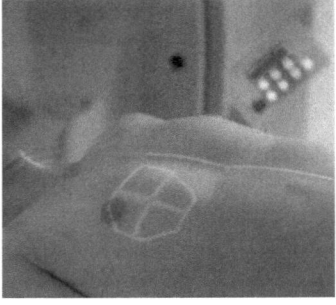

Abb. 10.1. Virtuelle Simulation mit am Patienten erkennbarem Mittellaser (Siemens)

schuhe, Desinfektionsmittel, Schaumstoffkissen, Alkohol und Markierungshilfen wie Filzstifte, Tusche, Kanülen, Eosinlösung usw.

Als Lokalisationshilfen dienen orale Kontrastmittel, Blasenkatheter, rektale Markiersonden, Spritzen und Kanülen, Bleidraht, um z. B. den Anus praeter zu markieren, vaginale Markierungen wie Bleizylinder und i. v.-Kontrastmittel zum Markieren der Nieren.

Erforderliche Lagerungshilfen sind Heftband, Armstützen, Fixierungsmaterialien aus Polyurethan, Gipsschalen, Vakuumkissen, Maskenmaterial und Strumpfmaterial, Kopfhalterungen und Lagerungssysteme, Bißkeile und Gebißabformmaterialien.

Zur Simulation nötige Meßgeräte wie Lineale, Winkelmeßgerät, Geräte zur Umfangsbestimmung, Greifzirkel und Winkelmesser sollten vorhanden sein.

Um die Qualitätskontrolle durchführen zu können, sind ein Testphantom und eine tägliche Checkliste erforderlich.

Zur Dokumentation der durchgeführten Simulation benötigt man mehrere Filmkassetten verschiedener Formate, eine Polaroidkamera, einen Computer zur Filmbeschriftung oder wie bei der manuellen Dokumentation Beschriftungsmaterial, Polaroidfilme und Röntgenfilme.

10.2
Bestrahlungsplanung am Therapiesimulator

Der Simulator dient der Therapievorbereitung, da sich mit diesem speziellen Röntgengerät die Bestrahlungsbedingungen wie auch die Funktionen und Bewegungen der Therapiegeräte nachahmen lassen. Durch diese Röntgeneinrichtung wird die Größe und Lage von Strahlenfeldern einer Bestrahlungseinrichtung in bezug zum Patienten nachgebildet und mittels eines Bildempfängers sichtbar gemacht. Das Zielvolumen kann präzise lokalisiert werden.

Der Therapiesimulator ermöglicht die Einstellung einer isozentrischen Technik mit gleichbleibender Lage des Isozentrums. Ist das Isozentrum bei der Planung in das Zentrum des Tumors gelegt worden, so verändert auch die Drehung der Gantry die Lage nicht mehr.

Der Therapiesimulator besteht aus folgenden Funktionsteilen:

- Hauptstativ,
- Tragarm (um die Gerätelängsachse drehbar) mit Röntgenstrahler, Blendensystem und Bildverstärker,
- Handschalter am Deckenpendel,
- Fernbedienpult,
- Patientenlagerungstisch,
- Monitore.

Im Unterschied zum herkömmlichen Röntgengerät weist der Simulator folgende Besonderheiten auf:

- Ein optischer Entfernungsmesser, der auch zur Überprüfung der im Plan errechneten Fokus-Haut-Abstände mit den am Patienten abzulesenden Werten dient, ist in den Gantrykopf integriert.

- Zentralstrahl und Kassettenmittelpunkt des Simulators stimmen außer bei einer gewünschten Dezentrierung des Bildverstärkers überein.
- Der Simulator ist mit einer Röntgenröhre und einem beweglichen Bildverstärker ausgerüstet.
- Ein Kollisionsschutz, der sog. *Touch gard*, befindet sich am Gantrykopf und am Bildverstärker.

Es besteht die Möglichkeit, mit diesem Gerät zu durchleuchten und Röntgenaufnahmen anzufertigen. Die Einstellung der Felder erfolgt unter Durchleuchtung.

Minimale und maximale Feldgrößen sind simulierbar, z. B. Mantelfelder, das abdominelle Bad usw. Durch den nach allen Seiten verschiebbaren Bildverstärker lassen sich die Feldgrenzen auch bei sehr großen Feldgrößen abfahren und kontrollieren. Bei sehr großen Bestrahlungsfeldern, wie beim Mantelfeld, kann es aufgrund des begrenzten Kassettenformates nötig sein, den Bildverstärker bei der Erstellung der Röntgenaufnahmen zu dezentrieren, so daß sich mehrere Aufnahmen pro Feld anfertigen lassen.

Zur Dokumentation der Strahleneintrittspforten besitzt der Simulator als Besonderheit eine *Drahtblende* aus Wolframfäden als Markierung des Zentralstrahls und der Feldgrenzen. Das Lichtfeld mit der Drahtblende muß mit dem Strahlentherapiefeld übereinstimmen. Bei der Anfertigung der Simulationsaufnahmen müssen die Bestrahlungsfelder mit ihren kompletten Feldgrenzen erkennbar sein. Dadurch können später die Strahleneintrittspforten identifiziert werden.

Die Fokus-Rotations-Achsabstände (Fokus-Achs-Abstände, FAA) sind variabel zwischen 60 cm und 130 cm einstellbar. Der Gantrykopf ist in der Lage, eine 360°-Rotation auszuführen, wodurch eine Felddrehung bzw. *Blendenrotation* möglich wird.

Lagerungstisch des Simulators

Der Tisch des Simulators entspricht den Bestrahlungstischen der Therapiegeräte. Die Bedieneinheiten sind an beiden Seiten des Tisches angebracht und bestehen je nach Gerätehersteller z. B. aus je 4 beleuchteten Rastschaltern, 4 Daumenrädern, einer „Kontakttaste" und einer „Not-Stop-Taste". Letztere ist im Falle von Gefahr zu betätigen, wodurch jede Bewegung des Tisches sofort gestoppt und die Tischbremsen gelöst werden. An einer Seite des Tisches befindet sich die „Reset-Taste", deren Betätigung den Tisch erneut aktiviert, die Bremsen wieder anzieht und die Tischbeweglichkeit wiederherstellt.

Die manuelle Tischbewegung ist nur möglich, wenn der Handschalter nicht gesichert ist, d. h. sich in der unteren Position befindet und der entsprechende Rastschalter betätigt wird. Die Tischhöhe kann mittels Daumenrad und gleichzeitigem Drücken des Tischkontaktes auch bei gesichertem Handschalter gefahren werden. Das Erlöschen des Rastschalters zeigt an, daß die Bremsen gelöst sind. Die Funktionen des Simulatortisches können mittels Handschalter nicht betätigt werden (Abb. 10.2).

Wenn nötig, kann der Tisch zum Divergenzausgleich ausgelenkt werden.

10.2 Bestrahlungsplanung am Therapiesimulator

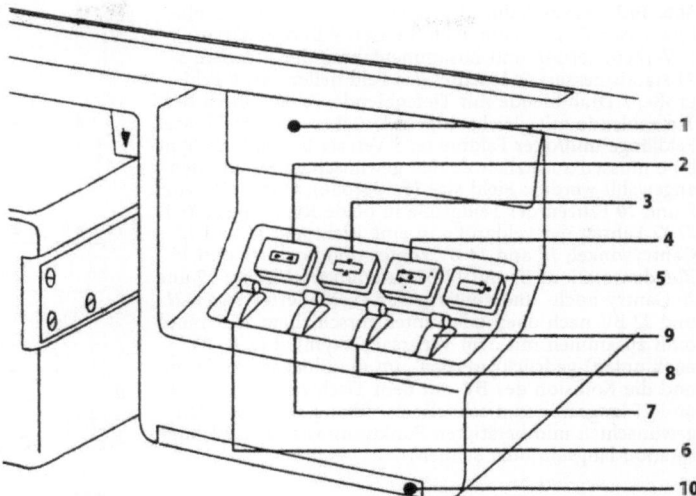

Abb. 10.2. Tischbedienelemente des Simulators SLS Philips. *1* Not-Stop-Taste, *2* Längsbewegung der Tischplatte (manuell), *3* Querbewegung der Tischplatte (manuell), *4* Säulendrehung (manuell), *5* Isozentrische Drehung (manuell), *6* Längsbewegung der Tischplatte (motorisch), *7* Querbewegung der Tischplatte (motorisch), *8* Tischplatte heben und senken (motorisch), *9* Isozentrische Drehung (motorisch), *10* Kontakttaste

Fernbedienpult

Am Fernbedienpult und an einem im Simulatorraum befindlichen Monitor können alle Parameter abgelesen werden, die das Bestrahlungsfeld geometrisch definieren. Ablesbar sind der Fokus-Achs-Abstand, der Tischhöhenwert, der Tischlängswert, der Tischquerwert, der Gantrywinkel, die Blendenrotation, der Fokus-Film-Abstand, die Feldbreite und die Feldlänge.

Im Fernbedienpult sind die Bedienelemente des Röntgengenerators, der Bildverstärkeranlage, des Simulators und des Lagerungstisches untergebracht. Am Schalttisch sind die Aufnahmeparameter wie kV, kV-mAs, kV-mA-s(ms) einstellbar.

Die Einstellung des Blendensystems, der Tragarmrotation und des Bildverstärkers ist entweder am Handschalter oder vom Schaltpult aus durchführbar. Die Bedienung des Schalttisches ist nur möglich, wenn der Handschalter gesichert ist.

Handschalter

Die Einstellung des Fokus-Achs-Abstandes kann bei einigen Geräten nur über den Handschalter erfolgen. Die Handschalterfunktionen lassen sich ohne Drücken der Kontakte an der Rückseite des Handschalters nicht ausführen (Abb. 10.3).

Abb. 10.3. Handschalter des Therapiesimulators SLS Philips. *1* Not-Aus; *2* Raumlicht; *3* Laser; *4* Bildverstärker-(BV-)Zentrierung und Zusammenfahren der Blenden; *5* Abstandsmesser; *5a* leuchtet das Feld heller aus; *6* Feldgröße; *7* Drahtblende mit Tiefenblende; *7a* Auffahren der Tiefenblende mit gleichzeitigem Drücken von „Field size", Feldlänge und/oder Feldbreite; *8* Versatz 0. Folgende Symbole müssen zusätzlich zu den gewünschten Funktionen angewählt werden: Field size (Feldgröße), Offset (Versatz). *9* und *10* Fahren der Feldgröße in beide Richtungen, *X1 Y1 X2 Y2* Fahren der Feldgröße in eine Richtung; *11* und *12* Gantrywinkel; *13* und *14* BV runter und hoch; *15* und *16* Blendenrotation; *17* und *18* BV lateral verschieben; *19* und *20* Gantry hoch- und runterfahren (veränderter FAA); *21* und *22* BV nach oben oder unten verschieben; *23* Symbol muß zusammen mit dem Verursachersymbol (z. B. BV nach unten) gedrückt werden, um die Blockade zu lösen und die Kollision des BV mit dem Tisch zu beheben; *24* und *25* langsame und schnelle Ausübung der zusätzlich gewünschten und betätigten Funktionstaste (z. B. Blendenrotation langsam oder schnell)

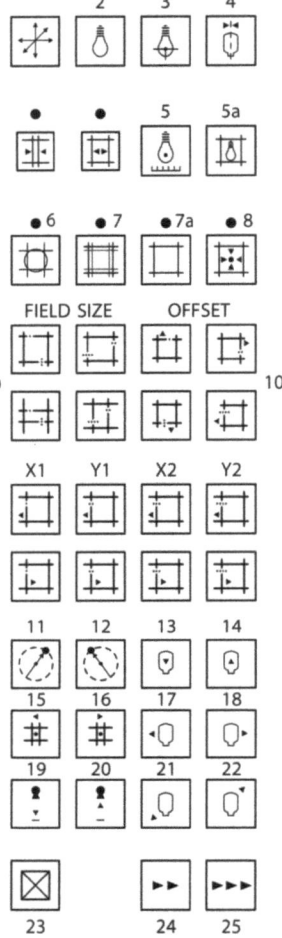

10.3
Praktischer Ablauf einer Simulation

Vor dem Auflegen des Patienten erfolgt zuerst die nochmalige Durchsicht der gesamten Planungsunterlagen. Die CT-Schnitte werden vor der Simulation durchgesehen und am Leuchtkasten befestigt. Gleichzeitig wird überprüft, ob es sich um das Planungs-CT und den korrekten Patienten handelt.

Der Schnitt, der der Zentralstrahlebene entspricht, wird im Übersichtsbild des CT, dem Scout, markiert. Man erhält so einen anatomischen Anhaltspunkt für die Zentralstrahlebene, die der Feldmitte entspricht.

10.3 Praktischer Ablauf einer Simulation

Bei der CT verläuft die Blickrichtung auf den Patienten in der Regel von den Patientenfüßen zum Kopf hin, d. h. kaudokranial. Auf dem CT-Anforderungsschein ist als Lagerung „head first" angegeben. Der Patient liegt mit dem Kopf zur Gantry.

Ist auf dem CT-Anforderungsschein als Lagerung „feet first" angegeben, so geht die Blickrichtung vom Kopf zu den Füßen des Patienten, d. h. kraniokaudal. Der Patient liegt im Computertomographen mit den Füßen in Richtung Gantry. Eine Feet-first-Lagerung wäre z. B. bei der Simulation eines Bestrahlungsfeldes der unteren Extremität erforderlich.

Die Lagerung des Patienten muß bei der Simulation und bei der CT übereinstimmen.

Das Erkennen der korrekten Blickrichtung auf den Patienten ist besonders wichtig, um eventuelle, im Plan angegebene seitliche Verschiebungen aus der Körpermitte bzw. aus der Referenzpunktebene korrekt vornehmen zu können.

Nach der Durchsicht der Unterlagen wird der Patient aufgefordert, in die Umkleidekabine zu gehen und sich zu so zu entkleiden, daß eine Einzeichnung der Felder wie auch der seitlichen Lasermarkierungen möglich wird.

Geräteparameter wie die Feldgröße und der Fokus-Achs-Abstand können vorab eingestellt werden, wobei zu beachten ist, daß eine nach bereits eingestellter Feldgröße durchgeführte Veränderung des Fokus-Achs-Abstandes wiederum eine Veränderung der Feldgröße bedingt.

Vor der Lagerung des Patienten auf dem Simulatortisch sollte sich der medizinisch-technische Assistent namentlich vorstellen, seine Funktion während der Simulation erläutern und den Patienten über den Ablauf und die Dauer der Simulation aufklären. Es sollte unbedingt darauf hingewiesen werden, daß es zur zügigen und korrekten Durchführung der Simulation nötig ist, daß der Patient während der gesamten Simulationsdauer ruhig liegen bleibt. So kann es u. U. günstig sein, den Patienten vor Simulationsbeginn nochmals die Blase entleeren zu lassen.

Bei der Lagerung ist der Patient möglichst gerade auszurichten. Eine Hilfe kann hierbei der an der Decke des Simulatorraumes befindliche Mittellaser sein, der sich am gelagerten Patienten darstellt. Im allgemeinen geht bei einem gerade gelagerten Patienten der Mittellaser optisch durch das Jugulum, das Xiphoid und die Symphysenmitte, was der Medianebene entspricht. Zur Überprüfung der gerade ausgerichteten Lagerung des Patienten kann die Wirbelsäule unter Durchleuchtung abgefahren werden.

Schwierig gestaltet sich die Lagerung bei einem Patienten, der an einer Skoliose leidet. Um den Patienten gerade zu lagern, kann schon während der Planungs-CT eine Unterpolsterung vorgenommen werden.

Die Lagerung des Patienten soll wie angegeben erfolgen, z. B. bei Rückenlage die Fersen zusammen und eine halbe Knierolle unter den Knien. Wichtig ist bei der Lagerung des Patienten eine gute Reproduzierbarkeit der späteren täglichen Bestrahlung.

Die Einstellung der Zentralstrahlebene und die Festlegung der Feldlage findet in der Körpermitte bzw. in der Referenzpunktebene des Patienten unter Durchleuchtung bei einem Gantrywinkel von 0° statt. Ist die Zentralstrahlebene festgelegt, so darf keine Tischverschiebung in Längsrichtung mehr vorgenommen werden. Sind im Plan allerdings Tischlängsverschiebungen angegeben, so liegt die Zentralstrahlebene zwischen zwei CT-Schnitten, und es ist eine Tischlängsverschiebung um den entsprechenden Wert aus dem Plan vorzunehmen.

Bei der Simulation werden durch die Festlegung anatomischer Fixpunkte – in der Regel Knochenstrukturen – die Behandlungsvolumina bestimmt. Diese Referenzpunkte sind erforderlich, da die räumliche Dosisverteilung relativ zu einem patientenbezogenen Koordinatensystem definiert wird. Bei der Wahl der anatomischen Referenzpunkte unterscheidet man innere und äußere Referenzpunkte. Innere Referenzpunkte sind im Körper gelegene markante anatomische Fixpunkte, die bei der Lokalisation, der Planung, der Simulation oder Verifikation reproduzierbar sind. Äußere Referenzpunkte lassen sich an der Oberfläche des Körpers tasten oder erkennen und möglichst wenig verschieben. Als anatomische Orientierung dienen unter anderem die Wirbelsäule und/oder andere Knochenstrukturen.

10.3.1
Simulation einer Bestrahlung mit Stehfeldern in SAD-Technik

Bei einer isozentrischen Bestrahlungstechnik, d.h. bei der SAD-Technik, entspricht das Isozentrum der Achse, die in den Tumor gelegt wird. Zur Umsetzung des Planes wird bei einem knöchernen Referenzpunkt die Gantry auf einen Winkel von 90° oder 270° gedreht und der im Plan angegebene Referenzpunkt unter Durchleuchtung am Patienten gesucht. Wurde bei der Planung die Wirbelkörpervorderkante als Referenzpunkt festgelegt, so wird bei der Einstellung der Tischhöhe der Zentralstrahl, welcher der Feldmitte entspricht, auf die Wirbelkörpervorderkante eingestellt. Diese Einstellung ergibt einen entsprechenden Tischhöhenwert, der am Monitor im Simulatorraum oder am Bedienpult abgelesen werden kann.

Im Plan wird der Tischhöhenwert abgelesen, welcher z.B. den Abstand der Wirbelkörpervorderkante zum Isozentrum oder den Abstand der Tischoberkante zum Isozentrum wiedergibt (Abb. 10.4). Der am Simulator abgelesene Tischhöhenwert wird um den im Plan angegebenen Wert verändert, d.h. der Tisch wird entweder angehoben oder abgesenkt. Die Einstellung der Tischhöhe kann allerdings auch von einem sonstigen bei der Planung festgelegten Fixpunkt ausgehend erfolgen, z.B. von der Symphysenvorderkante oder von der Tischoberkante.

Wird der Fixpunkt auf der Tischoberkante gewählt, so ist es nicht erforderlich, die Gantry auf 90° zu drehen. Der Seitenlaser wird durch Anheben der Tischplatte auf die Tischoberkante eingestellt und der Tisch um den im Plan angegebenen Wert abgesenkt. Der Gantrywinkel steht bei 0°.

Soll die spätere Bestrahlung des ersten Feldes bei 0° erfolgen, so wird nach einer Tischhöhenwerteinstellung bei 90° oder 270° die Gantry wieder auf 0° zurückgedreht, der SSD-Wert abgelesen, mit dem Wert aus dem Plan verglichen und damit gleichzeitig der aus dem Plan errechnete Wert überprüft. Der SSD-Wert des Planes und der am Patienten abgelesene SSD-Wert sollten übereinstimmen. Auch bei der SAD-Technik wird der SSD-Wert am Patienten abgelesen. Im Vergleich zur SSD-Technik liegt der Wert unter 100 cm.

10.3 Praktischer Ablauf einer Simulation

```
                         EVALUATION PROTOCOL
         TMS 2.10H
         ----------------------------------------------------------------

         Patient id
         Patient name

         Treatment plan          1: LUNGE/MED.
         Dose plan               1: Bronchial

         Table positions below are related to the CT reference point.


         Beam number                      1              2
         ----------------------------------------------------------------
         Beam label                    >Ant           >Post

         Treatment unit          LINAC 1, SL-2   LINAC 1, SL-2
         Quality                    25 MV-X         25 MV-X
         Radiation type             Photons         Photons
         Energy                       25.             25.

         Gantry angle                  0.            180.
         Table angle                   0.              0.

         Rel.tab.pos (hght)          -24.9             0.2
         Rel.tab.pos (lat)             2.6             2.6
         Rel.tab.pos (long)            0.0             0.0

         Tr.technique                  Iso             Iso
         SSD                          99.9           100.1

         Collimator type           Symmetric       Symmetric
         Collimator angle              0.              0.
         Beam width              (Y)  10.0       (Y) 10.0
         Beam length             (X)  14.0       (X) 14.0

         Modulation
         Wedge
         Blocked                 MCP96 X(0.905   MCP96 X(0.905
         Bolus

         Beam weight                  100.0           100.0
         ----------------------------------------------------------------
```

Abb. 10.4. Ausgedruckter Bestrahlungsplan einer SSD-Technik

Erforderliche Lateralverschiebungen werden aus der Körpermitte bzw. von der Referenzpunktebene bei der Einstellung des ersten Feldes, ausgehend vom abgelesenen medialen Tischwert, dem Wert aus dem Plan entsprechend zur korrekten Seite hin durchgeführt, dann der abgelesene SSD-Wert mit dem errechneten SSD-Wert aus dem Plan verglichen.

Bei der SAD-Technik werden bei der Simulation der weiteren Felder weder die Tischhöhe noch die Tischlängs- oder -querverschiebung betätigt. Winkeleinstellungen weiterer Felder werden auf die gleiche Weise durchgeführt. Die Gantry wird auf die angegebenen Winkel gedreht, wobei auf eventuelle Blendenrotationen und Feldgrößenveränderungen zu achten ist. Nach der durchgeführten Simulation werden die Felder mit ihren Feldgrenzen plus der Feldmitte eingezeichnet und mittels Röntgenbildern dokumentiert.

Zur korrekten Einstellung des Isozentrums werden bei der SAD-Technik an beiden Seiten des Patienten Lasermarkierungen eingezeichnet. Die seitlichen Lasermarkierungen dienen auch als Lagerungshilfe. Der Mittellaser

		Sim. Datum					
Name		Geb. Datum					

Gerät/Strahlenart								
Zielvolumen Herdbeschreibung								
Vorläufige Gesamtdosis in (Gy)								
Fraktionierung pro Woche		x	Gy	x	Gy	x	Gy	x	Gy
Feld-Nr.								
Technik								
Keil								
Block								
Gantrywinkel								
Blendenrotation (Grad)								
Feldgröße X								
Feldgröße Y								
Feldversatz X (cm)								
Feldversatz Y (cm)								
Tischhöhe (cm)								
Tischplatte exzentr. (Grad)								
Tischwinkel isozentr. (Grad)								
Körperdurchmesser (cm)								
Dosierungstiefe (cm)								
Bestrahlungszeit (min)								
Signatur								
Kontrolle Planung								
Lagerungsanweisung								
Bemerkungen								

Abb. 10.5. Muster eines Simulationsprotokolls

kann ebenfalls eingezeichnet und zur Lagerung des Patienten genutzt werden. Diese wird in einem Simulationsprotokoll festgehalten (Abb. 10.5).

Ein Computerausdruck mit den kompletten Daten wie Feldgröße, Felddrehung, Filmfaktor, Fokus-Achs-Abstand usw. wird auf das Simulationsbild ge-

Abb. 10.6. Computerausdruck nach erfolgter Simulation

FELD.			TRAGARM	
GROESSE	X	12.0	TRAGARM-ROT	222.5
	Y	19.1	BLENDEN-ROT	104
VERSATZ	X	0.0	F.A.A.	100.0
	Y	0.0		
B.V.			TISCH	
FILMFAKTOR		1.45	HOEHE	17.1
AUF/AB.		45.0	LAENGS.	44.6
LAENGS.		0.2	QUER.	19.3
QUER.		99.9	ISOZ.-ROT	359
			PLATTEN-ROT	0

klebt (Abb. 10.6). Ist kein Computer vorhanden, so muß die Dokumentation der Daten per Hand erfolgen.

Zur Lagerungsdokumentation wird ein Polaroidbild angefertigt.

Simulation einer Schädelbestrahlung mit kraniokaudalem Feld

Für die Simulation eines kraniokaudalen Feldes am Schädel wird eine Dokumentationsaufnahme bei einem Gantrywinkel von 0° angefertigt, ggf. unter einer Tischrotation. Die 2. Felddokumentation wird unter dem entsprechenden Winkel, meist 90°, durchgeführt.

Simulation einer Extremitätenbestrahlung

Zur Festlegung des Isozentrums wird bei der Simulation einer Extremität in SAD-Technik die Hälfte des Durchmessers des Armes oder Beines genommen. Zu beachten ist bei der Patientenlagerung, daß der Patient evtl. „feet first" liegen soll.

Simulation einer Bewegungsbestrahlung

Bei der Simulation einer Rotationsbestrahlung erfolgt die Markierung des Patienten bei einem Gantrywinkel von 0°. Winkelendeinstellungen können, wenn technisch möglich, farblich markiert werden. Die Dokumentationsaufnahme findet ebenfalls bei einer Gantryeinstellung von 0° statt.

10.3.2
Simulation einer Bestrahlung in SSD-Technik

Zur Simulation der SSD-Technik werden z.B. die Raumseitenlaser durch Anheben des Tisches auf die Tischoberkante eingestellt, der entsprechende Tischhöhenwert wird abgelesen und um den errechneten Wert aus dem Plan abgesenkt, so daß auf der Körperoberfläche des Patienten ein SSD-Wert von 100 cm abzulesen ist. Der Tischhöhenwert aus dem Plan gibt in diesem Fall die Differenz zwischen der Tischoberkante und der Hautoberfläche des Patienten wieder. Bei der Planung besteht allerdings auch die Möglichkeit, einen knöchernen Referenzpunkt zu wählen. Hierbei wird die Gantry auf 90° bzw. 270° gedreht, der knöcherne Referenzpunkt eingestellt und der abgelesene Tischhöhenwert um den entsprechenden Wert aus dem Plan verändert, d. h. der Tisch wird entweder abgesenkt oder angehoben.

Die Simulation des 180°-Feldes erfolgt über die Anhebung des Tisches, bis sich die Seitenlaser an der Tischoberkante befinden und an der Skala des Tischfußes 0 abzulesen ist, was einem SSD von 100 cm beim Linearbeschleuniger entspricht. Wurde ein knöcherner Referenzpunkt gewählt, so muß bei der Simulation des p.-a. Feldes darauf geachtet werden, daß die Tischhöhenwertveränderung von diesem Punkt ausgehend vorgenommen wird. Der erforderliche Tischhöhenwert wird ebenfalls dem Plan entnommen; der SSD-Wert kann zwar nicht am Patienten kontrolliert werden, beträgt aber 100 cm.

Bei der Simulation der SSD-Technik werden ebenfalls seitliche Lasermarkierungen am Patienten angebracht. Sie dienen ebenso wie die Einzeichnung des Lasers in der Medianebene als Lagerungshilfe. Um die seitlichen Laser bei dieser Technik einzeichnen zu können, muß der Simulatortisch nach der Feldeinzeichnung angehoben oder gesenkt werden.

10.4
Lagerungshilfen bei Simulation und Bestrahlung

Voraussetzung einer erfolgreichen Strahlentherapie ist neben anderem eine gute und reproduzierbare Patientenlagerung, wenn nötig mit Hilfen zur Fixierung des Patienten.

Lagerungshilfen wie Schaumstoffkissen, Keile, Nackenrollen und Knierollen dienen unter anderem der angenehmeren und damit auch ruhigeren Lage und müssen nicht für jeden Patienten individuell angefertigt werden. Bei Vakuumkissen und Gipsschalen ist dies dagegen für jeden Patienten individuell nötig.

Eine gute Beschreibung der Lagerung inklusive der verwendeten Lagerungshilfen ist im Simulationsprotokoll unerläßlich.

10.4.1
Kopf- und Nackenlagerungshilfen

Kopf- und Nackenlagerungshilfen werden hauptsächlich bei malignen Tumoren im Schädel-Hals-Bereich und bei Mantelfeldern eingesetzt, da im Bestrahlungsfeld oft kritische Organe wie Hirnstamm, Augenhöhlen oder Sehnerv liegen. Sehr geringe geometrische Abstände erfordern eine genaue und reproduzierbare Einstellung und Immobilisierung des Patienten während der Therapie, um hohe kurative Dosen applizieren zu können. Eine wirksame Immobilisierung des Patienten bewirkt auch ein Bißblock.

Um die Reproduktion der Lagerung zu garantieren, werden vor der ersten Bestrahlung Polaroidphotos, Gipsschalen bei Kindern, Masken und Fixierhilfen angefertigt. Die Lasermarkierungen dienen ebenfalls als Lagerungshilfe.

Die Lagerung von Kindern kann auch mittels Polyurethanschaum erfolgen. Bei Erwachsenen kann ein Zwei-Komponenten-System – eine Polyurethanmasse – in eine Form aus Pappe oder Styropor gegossen werden. Nachdem

10.4 Lagerungshilfen bei Simulation und Bestrahlung

eine Polyethylenfolie zum Schutz der Haut darübergelegt wurde, legt sich der Patient in die gewünschte Position, die Masse quillt auf und ist nach 10 min ausgehärtet.

10.4.2
Masken

Masken wurden bisher meist im Kopf-Hals-Bereich verwendet. Ihr Einsatz hat sich mittlerweile aber auch auf andere Körperregionen wie Mamma und Abdomen ausgeweitet (Abb. 10.7).

Transparente Masken werden aus PVC im Tiefziehverfahren hergestellt. Zuvor wird in einer festgelegten Position ein Abdruck des Gesichts mit einer Alginatabdruckmasse angefertigt. Dieser Abdruck wird mit Gips ausgegossen und dient somit als Positiv. Im Tiefziehverfahren wird unter einem Vakuum eine 2,5 mm starke thermoplastische Folie hergestellt, die individuell ausformbar und transparent ist. Die Maske kann markiert und ausgeschnitten werden.

Schneller und kostensparender sind Masken aus modernen Kunststoffen wie z. B. Polyform, Posiguß, Tesaguß und Hexcelite zu handhaben. Diese Materialien sind bei einer bestimmten Wassertemperatur verformbar und können nach der Erwärmung im Wasserbad der entsprechenden Patientenform angepaßt werden.

Das Maskenmaterial wird im Wasserbad auf die nötige Temperatur gebracht, wobei die Wassertemperatur vom verwendeten Material abhängig ist. Vor der Anpassung der Maske wird dem Patienten je nach verwendetem Material ein dünnes strumpfähnliches Material über das Gesicht gezogen, um ein Festkleben der Gesichtshaare an der Maske zu verhindern.

Vor dem Erkalten des Materials wird die Maske in die Kopfhalterung eingespannt, die auf einer Grundplatte befestigt ist. Gleichzeitig wird die Maske

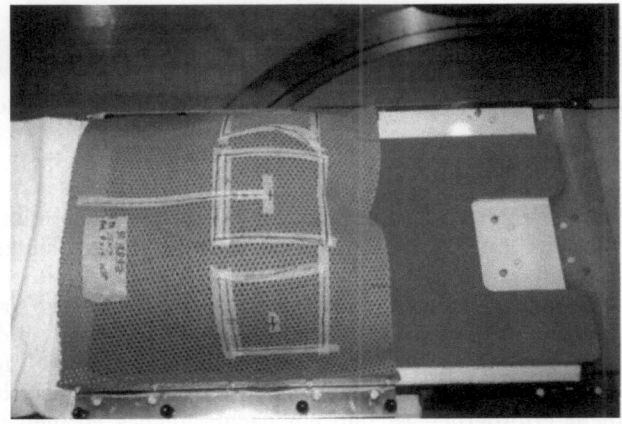

Abb. 10.7. Maske für den Bereich der unteren Körperregion mit aufgezeichneten Bestrahlungsfeldern (Sinmed)

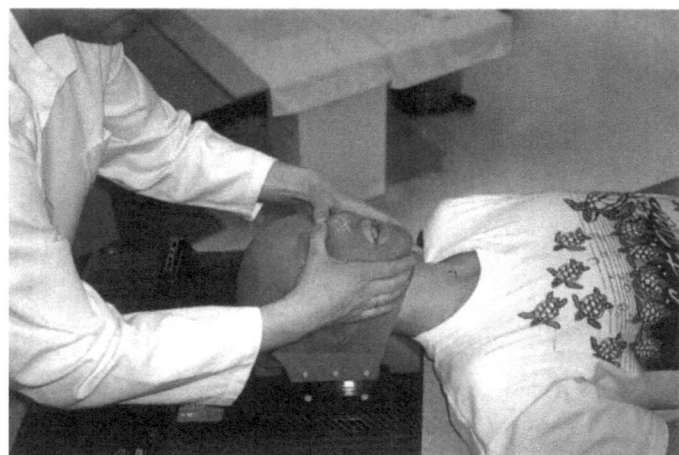

Abb. 10.8. Anpassung des Maskenmaterials im Kopf-Hals-Bereich (Sinmed)

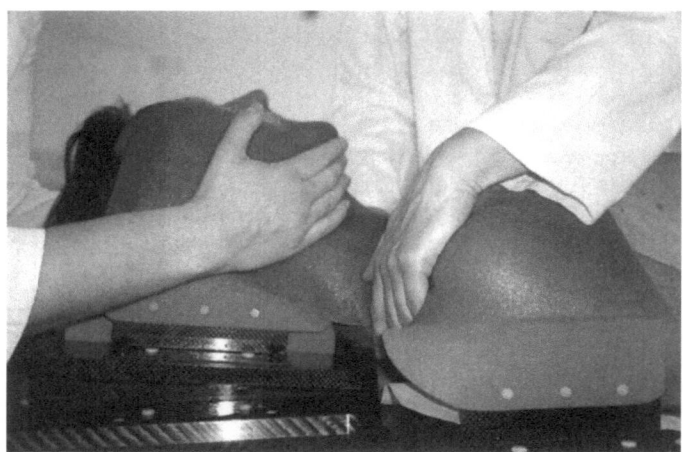

Abb. 10.9. Anpassung einer Maske für Großfelder auf einer Grundplatte aus Kohlenstoffaser (Sinmed)

am Patienten geformt. Zum Ausgleich der Krümmung der Halswirbelsäule wird der Patient auf eine körpergeformte Nackenstütze, auch Kopfhalterung genannt, gelagert.

Besonders sorgfältig muß der Bereich um Augen, Nase und Mund geformt werden. Nach dem Erkalten wird die Maske fest und formbeständig, aber auch nur wenig flexibel. Mittlerweile gibt es allerdings Maskenmaterialien, die eine Beschichtung aufweisen, so daß kein zusätzliches Strumpfmaterial mehr erforderlich ist und ein nachträgliches Formen nach erneutem Erwärmen möglich wird (Abb. 10.8 und 10.9). Kommt es während der Therapie im bestrahlten Bereich zu einer Ödembildung, was zu einem Engegefühl unter der Maske bis hin zu Einschneidungen führen kann, wird oft ein Nachformen der Maske nötig. Bei den bisher verwendeten Materialien konnte die Maske nach einmal erfolgter Anpassung am Patienten, trotz nochmaliger Erwärmung nicht mehr nachgeformt werden.

Durch die Einzeichnung der Bestrahlungsfelder auf der Maske werden Farbmarkierungen auf dem Gesicht des Patienten vermieden.

10.4.3
Nackenstützen

Die zur Lagerung notwendige Nackenstütze kann aus verschiedenen Materialien hergestellt sein. Die Grundplatte besteht meist aus Kunstglas wie Plexiglas usw. mit einer Dicke von etwa 1 cm. Durch die Verwendung dieser Grundplattenmaterialien kann eine unerwünschte Strahlungsdämpfung auftreten. Im Netherlands Cancer Institute wurden die Messungen der Strahldämpfung mit einer speziellen Meßanordnung durchgeführt. Die Strahlungsdämpfung im Bereich des Bestrahlungsfeldes, das die Grundplatte passiert, hängt von der Strahlenenergie, der Feldgröße und dem Bestrahlungswinkel ab. Für 4 MeV und 8 MeV Elektronenstrahlung mit einer Feldgröße von 10×10 cm beträgt die Dämpfung 7% pro cm bzw. 4,5% pro cm. Die Verwendung von Plexiglasgrundplatten erhöht die Inhomogenität der Dosisverteilung bei schräg posterioren Feldern, die bei 8 MeV Photonenstrahlung bis zu 10% betragen kann.

Elektronen, die in der Grundplatte erzeugt werden, setzen den hautschonenden Effekt herab. Die Dosis an der Hautoberfläche hängt von der Bestrahlungsenergie, dem Abstand der Grundplatte zur Haut und der Feldgröße ab. Für 4 MeV Photonenstrahlung mit einer Feldgröße von 10×10 cm und einem Plattenabstand von 6 cm kann die Dosis an der Hautoberfläche bis zu 90% betragen.

Die Messungen des Netherlands Cancer Institute zeigten, daß die Verwendung von Kopfpositionierungssystemen auf Kohlefaserbasis besonders günstig sind.

10.5
Digitale Vernetzung der Bildsysteme

Um die erhaltenen Simulationsaufnahmen mit Weichteildarstellungen des MR zu ergänzen, besteht die Möglichkeit der computergestützten digitalen Bildüberlagerungstechnik, wobei die bildgebenden Systeme der Radiologie über Datenleitungen miteinander vernetzt sind.

An anatomischen Fixpunkten orientiert werden die digitalisierten Röntgenbilder und die MRT-Bilder am Bildschirm in der Größe aneinander angepaßt. Die anschließende Bildverarbeitung erfolgt mit einem Image-Matching-Programm. So können Simulationsaufnahmen und ausgewählte MR-Schnitte übereinander projiziert und addiert werden. Für die Zielvolumendefinition wichtige Strukturen werden vorher im MR-Bild markiert.

Als Ergebnis erscheint ein Summationsbild mit integrierter MR-Weichteildarstellung und den Markierungen. Dadurch werden eine bessere Anpassung der Simulatorplanung an individuelle morphologische Gegebenheiten und eine sichere Erfassung der Tumorregion durch das Bestrahlungsfeld möglich. Durch diese noch exaktere Anpassung werden die kritischen Organe besser geschützt und die radiogen bedingten Nebenwirkungen verringert. Der wesentliche Vorteil der MRT-gestützten Simulationstechnik liegt in der genaueren Zielvolumendefinition bei großen irregulären Bestrahlungsvolumina, die mit Absorbern abgeblockt werden.

Abb. 10.10. Eingabeprotokoll für den Linearbeschleuniger Philips SL 25 (Elekta Onkologische Systeme, ehem. Philips)

		1	2	3
Feld-Nr.	:	1	2	3
SSD/SAD/ARC	:	SAD	SAD	SAD
Technik	:	1	2	2
Seg.-Nr.	:	1	1	1
Energie	:	X 6	X 25	X 25
Seg. ME1	:	67	85 mK	85 mK
Seg. ME2	:	77	56 oK	56 oK
Ges.Feld	:	67	141 *	141 *
Toleranz	:	2	2	2
GantrStart	:	0	90	270
GantrStop	:	0	90	270
Felddreh.	:	0	270	90
Feldlang X	:	23.0	16.0	16.0
Feldbreit Y	:	14.0	23.0	23.0
Feldvers. X	:	0.0	0.0	0.0
Feldvers. Y	:	0.0	0.0	0.0
Tubus	:	0		
Sat.Träger	:	16	16	16
TischHöhe	:	24.2	24.2	24.2
TischLängs	:	0.0	0.0	0.0
TischQuer	:	0.0	0.0	0.0
TischRot.	:	0	0	0
TischIsoz.	:	0	0	0
Feldfolge	:	0	0	0
DosisI.	:	400	400	400
PatLagerung	:	Bauchlage		
LagHilfe	:	individuell		
Tägl.Dosis	:	1.80		
Vortrag HD	:	0.00		
Gesamt HD	:	50.40		
HD /Feld	:	0.60	0.60	0.60
VorMD/Feld	:	0.00	0.00	0.00
SumMD/Feld	:	18.41	18.41	18.41
MaxDo/Feld	:	0.66	0.66	0.66
Warn.Dosis	:			
Warn.Datum	:			
Warn.Sitz.	:			

10.6
Beispiel eines möglichen Datentransfers

Die zur Bestrahlung notwendigen Parameter werden entweder durch einen manuellen Datentransfer an das Bestrahlungsgerät übertragen, oder es wird wie bei Computersystemen z. B. Lantis (Siemens) über die Identifikationsnummer des Patienten der direkte Zugriff auf die Planungsparameter zur Umsetzung der Bestrahlung möglich. Die bei anderen Systemen erforderliche manuelle Eingabe der Bestrahlungsparameter entfällt.

Einige Kliniken verfügen noch nicht über Therapiegeräte mit direktem Zugriff auf das Planungssystem, daher soll ein Beispiel eines möglichen Datentransfers gegeben werden. Ist aufgrund des Therapiegerätes, wie beim Linearbeschleuniger Philips SL 25 (jetzt Elekta Onkologische Systeme) die manuelle Eingabe der errechneten Bestrahlungsparameter und Monitoreinheiten erforderlich, so erweist es sich als günstig, vorher ein Eingabeprotokoll zu erstellen.

Das Eingabeprotokoll einer Bestrahlung mit Keilfiltern kann folgendermaßen aussehen (Abb. 10.10):

- Vergabe der laufenden Nummer ** - *** (Jahr - ***)
- Patientenname, Vorname
- Geb.-Datum Jahr - Monat - Tag
- Feldnummer 1, 2 usw.
- Feldname
- bei Feld mit Keil 85 mK, ohne Keil 56 oK
- 1. Segment mit Keil
- 2. Segment ohne Keil

Als Toleranz des Tischhöhenwertes wird bei Photonen 2, bei Elektronen 3 eingegeben, was jeweils einer Toleranz von 2 bzw. 3 cm entspricht.

Beim Arbeiten mit Keil wird im Feld Technik 2 eingegeben. Durch die Kombination des Keilfilterfeldes mit einem offenen Stehfeld läßt sich der an sich fixe Neigungswinkel der Isodosen, der durch den Keilfilter erzeugt wird, verändern. So kann man aus einem 45°-Keil ein 22,5°-Keilfilter herstellen, wenn man die beiden Felder mit einer Dosiswichtung von 1:1 bestrahlt.

KAPITEL 11

Herstellung irregulär geformter, individueller Absorber

Soll das Bestrahlungsfeld durch Absorber ausgeblendet werden, so zeichnet der Arzt, wenn kein dreidimensionales Planungssystem vorhanden ist, die entsprechenden gewünschten Absorberkonturen nach der Simulation per Hand in das Simulationsbild ein. Ist ein dreidimensionales Planungssystem vorhanden, so können die Konturen aus dem Planungssystem direkt auf Papier oder Folie gedruckt oder als Absorberdaten an das computergesteuerte Schneidegerät übermittelt werden.

Zur Herstellung der Absorber werden niedrigschmelzende Bleilegierungen verwendet:

- *MCP 70* mit einem Schmelzpunkt von 70 °C, einer Dichte von 9,5 g/cm^3, bestehend aus 50% Wismut, 26,7% Blei, 13,3% Zinn und 10% Kadmium;
- *MCP 96* mit einem Schmelzpunkt bei 96 °C, einer Dichte von 9,9 g/cm^3 und einer Zusammensetzung aus 52% Wismut, 32% Blei und 16% Zinn;
- *Lipowitz-Metall* mit einem Schmelzpunkt von 70 °C, einer Dichte von 9,5 g/cm^3 und einer Zusammensetzung aus 50% Wismut, 25% Blei, 12,5% Zinn und 12,5% Kadmium; Legierungen mit Kadmium werden heute nicht mehr verwendet.

Die *erforderliche Schichtdicke* der Absorber liegt bei 5–6 Halbwertschichten, was einer reinen Transmission von 1,5–3% durch einen Absorber entspricht. Der Wert der tatsächlich wirksamen Dosis im Risikoorgan hinter dem Absorber liegt durch die Streubeiträge aus der Umgebung bei etwa 15% der im behandelten Volumen applizierten Dosis. Am Beispiel der Bestrahlung der paraaortalen und beidseitig iliakalen sowie inguinalen Lymphabflußwege ergibt sich eine Hodenbelastung von 2–6% je nach Abstand der Gonaden zum Feldrand, nach Körperdicke und Photonenenergie.

Beeinflußt wird die tatsächlich im Patienten noch wirksame Dosis durch folgende Faktoren:

- Photonenenergie,
- Größe des primär streuenden Feldes,
- Größe des durch den Absorber abgedeckten Feldbereichs wie etwa beim Mantelfeld des Morbus Hodgkin.

Die Simulationsaufnahmen werden unter Therapiebedingungen z. B. anterior-posterior und posterior-anterior unter genau bekannter Geometrie angefertigt. Die Angaben zur Geometrie sind z. B. auf dem Computerausdrucks des Simulationsbildes erkennbar. Der Aufnahmeabstand ist aus dem Fokus-

Film-Abstand oder aus der Angabe des Filmfaktors bei der Simulation zu ersehen. Der Fokus-Film-Abstand bzw. der Filmfaktor ist beim Absorberschneiden besonders zu beachten. Der Filmfaktor wird am manuellen Schneidegerät eingestellt und ist für die Größenverhältnisse der Absorber verantwortlich. Bei einem computergesteuerten Schneidegerät muß dieser Wert ebenfalls beachtet und eingegeben werden.

Die ausgeschnittenen Styrodurblöcke werden als Form zum Gießen benötigt. Die Divergenz der zu gießenden Absorber ist nach dem Ausschneiden bereits am Styrodurblock erkennbar.

Um Fehler zu vermeiden, sollten die ausgeschnittenen Styrodurblöcke entsprechend mit a.-p., p.-a. oder rechtslateral bzw. linkslateral und dem Patientennamen gekennzeichnet werden.

Die Zentralstrahlmarkierung des Simulatorbildes bzw. des Planungsausdruckes muß beim manuellen Absorberschneiden mit der Markierung des Leuchttisches übereinstimmen. Bei einem computergesteuerten Schneidegerät wird die Lage des Zentralstrahls mittels Digitizern angegeben oder direkt vom Planungssystem an das Schneidegerät übermittelt. Mit einem Digitizer werden analoge Signale in digitale Form umgewandelt.

Die vom Arzt eingezeichneten auszublendenden Anteile der Simulationsaufnahmen werden als Konturen mit dem manuellen Schneidegerät nachgefahren bzw. mit dem Digitizer eines computergesteuerten Schneidegerät digitalisiert.

Am manuellen Styrodurschneidegerät wird mit einem an einem virtuellen Fokus zentrisch aufgespannten, elektrisch beheizten Draht der verkleinerte, divergenzkorrekte Absorber aus einem eingespannten Styrodurblock geschnitten.

Besonders zu beachten ist, daß sich der Simulationsfilm bzw. der Ausdruck aus dem Planungssystem beim Absorberschneiden im Aufnahmeabstand der Simulation befindet.

Der Styrodurblock im Schneidegerät muß sich in der gleichen Entfernung wie der Satellitenträger vom Gantrykopf des Therapiegerät befinden, wobei bei den einzelnen Geräteherstellern unterschiedliche Abstände möglich sind.

Die Angabe bzw. Einstellung dieses Wertes ist sowohl beim manuellen wie auch beim computergesteuerten Schneiden erforderlich.

Der am Schneidegerät einzustellende bzw. einzugebende Abstand des Satellitenträgers zur Quelle beträgt z. B. beim Linearbeschleuniger Philips SL 25 67 cm in a.-p.-Richtung, 64 cm in p.-a.-Richtung, beim Telekobaltgerät 49 cm in a.-p.-Richtung und 49 cm in p.-a.-Richtung (Abb. 11.1). Beim Linearbeschleuniger Mevatron der Firma Siemens ist der Abstand des Satellitenträgers zur Quelle geringer.

Die Dicke der Styrodurblöcke variiert je nach der Energie des Bestrahlungsgerätes. Für den Linearbeschleuniger beträgt die Dicke der Styrodurblöcke 8 cm, für ^{60}Co 6 cm.

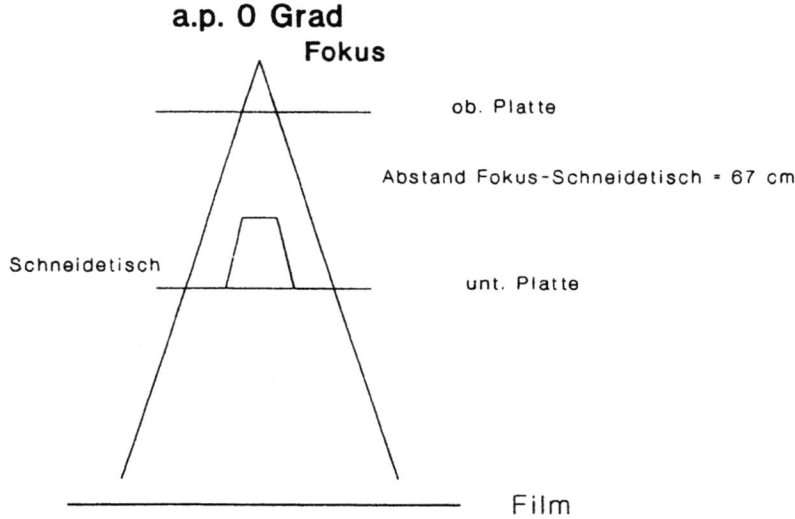

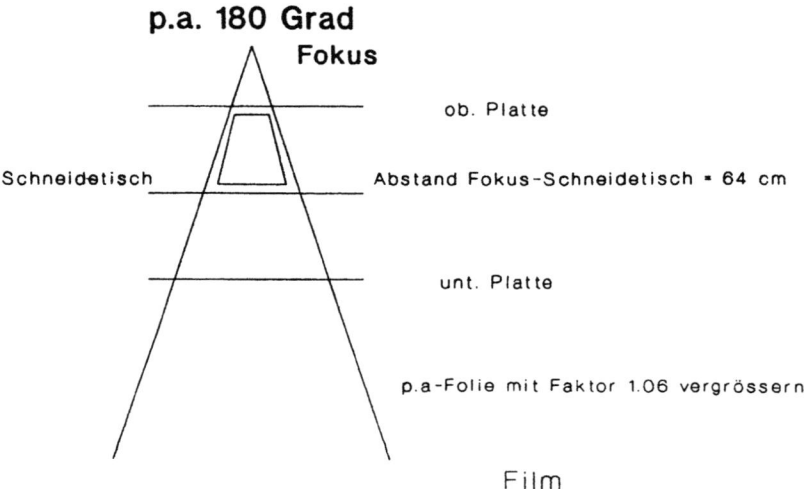

Abb. 11.1. Am Schneidegerät einzustellende Abstände für irreguläre Felder

11.1
Fehlerquellen beim manuellen Absorberschneiden

Um möglichst exakte Absorber anfertigen zu können, sollten folgende Fehler unbedingt vermieden werden (Abb. 11.2):

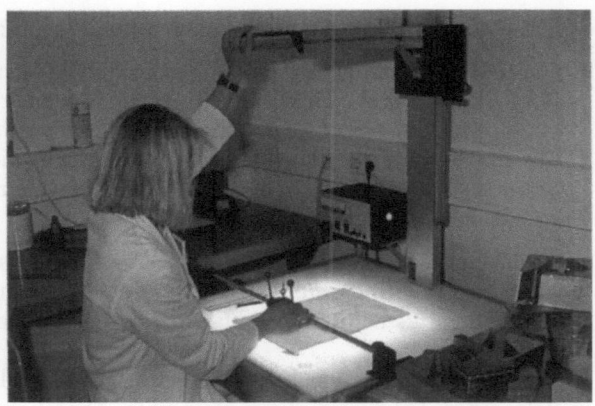

Abb. 11.2. MTAR am Leuchttisch des manuellen Schneidegerätes beim Nachfahren der ausgedruckten Absorberkonturen

- Mittels eines Fußpedals wird der Schneidedraht erhitzt. Bei zu hoher Heiztemperatur des Drahtes schmilzt zuviel Styrodur, so daß der Ausschnitt des Absorbers zu groß wird.
- Bei zu großer Schneidegeschwindigkeit neigt der Heizdraht dazu, engen Krümmungen nicht mehr zu folgen.
- Ist die Schneidegeschwindigkeit zu gering, so wird ebenfalls zuviel Styrodur geschmolzen.
- Verwendet man nicht die für die Energie des entsprechenden Therapiegerätes erforderliche Styrodurblockdicke, wird u. U. keine ausreichende Absorption der Strahlung gewährleistet. Die Verwendung einer Styrodurblockdichte von 6 cm beim Schneiden und Gießen der Absorber für den Linearbeschleuniger entspricht nicht den geforderten 5–6 Halbwertschichtdicken.
- Wird der bei der Simulation verwendete Fokus-Film-Abstand nicht korrekt weitergegeben oder liegt das Simulationsbild bzw. der Ausdruck nicht exakt zentriert auf dem Leuchttisch, ergeben sich wiederum vermeidbare Fehlerquellen.

11.2 Gießen der Absorber

Die ausgeschnittenen Styrodurblöcke werden in kastenförmige Behälter eingespannt und, falls notwendig, fixiert. Sind diese Behälter nicht rundherum geschlossen, so sollten die Einfahrstellen des Schneidedrahtes mit Klebeband abgeklebt werden, um ein Herauslaufen des Gießmaterials zu verhindern.

Zum Gießen sollte man möglichst kadmiumfreie Legierungen verwenden, da Kadmium toxisch ist.

Ein schnelles Abkühlen der Absorberunterseite kann durch wassergekühlte Auflageflächen aus Aluminium oder Kupfer und schichtweises Gießen der Absorber erreicht werden.

Aus Sicherheitsgründen ist das Tragen von Arbeitshandschuhen beim Gießen unerläßlich, ebenso sollte nur mit geschlossenem Kittel gearbeitet werden.

Fehlerquellen beim Absorbergießen sind:

- Durch zu langsames Aufgießen der Schichten können sich u. U. die weiteren Schichten nicht mehr korrekt miteinander verbinden, so daß der abgekühlte Block bei Beanspruchung auseinanderbrechen kann.
- Um die Bildung von Luftblasen zu vermeiden, die die Dichte des Blockes beeinträchtigen könnten, sollten immer nur kleine Mengen des Materials aufgegossen werden.

Nach dem Gießen und Abkühlen werden die Absorber aus den Styrodurblöcken entfernt und mit Feilen entgratet. Arbeitshandschuhe und spezielle Brillen sollten als Schutz vor entstehendem Metallstaub und Spänen getragen werden.

Die Absorber lassen sich entweder fest auf Plexiglasplatten schrauben oder mittels einer Folie, die die gewünschte Absorberposition wiedergibt, von Hand aufstellen. Aus Gründen der Qualitätssicherung erweist sich das feste Aufschrauben der Absorber für die täglich gleiche reproduzierbare Position der Absorber während der Bestrahlung als günstiger. Um die Absorber auf Plexiglasplatten schrauben zu können, müssen sowohl in die Absorber wie auch in die Plexiglasplatten Löcher gebohrt werden. Die erforderlichen Absorberpositionen lassen sich anhand von Ausdrucken und Folien nachvollziehen. Vor dem Gießen der ersten Schicht können Muttern mit Schrauben mittels doppelseitigem Klebeband in die Gießform eingesetzt werden. Nach dem Gießen werden die Schrauben entfernt. Auf diese Weise entfällt das Anbohren der fertiggestellten Absorber.

Das Gewicht der Absorber wird durch die Größe der auszublockenden Fläche und durch den Abstand des Satellitenträgers von der Patientenoberfläche bestimmt. Eine patientennahe Anordnung führt zu einer starken Gewichtszunahme der Absorber, was eine zusätzliche körperliche Belastung des Personals bedingen würde.

Wird eine homogene Plexiglasplatte als Absorberträger benutzt, verschlechtert sich der Aufbaueffekt, die Hautdosis wird unvorteilhaft erhöht. Der Satellitenträger sollte deshalb möglichst patientenfern angebracht sein.

11.3
Rechnergesteuertes Schneiden von Absorbern

Mittels eines computergesteuerten Schneidegerätes können individuelle irreguläre Absorber exakt und in der bestrahlungsgeometrisch notwendigen Divergenz automatisch geschnitten werden (Abb. 11.3).

Die auftretenden Schneidedämpfe werden durch eine integrierte Absaugung entfernt und können über einen Abzug nach außen geleitet werden. Ein Vorteil der computergesteuerten Schneidegeräte ist das Arbeiten mit konstanter Schneidegeschwindigkeit.

Als Grundlage des automatischen Absorberschneidens können die Simulationsaufnahmen wie auch die errechneten Planungsdaten dienen. Beim rechnergesteuerten Schneidegerät werden die zum Absorberschneiden notwendigen Daten z. B. aus dem Planungssystem überspielt (Abb. 11.4). Der Zentralstrahl wird vom Planungssystem übernommen. Parametersätze wie der Fo-

11.3 Rechnergesteuertes Schneiden von Absorbern

Abb. 11.3. Computergesteuertes Schneidegerät (HEK Medizintechnik)

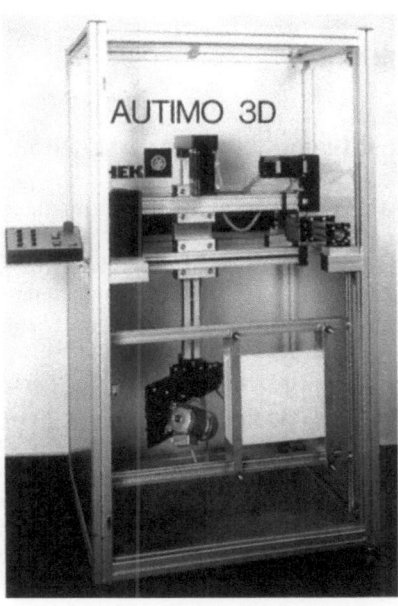

Abb. 11.4. Absorberkonturen beim rechnergesteuerten Schneiden am Bildschirm (HEK Medizintechnik)

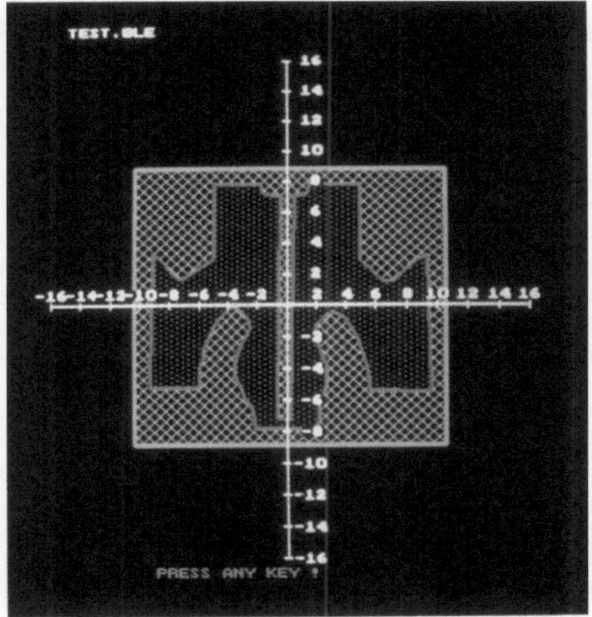

kus-Film-Abstand und der Blockträgerabstand können je nach Gegebenheiten und Therapiegerät verändert werden.

Mit dem rechnergesteuerten Schneidegerät besteht auch die Möglichkeit, Kompensatoren anzufertigen, die Inhomogenitäten berücksichtigen, einen

Oberflächenausgleich schaffen und Einfluß auf die Isodosenverteilung nehmen.

11.4
Multi-leaf-Kollimatoren als Alternative zu Absorbern

Alle modernen Linearbeschleuniger verfügen über variabel einstellbare Kollimatorblöcke am Ende des Strahlerkopfes, mit denen sich beliebige Rechteckfelder bis zu einer maximalen Feldgröße von 40×40 cm einstellen lassen. Statt mit Abschirmblöcken lassen sich irreguläre Felder alternativ mittels Multi-leaf-Kollimatoren, d. h. mit Mehr-Lamellen-Kollimatoren, erzeugen (Abb. 11.5).

Multi-leaf-Kollimatoren bestehen aus mehreren, paarweise einander gegenüberliegend angeordneten Lamellen aus dünnen Wolframscheiben. Die Lamellenblenden werden entweder direkt in den Strahlerkopf des Beschleunigers als integriertes System eingebaut oder unterhalb des Strahlerkopfes als Add-on-System angebracht. Bevorzugt wird wegen des großen Gewichts der Kollimatoren das integrierte System. Bei einem Add-on-System ist die millimetergenaue Einstellung eines beliebig regulären Feldes nur bei kleinen Feldern möglich.

Der Multi-leaf-Kollimator ersetzt als integrale Einheit den Sekundärkollimator. Die Lamellen simulieren die Kollimatorblenden in der X-Ebene des Beschleunigers.

Multi-leaf-Kollimatoren können die geometrische Feldformung für Photonen und z. T. für Elektronenfelder automatisch übernehmen. Bei der Lamellenblende für Elektronen ist der Strahlerkopf mit Helium gefüllt. Dadurch reduziert sich die Elektronenstreuung gegenüber der in Luft auf 10%. Aus diesem Grund benötigt man für Elektronenenergien über 10 MeV keinen zusätzlichen Tubus mehr.

Alle gewünschten Bestrahlungsfelder können mittels Multi-leaf-Kollimatoren aus jeder Einstrahlrichtung exakt dem Umriß des Zielgebietes angepaßt werden. Die Ausblockung ist individuell zugeschnitten, die Dosis im Zielgebiet maximiert, im umgebenden Gewebe minimiert. Ausblockungen innerhalb eines Feldes sind für den klinischen Einsatz noch nicht verfügbar. Für die Realisierung dieser Technik wären Algorithmen erforderlich, die die Bestrahlung mit mehreren Feldern in Verbindung mit der Rotation des Multi-leaf-Kollimators kombinieren.

Der Multi-leaf-Kollimator enthält 2 einander gegenüberliegende Lamellenreihen mit je 40 dünnen Wolframscheiben, wobei jede über einen eigenen prozessorgesteuerten Antrieb verfügt. Die Blattdicke der einzelnen Lamellen liegt bei 1 cm im Isozentrum. Aufgrund der Dicke der Lamellen ist es z. Z. noch nicht möglich, alle irregulären Feldformen mit hoher Präzision nachzubilden. Je schmaler die Lamellen sind, um so genauer kann eine Feldanpassung erfolgen. In einigen Forschungsinstituten, z. B. dem Deutschen Krebsforschungszentrum in Heidelberg, wurden bereits Multi-leaf-Kollimatoren mit einer Lamellendicke von nur 1,5 mm entwickelt, wobei eine Vergrößerung der Lamellenzahl bei gleichzeitiger Reduktion der Lamellendicke eine exaktere Feldeinstellung ermöglicht (Abb. 11.6). Aufgrund der nicht unbegrenzt re-

Abb. 11.5. Skizze eines Multi-leaf-Kollimators (GE Medical Systems Europe)

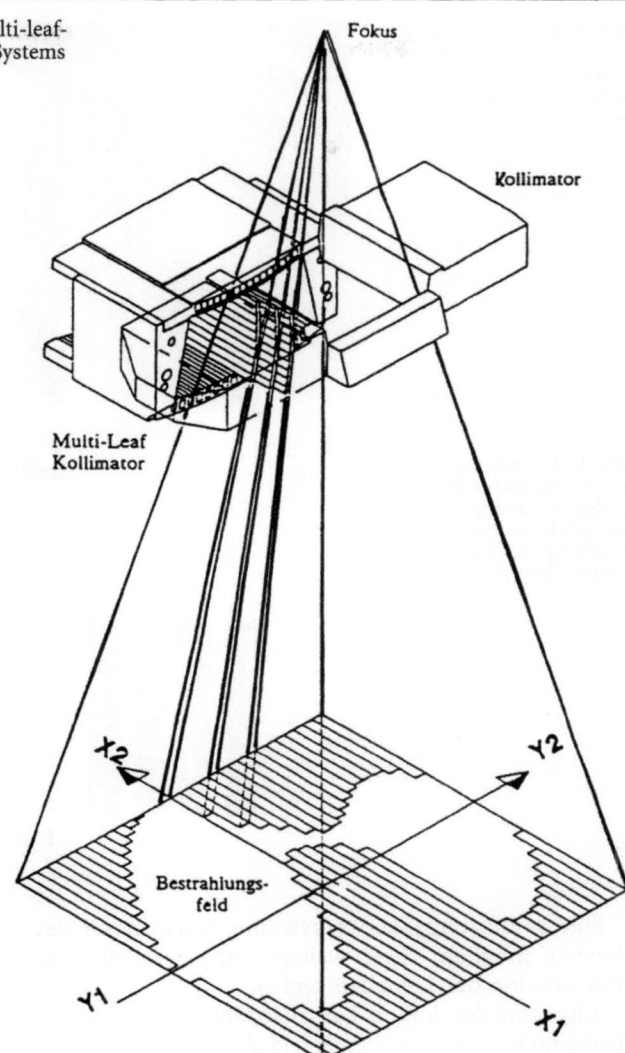

duzierbaren Lamellendicke treten sog. Treppenstrukturen in den Isodosenlinien auf. Diese Treppen erscheinen um so ausgeprägter, je dicker die Lamellen sind. Die Treppenstruktur bedingt je nach Ausprägung einen sog. effektiven Halbschatten am Feldrand.

Jede Lamelle kann innerhalb eines Bewegungsbereiches von 32,5 cm positioniert und in mindestens einer Ebene fokussiert werden. Um ein Aneinanderreiben der Lamellen zu vermeiden, wird der Multi-leaf-Kollimator so konstruiert, daß ein minimaler Abstand zwischen den Lamellen liegt. Aus diesem Grund entsteht zwischen den Lamellen eine hohe Durchlaßstrahlung. Durch eine geeignete Form der Lamellen läßt sich die Durchlaßstrahlung erheblich reduzieren (Abb. 11.7).

Abb. 11.6. Blick auf die Anordnung der Lamellen im Gantrykopf (GE Medical Systems Europe)

Abb. 11.7. Multi-leaf-Kollimator. Unterschiedliche Lamellenanordnung mit hoher und niedriger Durchlaßstrahlung (GE Medical Systems Europe)

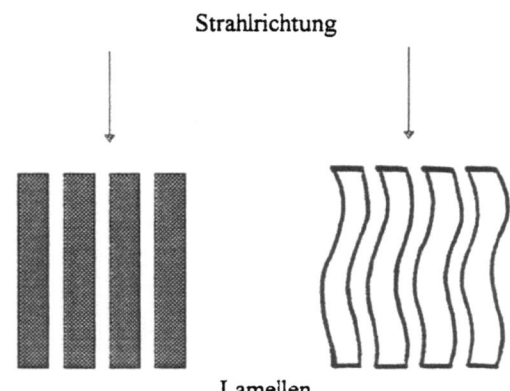

Eine milimetergenaue Einstellung wird durch den Einsatz von 2 Zusatzblenden möglich. Zwei weitere integrierte Blenden sollen nochmals die Transmission der Lamellen senken.

Aufgrund der hohen Lamellenzahl ist es möglich, ein beliebig geformtes Strahlenfeld aus dem Primärfeld des Beschleunigers auszublenden. Somit ist eine weitgehend tumorkonforme Applikation gegeben. Die Berechnung eines irregulären Feldes unter Verwendung eines Multi-leaf-Kollimators erfolgt mit dem Planungssystem. Um die richtige Lamellenposition berechnen zu können, müssen dem Planungssystem alle technischen und physikalischen Spezifikationen des Multi-leaf-Kollimators bekannt sein.

Zur Übertragung der Positionen auf den Multi-leaf-Kollimator gibt es verschiedene Möglichkeiten:

- Ist der Multi-leaf-Kollimator voll in das Beschleunigersystem integriert, so kann eine online-Übertragung vom Planungsrechner auf die Beschleunigerkonsole erfolgen.
- Eine online-Übertragung zur direkten Steuerung des Multi-leaf-Kollimators ist möglich.

11.4 Multi-leaf-Kollimatoren als Alternative zu Absorbern

Abb. 11.8. Optische Kontrolle der Lamellenpositionen (GE Medical Systems Europe)

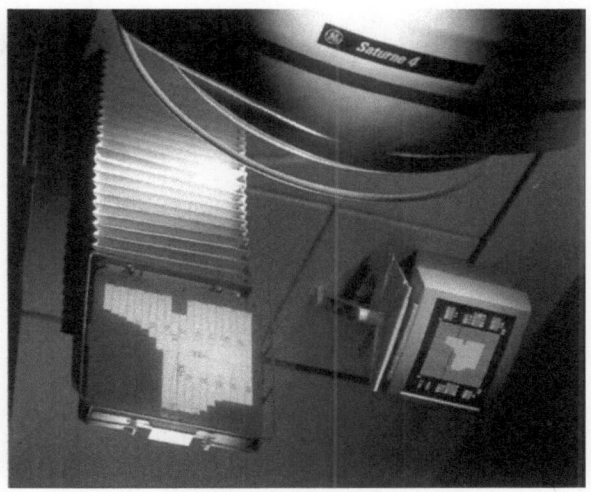

Abb. 11.9. Mittels Multi-leaf-Kollimator geformtes Bestrahlungsfeld, am Patienten optisch erkennbar (Siemens)

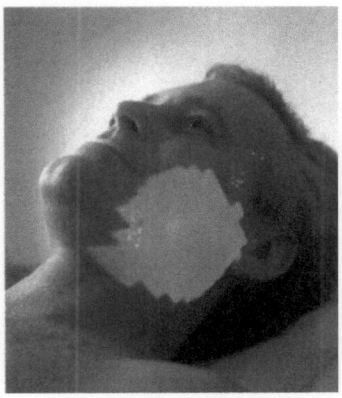

- Die Übertragung der Daten kann mittels eines Verifikations- und Protokollierungssystems zur Beschleunigerkonsole erfolgen.

Überwacht wird die Position der Lamellen mittels einer integrierten Kamera als Verifikationssystem. Ein Rechner überprüft und vergleicht automatisch die Werte mit der gespeicherten Feldbeschreibung.

Nach Eingabe der Patientennummer erfolgt automatisch die Einstellung aller Lamellen. Die Einstellung kann auch unter visueller Kontrolle über Bedienelemente am Strahlerkopf vorgenommen werden. Haben alle Lamellen ihre vorgesehene Position erreicht, so wird die Bestrahlung freigegeben. Bei mehreren Einstellungen des gleichen Patienten können diese vom Schaltraum aus gesteuert werden. Eine weitere Kontrollmöglichkeit ist durch den Einsatz von Farbmonitoren im Bestrahlungsraum und im Schaltraum zur Überprüfung der Lamellenpositionen gegeben (Abb. 11.8 und 11.9). Da jede Lamelle

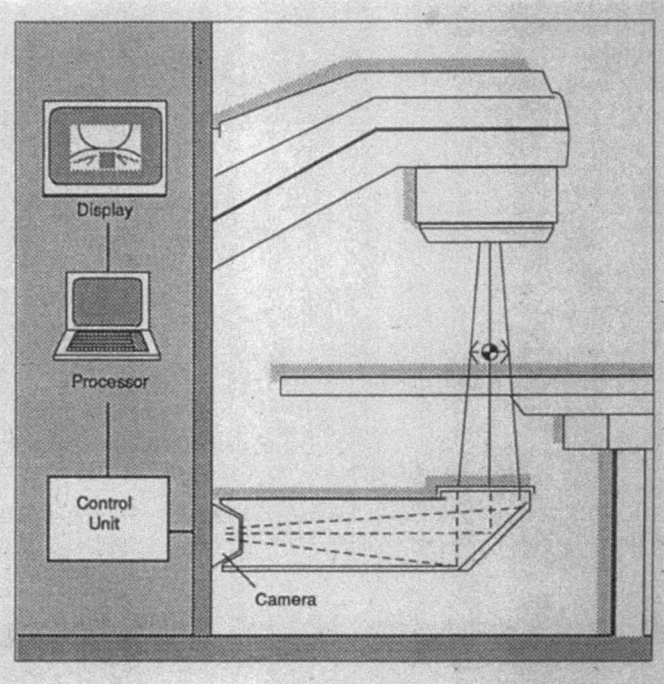

Abb. 11.10. Anordnung des Portal-Imaging-Systems (Elekta Onkologische Systeme, ehem. Philips)

über einen eigenen Motor verfügt, fahren die Lamellen auch bei einer Rotationsbestrahlung stets der sich veränderten Form des Tumorvolumens nach.

Eine Kontrolle und Dokumentation des eingestellten Feldes während der Bestrahlung kann mit einem *Digital-Portal-Imaging* durchgeführt werden, wodurch digitale Echtzeitaufnahmen im MeV-Bereich ermöglicht werden.

Das Digital-Portal-Imaging besteht in der Regel aus der Kombination Fluoreszenzschirm, Spiegel und Videokamera. Es wird z.B. gegenüber dem Strahlerkopf an einem Drehstativ montiert, so daß sich bei jedem beliebigen Bestrahlungswinkel Aufnahmen anfertigen lassen. Gesteuert wird das Digital-Portal-Imaging durch eine Computereinheit, welche die Bilddaten aufbereitet und auf einem Monitor darstellt (Abb. 11.10).

So kann kontrolliert werden, ob das Bestrahlungsfeld richtig eingestellt ist und die Lamellenposition des Multi-leaf-Kollimators bzw. die Position der Absorber der der Planung entsprechen. Hilfreich ist hierbei ein Vergleich der Echtzeitaufnahme mit einem digitalisierten Simulatorbild oder mit einem aus mehreren CT-Schnitten digital rekonstruierten Röntgenbild oder einer Strahlerperspektive- oder Beam's-eye-view-Darstellung aus dem Planungssystem (Abb. 11.11).

11.4 Multi-leaf-Kollimatoren als Alternative zu Absorbern

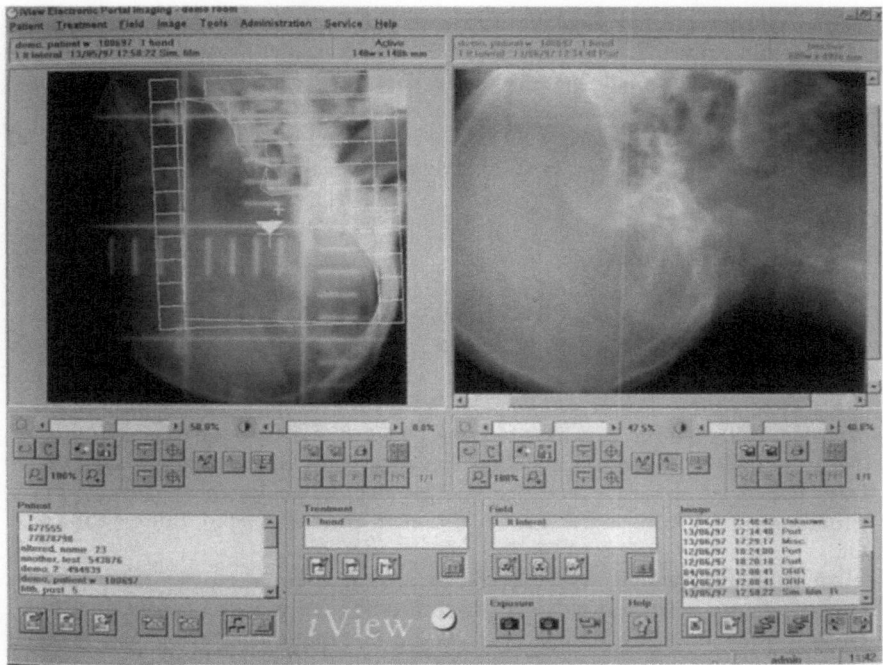

Abb. 11.11. Bildschirm mit Portal-Imaging-Aufnahme und Vergleichsröntgenbildern vom Simulator (Elekta Onkologische Systeme, ehem. Philips)

11.4.1
Vergleich des Einsatzes der Multi-leaf-Kollimatoren mit Absorbern

Die *Vorteile* der Multi-leaf-Kollimatoren liegen in der verbesserten Reproduzierbarkeit, der Erleichterung der Vorbereitungs- und Einstellarbeit und der Verkürzung der Einstellzeit. Zusätzlich entfällt meistens das aufwendige Absorbergießen. Weitere Vorteile sind:

- Bei einer Integration des Multi-leaf-Kollimators in den Gantrykopf wird das Personal geschont, da das Einstellen der evtl. sehr schweren Absorber entfällt.
- Durch das Wegfallen der Absorberfertigung kommt es zu einer Zeitersparnis.
- Der Multi-leaf-Kollimator ist sofort zur Bestrahlung verfügbar.
- Die Einstellung und Kontrolle dieses Systems erfolgt über Computer.

Von *Nachteil* sind der hohe Anschaffungspreis und die z.Z. nur grobe Einstellung bei irregulären Feldern. Konkav geformte Zielvolumina lassen sich nur begrenzt anpassen.

Die *Vorteile* von Absorbern sind:

- Absorber bieten eine exakte Anpassung an das Bestrahlungsfeld.
- Eine Ausblockung innerhalb des Feldes ist möglich.

Bei Absorbern treten folgende *Nachteile* auf:
- Durch die notwendige mechanische Bearbeitung der Absorber kann es zu eventuellen Gesundheitsgefährdungen kommen.
- Die Herstellung der Absorber ist sehr zeitaufwendig.
- Die auf Plexiglasplatten geschraubten Absorber müssen für jedes Bestrahlungsfeld manuell in den Satellitenträger eingeschoben werden.

11.5
Feldkontrollaufnahmen

Die Ersteinstellung ist mit Verifikationsaufnahmen mit Hilfe der therapeutischen Strahlenquelle zur Absorberpositionskontrolle und zur Lagekontrolle des Patienen durchzuführen. Benutzt werden dazu entweder einzeln verpackte Spezialfilme mit einem breiten Belichtungsspielraum, die während der gesamten Bestrahlung belichtet werden, oder Kassetten, die vor und hinter einem normalen Röntgenfilm Folien aus massivem Blei enthalten. Die Dicke dieser Folien ist abhängig von der Energie der verwendeten Strahlung. Diese Aufnahmen sind kontrastreicher und bieten einen höheren Informationsgehalt.

Um eine anatomische Abgrenzung zu ermöglichen, wird der Film doppelt belichtet. Zuerst wird mit wenigen Monitoreinheiten bei weit geöffneten Blenden bestrahlt; danach wird das Feld auf die therapeutische Feldgröße verkleinert und wieder mit wenigen Monitoreinheiten bestrahlt. Diese Doppelbelichtung wird unter anderem bei Hirnbestrahlungen angewandt.

Feldkontrollen können ebenso mittels eines Portal-Imaging-Systems durchgeführt werden.

KAPITEL 12

Einstelltechnik an den Bestrahlungsgeräten

12.1 Bestrahlungsraumzubehör

Im Bestrahlungsraum befinden sich zur Patientenüberwachung 2 Kameras. Monitore geben Auskunft über die Bestrahlungsparameter des zu bestrahlenden Patienten (Abb. 12.1 und 12.2). Seitliche Laser sind an den Wänden, ein Mittellaser ist z. B. an der Raumdecke angebracht.

Lagerungshilfen wie Kissen, Keile, Lochbrett, Matten, Gipsschalen, Masken, Kopfhalterungen, Schaumkissen, Rollbrett, Tritt, Fixierungsgurte sollten vorhanden sein. Desinfektionsmittel, Tupfer, Wattestäbchen werden zur Patientenversorgung, Farbe und Farbstifte zum Nachzeichnen der Bestrahlungsfelder benötigt. Bei Bestrahlungen in Augennähe kommen spezielle Linsen zur Abdeckung des Auges zum Einsatz.

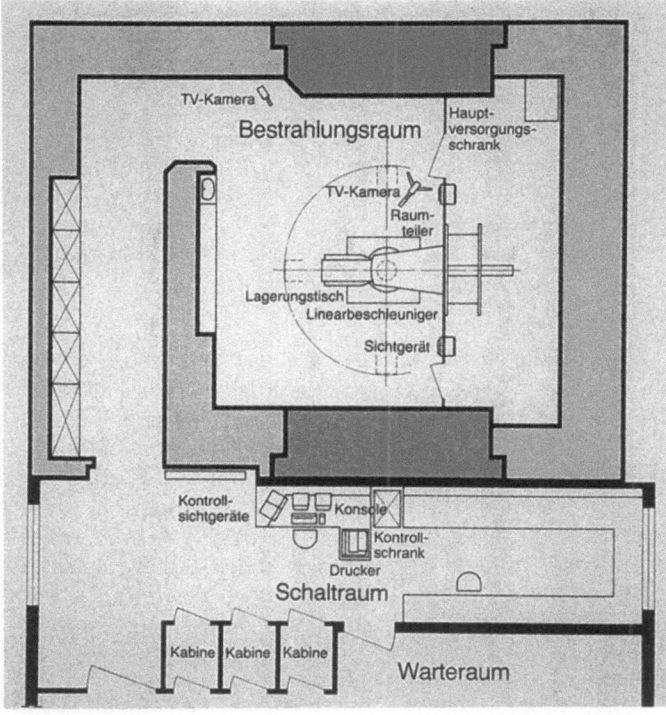

Abb. 12.1. Skizze eines Bestrahlungsraumes (Elekta Onkologische Systeme, ehem. Philips)

Abb. 12.2. Bestrahlungsraum mit Linearbeschleuniger SL, Monitoren zur optischen Einstellung der Bestrahlungsparameter und Kameras zur Patientenbeobachtung (Elekta Onkologische Systeme, ehem. Philips)

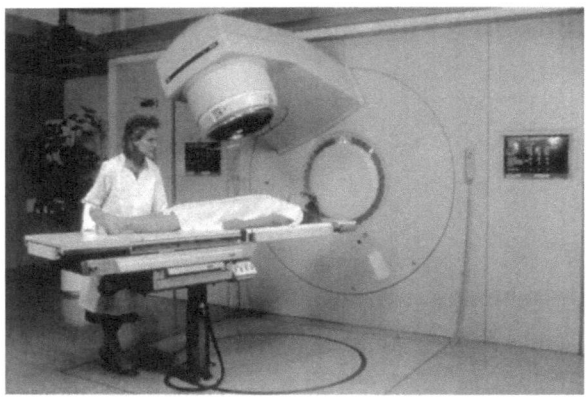

Abb. 12.3. Am Gantrykopf befestigter Satellitenträger mit auf einer Plexiglasplatte aufgeschraubten Absorbern (Elekta Onkologische Systeme, ehem. Philips)

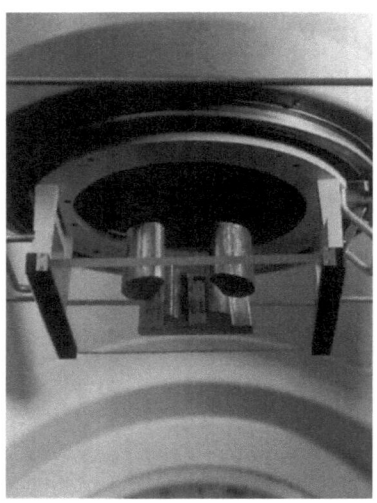

Um die tägliche dosimetrische Überprüfung durchführen zu können, soll ein geeignetes Meßphantom vorhanden sein. Meßgeräte dienen der Kontrolle der Luftfeuchtigkeit und der Temperatur der Raumluft.

Im Bestrahlungsraum soll sich eine Kassettenhalterung zur Fixierung der Röntgenkassetten bei der Anfertigung von Verifikationsaufnahmen befinden.

Bei nicht aufgeschraubten Absorbern werden bei der 180°-Einstellung Folien mit den Feldabsorberkonturen benötigt. Zum schnellen Auffinden der mit Patientennamen beschrifteten Folien eignen sich Ordner mit alphabetischer Einteilung. Individuell gegossene Absorber, die auf Plexiglasplatten fest montiert sind, werden in speziellen Regalen mit Einschüben untergebracht. Weiter sollten Stellmöglichkeiten für Magnetblöcke, Standardabsorber und Absorber für Elektronenfelder vorhanden sein.

Feste Tubusse, die die verschiedenen Feldgrößen definieren, werden ebenso wie variable Tubusse in Regale eingehängt. Der Satellitenträger soll schnell griffbereit sein (Abb. 12.3). Besitzt das Therapiegerät kein motorisches Keilfilter, so befindet sich eine Keilfilterauswahl im Bestrahlungsraum.

Bei evtl. eintretenden Notfällen, muß eine schnelle Patientenversorgung gesichert sein. Aus diesem Grund sind im Bestrahlungsraum Sauerstoffanschlüsse sowie ein Notfallkoffer zu finden.

Um einen ständigen Kontakt zum Patienten zu gewährleisten, ist der Raum mit einer Gegensprechanlage ausgestattet.

Grundsätzlich gilt:

- Bestrahlungsfelder, die zu verblassen drohen, sollten immer rechtzeitig nachgezeichnet werden. Dies gilt für Photonen wie auch für Elektronen. Verblaßte bzw. nicht mehr sichtbare Bestrahlungsfelder müssen resimuliert werden.
- Dem Patienten ist beim Auf- und Absteigen auf den Bestrahlungstisch Hilfe zu leisten.
- Der Patient sollte immer so gelagert werden, daß er sich weder an der Satellitenhalterung noch an den Tubussen verletzen kann; evtl. kann aus diesem Grund der Tisch mittels Säulendrehung aus der Mitte gelenkt werden.
- Während der Bestrahlung muß der Patient über Kameras beobachtet werden. Bei medizinischen Zwischenfällen ist die Bestrahlung sofort zu unterbrechen und der Arzt zu rufen.
- Bei technischen Schwierigkeiten kann ebenfalls die Bestrahlung unterbrochen werden. Der Medizinphysiker ist zu rufen, damit er über das weitere Vorgehen entscheidet.
- Über Bestrahlungsnebenwirkungen muß der Arzt informiert werden. Das Bestrahlungsfeld ist optisch auch bezüglich Hautrötungen zu kontrollieren. Eine Ab- und Zunahme des Körpergewichts des Patienten während der Bestrahlung sind dem Arzt mitzuteilen.
- Die Tischhöhenwerte, die sich bei der Simulation nach den errechneten Werten des Planes ergeben und zur Bestrahlung verwendet werden, dürfen – außer nach einer erneuten Simulation – während der Bestrahlung nicht verändert werden.
- Bei der Bestrahlung dürfen nur die angegebenen Lagerungshilfen verwendet werden.
- Aus hygienischen Gründen sollte der Bestrahlungstisch häufiger mit Desinfektionsmittel abgerieben oder mit Alkohol gereinigt werden.

12.2
Einstelltechnik an Beispielen

12.2.1
Bestrahlung in SSD-Technik bei opponierenden, irregulär geformten Feldern

Ein irregulär geformtes Feld tritt z.B. bei der Bestrahlung der Axilla auf. Es wird von a.-p. und p.-a. bestrahlt; der Patient liegt auf dem Rücken, Arme seitlich, und es werden Absorber verwendet.

Je nach Gerätehersteller können die vorgegeben Bestrahlungsparameter, wie Feldgröße, Blendenrotation usw., entweder über die Betätigung einer

Funktion am Handschalter im Bestrahlungsraum, wie beim Linearbeschleuniger Philips SL 25 über die Funktion „auto set-up" automatisch eingestellt werden oder über eine integrierte Funktion an der Bedienkonsole, wie beim Linearbeschleuniger Mevatron von Siemens. Bei integrierter Funktion ist jedoch die automatische Einstellung der Gantryrotation ausgenommen. Aus Sicherheitsgründen muß die gewünschte Position des Gantrywinkels per Handschalter gefahren werden.

Am Computer erscheinen über die Eingabe der Patientennummer die entsprechenden Einstelldaten sowie Lagerungshilfen, Gesamtdosis, Einzelfraktionierung usw.

Um die Funktion „auto set-up" am Handschalter durchführen zu können, müssen zusätzlich die seitlichen Kontakte des Handschalters gedrückt werden.

Zur Bestrahlungsdurchführung wird die Tischhöhe entsprechend angepaßt und das Bestrahlungsfeld eingestellt. Die Strahlfreigabe erfolgt erst dann, wenn alle erforderlichen Bestrahlungsparameter erfüllt sind.

Einstellung des Feldes bei einem Gantrywinkel von 0°. Bevor der Patient nach dem Entkleiden den Bestrahlungsraum betritt, erfolgt zuerst das Auflegen der erforderlichen Lagerungshilfen wie flaches Kissen, halbe Knierolle usw. Die benötigten Lagerungshilfen können z.B. über die Handschalterfunktion „Blättern" am Monitor abgefragt werden.

Aus hygienischen Gründen wird der Tisch mittels eines Zellstofftuchs abgedeckt. In einigen Kliniken bringt der Patient zu jeder Bestrahlung sein eigenes Handtuch als Tischabdeckung mit. Der Patient wird ggf. mit Hilfestellung aufgelegt und mittels Deckenlasers optisch gerade ausgerichtet, wobei die Armposition zu beachten ist. Die Lagerung des Patienten erfolgt wie am Raummonitor und im Simulationsprotokoll ersichtlich z.B. in Rückenlage, Arme seitlich, Fersen zusammen, mit den entsprechenden Lagerungshilfen Keilkissen, Kissen flach usw.

Über das System Lantis (Siemens) besteht die Möglichkeit, mittels einer digitalen Kamera das bei der Simulation angefertigte Lagerungsphoto in den Computer einzuscannen und bei Bedarf im Bestrahlungsraum aufzurufen.

Falls die Absorber per Hand eingestellt werden, wird der Satellitenträger mit eingeschobener leerer Plexiglasplatte am Gantrykopf befestigt. Der Satellitenträger kann wie beim Linearbeschleuniger Mevatron (Siemens) fest in den Gantrykopf integriert sein, so daß das An- und Abbauen des Satellitenträgers entfällt.

Zur Feldeinstellung wird das Raumlicht abgedunkelt, wobei Raum- und Feldlicht miteinander gekoppelt sein können. Die Feldgröße wie auch die Blendenrotation wurden vorab automatisch eingestellt. Das eingezeichnete Feld wird durch Lösen der Tischlängs- und -querblockierung eingestellt.

Der Patiententisch wird so weit angehoben, bis die Raumlaser mit den seitlich am Patienten eingezeichneten Lasermarkierungen übereinstimmen. Um diese Deckung zu erreichen, kann es erforderlich sein, den Patienten nochmals anzuheben und neu zu lagern.

Stimmen alle erforderlichen Lasermarkierungen überein, ist die exakte Lagerung des Patienten gesichert und der Tisch wird wieder abgesenkt bis in der Zentralstrahlmarkierung des eingezeichneten Feldes am Patienten der

12.2 Einstelltechnik an Beispielen

SSD-Wert von 100 cm abzulesen ist oder bis sich alle 3 Raumlaser in diesem Punkt schneiden. Der Abstandsmesser erscheint im Lichtvisier z.B. über den Knopf „distance" am Handschalter.

Ist die Einstellung komplett, so können nun die vorher für den Patienten individuell angefertigten Absorber wie auch Standardblöcke in den Satellitenträger gestellt werden. Mit Hilfe der auf dem Patienten eingezeichneten Absorberkonturen werden die Absorber in die entsprechende Position gebracht. Sind die Absorber fest auf eine Plexiglasplatte aufgeschraubt – was vorzuziehen ist – so wird die mit dem Patientennamen und der Strahlrichtung gekennzeichnete Platte in den Satellitenträger eingeschoben.

Am Monitor wird vor Verlassen des Bestrahlungsraumes die Richtigkeit der eingestellten Parameter überprüft. Über die Funktion „Blättern" des Handschalters des Linearbeschleunigers Philips SL 25 lassen sich unter der aufgerufenen Patientennummer alle eingegebenen Bestrahlungsparameter am Monitor aufrufen und mit der vorgenommenen Einstellung vergleichen. Bei anderen Herstellern sind alle Bestrahlungsparameter auf einer Monitorseite dargestellt, so daß das Blättern entfällt.

Stimmen alle Angaben überein, so erscheint je nach Gerätehersteller am Raummonitor die Bestrahlungsfreigabe. Wird die Bestrahlung vom Gerät nicht freigegeben, so muß die Einstellung nochmals überprüft werden.

Mögliche Ursachen für eine fehlende Bestrahlungsfreigabe:

- Besitzt das Therapiegerät eine Verifikationsprüfung der Tischhöhe und die Bestrahlung wird vom Gerät nicht ausgelöst, dann ist zu überprüfen, ob der Toleranzbereich der Tischhöhe über oder unter dem zulässigen Wert für eine Bestrahlungsfreigabe liegt. Bei Photonen darf die Tischhöhe z.B. beim Linearbeschleuniger Philips SL 25 um 2 cm, bei Elektronen um 3 cm differieren.
- Der Satellitenträger hat keinen Kontakt zum Gantrykopf.
- Der Tischwinkel oder der Gantrywinkel stimmen nicht mit den erforderlichen Werten überein.
- Bei einem manuellen Keilfiltereinschub wurde nicht der korrekte Keil verwendet.

Bei einigen Geräteherstellern werden die Tischhöhe und die Tischrotation nicht vom System verifiziert. Diese Parameter können und sollten allerdings zusätzlich angegeben und angezeigt werden, um den medizinisch-technischen Assistenten die Möglichkeit zur Überprüfung zu geben. Werden laut Monitor alle Angaben erfüllt, so kann das Raumlicht angeschaltet werden. Der Patient sollte darüber informiert werden, daß man den Raum verläßt und die Bestrahlung in Kürze beginnt. Anschließend wird die Tür von außen geschlossen.

Die Bestrahlung wird je nach Gerät z.B. am Schaltpult über die entsprechenden Funktionstasten ausgelöst. Bei manchen Linearbeschleunigern muß zur Auslösung der Bestrahlung zusätzlich ein Schlüssel betätigt werden.

Über die im Raum aufgestellten Kameras wird der Patient während der Bestrahlung beobachtet, um bei evtl. eintretenden Notfällen sofort reagieren zu können. Aus diesem Grund sollte die Bestrahlung auch bei einem entsprechend ausgeleuchteten Raum stattfinden.

Einstellung des Gegenfeldes von 180°. Nach Ablauf der Bestrahlung des ersten Feldes wird, nachdem die/der MTAR den Bestrahlungsraum wieder betreten hat, das Raumlicht zur Einstellung des Gegenfeldes von 180° gelöscht.

Die Absorber bzw. die Plexiglasplatte mit aufgeschraubten Absorbern werden aus dem Satellitenträger entfernt. Waren die Absorber fest montiert, so schiebt man nun zuerst die Platte für 180° in die Halterung. Um mit der Gantry ohne Tischkollision auf 180° fahren zu können, kann die Tischplatte mit dem Patienten aus der Mitte herausgelenkt werden. Wichtig ist es, den Patienten darauf hinzuweisen, trotz der Tischplattenbewegung ruhig liegen zu bleiben, da sonst evtl. die komplette Lagerung wiederholt werden müßte. Der Tisch wird so weit angehoben, bis sich die Seitenlaser auf der Tischoberkante befinden und an der Skala des Tischfußes 0 abzulesen ist, was einem SSD von 100 cm bei 180° entspricht. Die Gantry wird auf 180° gedreht, die Tischplatte wieder in ihre Ausgangsposition zurückgelenkt. Um die 180°-Einstellung bei nicht fest montierten Absorbern vornehmen zu können, besteht die Möglichkeit mit Folien zu arbeiten, die die Absorberpositionen des opponierenden Feldes von 180° am Patienten wiedergeben.

Die entsprechende Patientenfolie wird auf den Satellitenträger gelegt, und die Absorber im Satellitenträger werden unter Sichtkontrolle anhand der Absorberschatten an der Tischplatte in die vorgesehene Position gebracht. Bei festaufgeschraubten Absorbern ist keine zusätzliche Kontrolle der Absorberschatten erforderlich. Sie sind in jedem Falle vorzuziehen.

Das Raumlicht wird angeschaltet, der Raum kann verlassen werden. Die Tür wird geschlossen und die Bestrahlung ausgelöst.

Nach Beendigung der Bestrahlung werden zuerst die losen Absorber entfernt. Die festmontierten Absorber können bis zur Gantryposition 0° im Satellitenträger verbleiben und werden dann bei 0° entfernt. Bei manuell eingestellten Absorbern entfernt man in der 0°-Position der Gantry die leere Plexiglasplatte.

Die Tischplatte wird aus Mitte gedreht. Gleichzeitig wird die Gantry auf 0° gefahren und der Tisch abgesenkt. Um Unfälle zu vermeiden, sollte der Patient so lange auf dem Bestrahlungstisch liegen bleiben, bis der Tisch komplett abgesenkt ist. Hilfreich kann die Längsverschiebung des Tisches aus dem Bereich des Satellitenträgers nach unten sein, um dem Patienten ein einfaches, unfallfreies Aufstehen zu ermöglichen.

12.2.2
Bestrahlung in SAD-Technik bei 0° oder einem beliebigen Winkel

Diese Bestrahlungstechnik findet beispielsweise bei der Mammazange, der Rektumbox und bei der Bestrahlung des Pankreas Anwendung.

Mammazange mit medialem Feld

Die Einstellparameter werden per Patientennummer aufgerufen, während sich der Patient in der Kabine entkleidet.

12.2 Einstelltechnik an Beispielen

Die Lagerungshilfen – wie z.B. Keilkissen oder flaches Kissen, halbe Knierolle – werden auf den Tisch gelegt und das Zellstofftuch darübergebreitet. Der Satellitenträger wird bei dieser Einstellung entfernt.

Nach der automatischen Einstellung der Geräteparameter legt sich der Patient, ggf. mit Hilfe des Personals, auf den Tisch, und zwar in Rückenlage, die Arme über dem Kopf. Nachdem der Patient auf den entsprechenden Lagerungshilfen optisch gerade gelagert wurde, kann das Raumlicht gelöscht werden.

Die Einstellung findet bei 0°, entsprechend der Einzeichnungen wie Feldmitte und Laser, statt. Die Tischblockade längs und quer wird gelöst. Die Feldeinstellung erfolgt bei gleichzeitigem Anheben des Tisches und Fahren auf die seitlichen Lasermarkierungen am Patienten. Der Patient wird so lange ausgerichtet, bis die Lasereinzeichnungen auf beiden Körperseiten übereinstimmen. Die Einstellung auf die beiden seitlichen Lasermarkierungen entspricht der Isozentrumslage aus dem Plan.

Danach wird die Gantry auf den entsprechenden Winkel gefahren. Der Tisch wird *nicht* wie bei SSD-Technik abgesenkt.

Die Einstellung ist nun noch optisch zu überprüfen, und die eingestellten Daten sind mit den Angaben auf dem Monitor zu vergleichen. Die eingezeichneten Feldgrenzen müssen mit dem ausgeleuchteten Feld übereinstimmen. Das Raumlicht kann angeschaltet werden, die Tür wird geschlossen, die Bestrahlung wird ausgelöst.

Laterales Feld. Bei einer Einstellung ohne Absorber wird die Gantry auf den gewünschten Winkel gedreht und das Feld optisch überprüft.

Bei der SAD-Technik wird weder der Patient bewegt, noch die Tischhöhe verändert! !

Rektumbox in Bauchlage

Beim Aufrufen der Bestrahlungsparameter verfährt man wie bereits beschrieben. Da es sich bei dieser Einstellung um eine Bestrahlung mit Absorbern handelt, ist der Satellitenträger am Gantrykopf zu befestigen.

Das Lochbrett wird auf den Tisch gehoben, wofür die Tischplatte ausgelenkt werden kann. Lagerungshilfen wie z.B. ein kleines Kissen, halbe Knierolle usw. werden nach Angabe aus dem Simulationsprotokoll auf das Lochbrett gelegt. Darüber wird das Patientenhandtuch oder ein Zellstofftuch gebreitet.

Bei dieser Bestrahlung liegt der Patient in Bauchlage, wobei der Bauch zur Schonung des Dünndarms in die Aussparung gelagert wird. Bei Männern sollen die Hoden und der Penis auf dem Brett zu liegen kommen.

Das Raumlicht wird gelöscht. Die Einstellung des Feldes erfolgt durch Lösen der Tischlängs- und -querblockierung und Fahren auf die seitlichen Lasermarkierungen sowie das Ausrichten des Patienten, bis beide Markierungen übereinstimmen. Stimmt das eingezeichnete Feld mit dem Lichtfeld überein, so wird die Plexiglasplatte mit den individuell gefertigten, fest montierten Absorbern in die Halterung geschoben.

Nach nochmaliger Sichtkontrolle des eingestellten Feldes sowie der Absorberpositionen kann das Raumlicht angeschaltet werden. Die Tür wird geschlossen und die Bestrahlung ausgelöst.

Einstellung der seitlichen Felder von 90° und 270°. Zuerst wird die eingeschobene Plexiglasplatte entfernt. Bei Verwendung von Magnetblöcken wird die Gitterplatte eingeschoben. Das Raumlicht wird gelöscht.

Die Gantry wird ohne Lagerungsänderung des Patienten und ohne Tischhöhenveränderung auf den angegebenen Winkel, z. B. 90°, gefahren. Unter Sichtkontrolle findet die Positionierung der Magnetblöcke anhand der Patienteneinzeichnung statt. Bei aufgeschraubten Absorbern werden die entsprechende Plexiglasplatte eingeschoben und die Absorberpositionen wie auch die Feldgrenzen optisch kontrolliert.

Das Raumlicht wird angeschaltet, die Tür geschlossen und die Bestrahlung ausgelöst.

Bei der Einstellung des 3. Feldes von 270° verfährt man ebenso.

Rotationsbestrahlung am Beispiel eines Prostatakarzinoms

Die Lagerungshilfen werden gemäß Simulationsprotokoll auf den Tisch gelegt. Das Patientenhandtuch bzw. das Zellstofftuch wird darüber gebreitet. Nachdem der Patient sich auf den Bestrahlungstisch gelegt hat, wird das Raumlicht gelöscht.

Der Patient ist gerade auszurichten und wie bei der vorausgegangenen Simulation zu lagern.

Die Feldeinstellung erfolgt unter Lösen der Tischlängs- und -querblockade bei 0°, bei gleichzeitigem Anheben des Tisches bis zu den seitlichen Lasereinzeichnungen. Der Patient ist solange auszurichten, bis die beiden seitlichen Laser übereinstimmen. Da es sich hierbei um eine SAD-Technik handelt, wird der Tisch nicht abgesenkt. Die entsprechenden Winkel werden vor Auslösung der Bestrahlung vorsimuliert, wobei z. B. der Endwinkel, wenn technisch ablesbar, auf dem Patienten markiert sein kann. So ist sichergestellt, daß sich während der Bestrahlung keine störenden Metallteile wie z. B. die Bügel des Tisches usw. im Strahlengang befinden.

Der Anfangswinkel der Rotationsbestrahlung wird angefahren. Das Raumlicht wird angeschaltet, die Tür geschlossen und die Bestrahlung ausgelöst.

Zur Einstellung des 2. Feldes wird die Gantry auf den entsprechenden Anfangswinkel gefahren und die Bestrahlung ebenfalls vorsimuliert.

Schädelbestrahlung mit kranialem Feld

Die Kopfhalterung wird auf den Tisch gelegt, wobei darauf zu achten ist, daß das Patientenhandtuch oder andere störende Textilien nicht in der Kopfhalterung liegen.

Der Patient wird in der Kopfhalterung ausgerichtet. Die speziell für ihn vor dem Planungs-CT angefertigte Maske wird aufgesetzt und fixiert. Es sollte überprüft werden, ob es sich um die korrekte Maske handelt. Das

12.2 Einstelltechnik an Beispielen

Raumlicht wird gelöscht. Die Einstellung erfolgt entsprechend der auf der Maske eingezeichneten Lasermarkierungen.

Sind Absorber erforderlich, so wurde vorher der Satellitenträger befestigt, um nach der endgültigen Einstellung die Plexiglasplatte mit den aufgeschraubten Absorbern einschieben zu können.

Die Winkeleinstellungen der Gantry und des Tisches sind zu beachten. Die Einstellung des 1. Feldes erfolgt meist bei einem Gantrywinkel von 90° bzw. 270° und einer Tischstellung bei 0°. Bei der Einstellung des kranialen Feldes wird der Tisch dem Plan entsprechend entweder um 270° oder um 90° ausgelenkt, die Gantry steht bei einem Winkel von 90° bzw. 270°.

Soll die Bestrahlung mit einem Keilfilter erfolgen, so fährt der Linearbeschleuniger dies entweder automatisch nach Vorgabe ein, oder es wird manuell vom medizinisch-technischen Assistenten eingeschoben.

12.2.3
Durchführung der Bestrahlung von Elektronenfeldern

Bei der Verwendung fester Tubusse wird der Tubus, der die entsprechende Feldgröße definiert (wie z.B. 10×10 cm, 14×14 cm, 20×20 cm usw.), am Gantrykopf befestigt. Kommen variable Tubusse zum Einsatz, so werden die Tubuswände je nach gewünschter Feldgröße teleskopartig verschoben. Im Gantrykopf ist nach der Befestigung des Elektronentubus eine Voreinblendung mittels der Photonenblenden zu hören. Am Monitor wird überprüft, ob der Tubus angenommen wurde.

Die erforderlichen Lagerungshilfen, z.B. das Keilkissen bei einer Thoraxwandbestrahlung, werden auf den Tisch gelegt. Das Zellstofftuch wird darüber ausgebreitet. Beim Auflegen des Patienten ist auf eine mögliche Verletzungsgefahr durch den Tubus zu achten. Das Raumlicht wird zur Feldeinstellung ausgeschaltet. Eventuelle Tischauslenkungen um einen entsprechenden Winkel z.B. 270° sind zu beachten.

Der Tubus sollte relativ hautnah auf das eingezeichnete Feld aufgesetzt werden. Nicht zu bestrahlende Anteile des Bestrahlungsfeldes werden mittels Absorbern, die am Tubus befestigt werden, ausgespart. Die zur Ausblockung bei einer Elektronenbestrahlung verwendeten Absorber sind dünner als die bei der Bestrahlung mit Photonen verwendeten.

Vor der Auslösung der Bestrahlung werden die eingestellten Daten überprüft. Stimmen die eingestellten Parameter mit den eingegebenen Parametern überein, kann das Raumlicht angeschaltet und die Tür geschlossen werden. Die Bestrahlung wird ausgelöst.

KAPITEL 13

Dokumentation

Ziel der Dokumentation in der Strahlentherapie ist es, eine Therapie sicher und reproduzierbar zu machen. Zum Zweck der Dokumentation und Qualitätssicherung wird ein strahlentherapeutischer Bericht erstellt. Er beschreibt zusammenfassend die Grunderkrankung, die Indikation und das Ziel der Strahlentherapie, die durchgeführte Therapie und evtl. auftretende Nebenwirkungen.

Im strahlentherapeutischen Bericht können Hinweise auf noch erforderliche Behandlungsschritte oder vorgesehene Nachsorgeuntersuchungen als Informationen für die mitbehandelnden Ärzte gegeben werden. Auf diese Weise wird ein Vergleich der Therapien der unterschiedlichen Kliniken möglich. Den nachbehandelnden Ärzten kann Auskunft erteilt werden, mit welcher Dosis und zu welchem Zeitpunkt ein Organ vorbelastet wurde. Zur Vereinheitlichung gibt die ICRU Empfehlungen zur Erstellung eines strahlentherapeutischen Berichtes. Im strahlentherapeutischen Bericht sollten bestimmte Angaben der durchgeführten Strahlentherapie fixiert werden:

- die anatomische Definition des vor der Therapie vorhandenen makroskopischen Tumors und des klinischen Zielvolumens;
- die verwendeten Bestrahlungstechniken mit Angabe der verwendeten Strahlenqualität, der Anzahl der Felder, deren Position und Feldgröße und die verwendeten Keilfilter oder Absorber;
- die Lage des Dosisspezifikationspunktes und die dort applizierte Dosis pro Fraktion, das Dosisminimum und das Dosismaximum pro Fraktion im Zielvolumen, die Anzahl der Fraktionen pro Tag, das Zeitintervall zwischen den Fraktionen sowie die Gesamtdosis und die Gesamtbehandlungszeit;
- die Risikoorgane mit den partiellen Organvolumina, das Dosismaximum der applizierten Dosis pro Fraktion und Gesamtdosis sowie simultane Chemotherapien.

Alle bei der Planung und Simulation gewonnenen Daten und Informationen, wie Feldgröße, Fokus-Haut-Abstand, Gantrywinkel, Felddrehung, Keilfilter, Absorber, Maske, Moulagen usw. werden schriftlich dokumentiert. An das entsprechende Therapiegerät werden mit dieser Dokumentation noch der Rechnerplan, die Simulatoraufnahmen und die Polaroidbilder gegeben.

Die Richtlinie *Strahlenschutz in der Medizin* fordert für jede Strahlenbehandlung ein vollständiges Bestrahlungsprotokoll. Dieses Protokoll besteht aus der strahlentherapeutischen Verordnung mit allen Planungsunterlagen

13 Dokumentation

und dem Bestrahlungsnachweis. Der Zweck dieser Protokollierung liegt darin, die Planung und Durchführung einer Anwendung ionisierender Strahlung festzuhalten und die Angaben zu dokumentieren, um so die Reproduzierbarkeit und Nachprüfbarkeit jeder einzelnen Strahlenanwendung sicherzustellen.

Im Bestrahlungsnachweis erfolgt die Dokumentation der tatsächlich durchgeführten Bestrahlung. Außer dieser Dokumentation kann der Nachweis auch Angaben zur Kennzeichnung des Patienten, der Zielvolumina, Risikoorgane und Feldpforten enthalten. Die Hauptaufgabe des Bestrahlungsnachweises ist es, die Bestrahlungen durch die Angabe von Unterschrift, Datum und Uhrzeit, Einzeldosis pro Feld und Grenzdosis pro Serie zu protokollieren.

Am Therapiegerät wird der Patient unter einer fortlaufenden Nummer abgespeichert. So können nach der Eingabe der entsprechenden Nummern die Daten jedes in Behandlung befindlichen Patienten aufgerufen werden. An weiteren Monitoren können die Patientendaten eingegeben, geändert und überprüft werden.

Die Patienten- und Bestrahlungsdaten müssen vollständig mittels einer gesetzlich vorgeschriebenen Doppelprotokollierung dokumentiert werden. Das Protokoll muß eine übersichtliche Form haben und sämtliche in der DIN 6827 geforderten Daten enthalten (Abb. 13.1):

- Standarddaten wie Einstelldaten und ihr Bezug zu den Dosiswerten und der Dosisverteilung;
- variable Daten wie Name des Patienten, Behandlungsnummer, Krankheitsangabe und die eindeutige topographische Angabe des Zielvolumens;
- Angaben, die sich bei jeder Bestrahlung wiederholen wie Datum, Bestrahlungsfeld, Strahlenart und Strahlenqualität, die geometrischen Bestrahlungsbedingungen, sonstige Einstelldaten, die verabreichte Dosis, die erreichte Gesamtdosis im Zielvolumen, evtl. die Oberflächendosis und mitwirkende Personen.

Nach § 27(2) der RöV ist die Unterschrift des ausführenden Arztes und der des MTAR für jede Einzelbestrahlung angeraten. Zwingend vorgeschrieben ist nach den *Beschleunigerrichtlinien* die Unterschrift des Physikers, der den physikalischen Teil des Bestrahlungsplanes erstellt hat. Zur Protokollierung ist das System an einen Drucker angeschlossen. Eine Langzeitspeicherung ist möglich.

Patientenkarte
Patient:
Geburtsdatum:
Strahlentherapeut:
Diagnose:

PATID:
KK:
TELNr:

Datum Zeit 1998	Frk	Tage	Feld	MU	1:Mediastin ZV28/5040 Tgl	Kum	D-Max Tgl	Kum	Tgl	Kum
10. 3 11:36	1	0	1 2	▲ ▲ 101 101	98 82	180	101 85	186		
11. 3 10:55	2	1	1 2	101 101	98 82	360	101 85	372		
12. 3 11:33	3	2	1 2	101 101	98 82	540	101 85	558		
13. 3 19:34	4	3	1 2	101 101	98 82	720	101 85	744		
16. 3 19:21	5	6	1 2	101 101	98 82	900	101 85	930		
17. 3 19:18	6	7	1 2	101 101	98 82	1080	101 85	1116		
18. 3 16:57	7	8	1 2	101 101	98 82	1260	101 85	1302		
19. 3 16:21	8	9	1 2	101 101	98 82	1440	101 85	1488		
20. 3 16:32	9	10	1 2	101 101	98 82	1620	101 85	1674		
23. 3 16:35	10	13	1 2	101 101	98 82	1800	101 85	1860		
24. 3 18:26	11	14	1 2	101 101	98 82	1980	101 85	2046		
25. 3 18:22	12	15	1 2	101 101	98 82	2160	101 85	2232		
26. 3 18:35	13	16	1 2	101 101	98 82	2340	101 85	2418		
27. 3 18:47	14	17	1 2	101 101	98 82	2520	101 85	2604		

Siemens Medical Systems, Inc., OCS   ▲ Felddefinition

Abb. 13.1. Beispiel eines computergesteuerten Bestrahlungsnachweises

13 Dokumentation

Erstdruck vom:
Von Datum:

Tgl	Kum	Tgl	Kum	Port Film MU Best	Bemerkung	Initialien Personal	Gerät
						BT	MD2
						BT	MD2
						BT	MD2
						BT	MD2
						KS	MD2
						KS	MD2
						BT	MD2
						BT	MD2
						HG	MD2
						HG	MD2
						HG	MD2
						HG	MD2
						BT	MD2
						BT	MD2
						KS	MD2
						KS	MD2
						EK	MD2
						EK	MD2
						HG	MD2
						HG	MD2
						EK	MD2
						EK	MD2
						BT	MD2
						BT	MD2
						AB	MD2
						AB	MD2
						BT	MD2
						BT	MD2

neu/geändert, * Überschreibung, m Manuell aufgezeichnet   Seite   1

KAPITEL 14

Qualitätssicherung in der Strahlentherapie

Die Aufgabe der Qualitätssicherung ist die Gewährleistung der palliativen wie auch der kurativen Strahlentherapie ohne gravierende Nebenwirkungen und Schädigungen gesunden Gewebes. Jeder Patient muß die Behandlung erhalten, die die besten Erfolgsaussichten mit den geringsten Nebenwirkungen bietet. Die verordnete Dosis soll unter Beachtung der Toleranzdosis besonders strahlenempfindlicher Normalgewebe und Risikoorgane möglichst sicher und homogen in jedem Zielvolumen appliziert werden. Aus diesem Grund ist eine Kontrolle der Bestrahlungsplanung sowie der Bestrahlungsdurchführung nötig. Jede Fehlerquelle muß besonders beachtet werden, um einen größtmöglichen Erfolg der Strahlentherapie zu erzielen. Auf die präzise Einhaltung aller Bestrahlungsparameter ist zu achten.

Für die Dosimetriesysteme, Lokalisationseinrichtungen, Planungssysteme und Bestrahlungsanlagen sind *Abnahmemessungen* vorgeschrieben.

Fehler können bei jedem der vielen Einzelschritte gemacht werden, die letztendlich bei der Therapie zusammenwirken. Fehlerursachen sind neben technischem Versagen systematische und methodische Fehler. Menschliches Versagen ist oft die Folge von Mißverständnissen, Fehlinterpretationen oder Übertragungsfehlern, besonders in Streßzeiten. Für eine erfolgreiche Strahlentherapie ist eine sorgfältige, präzise und vollständige verbale, graphische und numerische Formulierung und Dokumentation der geplanten und durchgeführten Therapie Voraussetzung.

Im Dosierungsplan, der vorher gemäß § 27(1) RöV festgelegt wurde, wird nach dem Zielvolumenkonzept die Dokumentation des bereits vorausgegangenen und des geplanten zeitlichen Ablaufes der Therapie für Bestrahlungsserien, die Dosierung und Fraktionierung des Zielvolumens und betroffener kritischer Bereiche dargelegt.

14.1
Mögliche Fehlerquellen

Fehlerquellen können in den verschiedenen Bereichen der physikalischen und medizinischen Bestrahlungsplanung und in der Strahlentherapie auftreten.

In der *physikalischen Bestrahlungsplanung* kommen folgende Fehler in Betracht:

- in der Dosimetrie z. B. Meßfehler, Rechenfehler und Schreibfehler;

- bei der Dosisverteilungsberechnung, wenn eingeschränkte Rechenmöglichkeiten vorliegen;
- im Bereich der Technik aufgrund unzureichender Lokalisation, Planungs- und Therapieanlagen und durch Funktionsfehler.

Mögliche Fehlerquellen in der *medizinischen Bestrahlungsplanung* sind auch hier in jedem der verschiedenen Bereiche feststellbar:

- bei der Lokalisation in Form von Lokalisationsfehlern, ungeeigneter Lagerung, unvollständiger Dokumentation, aufgrund der Bestrahlungsplanung in nur einer Ebene;
- im Dosierungsplan Dosierungsfehler in der Einzeldosis, Seriendosis, Gesamtdosis, Dosishomogenität oder Fraktionierung;
- im Bestrahlungsplan beim Auftreten von Feldüberschneidungen und Feldlücken.

Im Bereich der Anwendung der *Strahlentherapie* sind ebenfalls Fehler in Betracht zu ziehen:

- bei der Positionierung, wenn eine nicht korrekte Lagerung, eine Fehleinrichtung, eine Verlagerung, ein falsches Zielvolumen oder eine Veränderung des Patienten vorliegt;
- bei der Verifizierung Übertragungsfehler, wenn eine unvollständige Dokumentation vorliegt oder wenn Einstellfehler bezüglich des Abstandes, der Feldgröße, des Gantrywinkels, der Keilfilter oder der Absorber gemacht werden.

14.2
Vermeidung von Fehlern

Qualitätssicherung der Bestrahlungsplanung

Die Strahlentherapie muß täglich reproduzierbar und vergleichbar sein. Aus diesem Grund müssen alle Angaben des Bestrahlungsplanes eindeutig, klar und vollständig sein. Für jedes Zielvolumen muß die Dosis einzeln angegeben werden, für alle betroffenen Risikoorgane muß die geplante und applizierte Dosis dokumentiert werden. Unter Dosis versteht man stets die Energiedosis in Wasser mit der Einheit Gy.

Der zur Dosisspezifikation gewählte innere zuverlässige Dosisreferenzpunkt, der Dosisspezifikationspunkt, muß zugleich der Normierungspunkt für die relativen Dosisangaben sein. Der Referenzpunkt sollte nie in den Bereichen eines steilen Dosisabfalls liegen. Mögliche Fehler sind am Zielvolumenrand am größten, deshalb ist dieser Bereich zur Dosierung nicht geeignet.

Am Zielvolumenrand sind Unsicherheiten zu berücksichtigen, die bedingt sind durch die Ungenauigkeit der Rechen- und Meßverfahren sowie durch die unsichere Einstellbarkeit und Reproduzierbarkeit sowie durch mögliche Verlagerungsfehler. Aus diesem Grund sollte nicht auf eine bestimmte, das Zielvolumen umschließende Dosis dosiert werden.

Der Dosiswert des Dosisspezifikationspunktes soll repräsentativ für das gesamte Zielvolumen sein. Für irregulär geformte Zielvolumina benötigt man zur Planungsoptimierung mehrere Dosisreferenzpunkte. Die Minimal- und die Maximaldosis sollten angegeben werden.

Die Feldgröße muß genügend groß gewählt werden, damit z. B. 90% der spezifizierten Dosis das Zielvolumen umschließen, oder die Energie der gewählten Elektronen ist so hoch, daß am hinteren Zielvolumenrand noch 85% der verordneten Dosis ankommen.

Die Aufgaben der Bestrahlungsplanung beinhalten die Lokalisation des Zielvolumens, der Risikoorgane, der strahlenempfindlichen Normalgewebe, der Strahlenfeldpforten, die Messung der Körperkontur und der Gewebeinhomogenitäten. Weiter gehören dazu noch die Simulation der geplanten Strahlenbehandlung, die Optimierung der Lagerung, der Einstellung, der Markierung und der Dokumentation. Verwendete Verfahren und Geräte werden ebenso wie das praktische Vorgehen regelmäßig auf mögliche Fehler überprüft.

Die Qualitätssicherung der physikalischen Bestrahlungsplanung umfaßt auch die Überprüfung der Bestrahlungstabellen, die Kontrolle der zuverlässigen Durchführbarkeit der verschiedenen Bestrahlungstechniken und die Überprüfung der geplanten räumlichen Dosisverteilung bei neuen Bestrahlungstechniken in entsprechenden Phantomen.

Qualitätssicherung in der Dokumentation

Um Übertragungsfehler zu vermeiden, muß auf eine sorgfältige Verifizierung und tägliche Reproduzierbarkeit der Bestrahlung geachtet werden. Fehlerquellen lassen sich durch computergestützte Verifikationsverfahren am Bestrahlungsgerät vermindern.

Ein wichtiger Bestandteil der Qualitätskontrolle ist eine exakte Beschreibung des Bestrahlungsplanes mit der Patientenlagerung.

KAPITEL 15

Biologische Aspekte

Das Ziel der Tumortherapie liegt in der Vernichtung des Tumors bei weitestgehender Schonung der Normalgewebe unter Aufrechterhaltung der Funktion dieser Gewebe. Eine Tumorvernichtung wird im allgemeinen dann erreicht, wenn die Proliferation der Tumorzellen gehemmt wird.

Von Holthusen wurde bereits 1936 dargestellt, daß die Heilungsrate einer Bestrahlung abnimmt, wenn die Tumorvernichtung erst nach Strahlendosen eintritt, die zu einer starken Toleranzüberschreitung im normalen gesunden Gewebe führen. Je weiter diese beiden Dosis-Wirkungs-Beziehungen voneinander entfernt liegen, um so größer wird die Heilungsrate.

Im normalen Gewebe wie im Tumorgewebe finden sich ruhende Zellen und proliferierende Zellen. Zu den ruhenden, sich nicht teilenden Zellen des Normalgewebes zählen z. B. differenzierte Funktionszellen wie Muskelzellen und Nierenparenchym. Ruhende Zellen im Normal- wie im Tumorgewebe können jedoch in die Proliferation und damit in die Wachstumsfraktion übertreten.

15.1
Zellzyklus proliferierender Zellen

Der Zellzyklus unterteilt sich in verschiedene Phasen mit unterschiedlichen Funktionen:

- *Mitose*
  Unter der Mitose versteht man die Zellteilung, die mittels Lichtmikroskop im Gewebeschnitt oder in einer Zellsuspension aufgrund der sichtbaren Chromosomen identifiziert werden kann. Die Dauer der Mitose beläuft sich auf 1–2 h. Die Zahl der Zellen, die sich in der Mitose befinden, bezogen auf die Gesamtzellzahl, kann durch den Mitoseindex wiedergegeben werden.
- *G_1-Phase*
  Nach Beendigung der Zellteilung treten die Zellen in die G_1-Phase des nächsten Zellzyklus oder in die G_0-Phase, die Ruhephase, ein. Die G_1-Phase dient der Vorbereitung der DNA-Synthese und weist in ihrer Länge die größte Variation auf.
- *S-Phase*
  Mit Beginn der DNA-Synthese treten die Zellen in die S-Phase ein, die 6–8 h dauert. In der S-Phase findet die Verdopplung des DNA-Gehaltes des

Zellkerns statt. Zellen, die sich in der S-Phase befinden, lassen sich im Lichtmikroskop erkennen, wenn ihnen kurz vor der Fixierung radioaktiv markierte DNA-Vorstufen angeboten werden und anschließend eine Autoradiographie erfolgt.
- G_2-Phase
  Hat die Verdopplung stattgefunden, wird die DNA-Synthese beendet. In der anschließenden G_2-Phase erfolgt die Durchführung vorbereitender Prozesse für die nächste Mitose. Zu diesen Prozessen gehören unter anderem die RNA- und die Proteinsynthese. Die G_2-Phase dauert 3–4 h.

Die G_1-, die S- und die G_2-Phase, die von der Beendigung der Mitose bis zum Beginn der nächsten Mitose reichen, werden auch als *Interphase* bezeichnet.

Die Länge des gesamten Zellzyklus kann bei Säugerzellen zwischen 10 und 100 h variieren.

Die Beschreibung des Wachstums eines Tumors erfolgt über die Zeitdauer, in der sich das Tumorvolumen bzw. die Zellzahl verdoppelt hat. Bei menschlichen Tumoren liegt die Zeit der Zellzahlverdopplung meist bei 50–200 Tagen. Mit zunehmender Tumorgröße verlängert sich die Verdopplungzeit. In Normalgeweben ist beim Erwachsenen die Zellerneuerungsrate gleich der *Zellverlustrate*.

Die Zellverlustrate bestimmt als Parameter die Zellkinetik im wesentlichen mit. Auf das Tumorwachstum nehmen weitere zellkinetische Parameter Einfluß, wie die Länge des Zellzyklus der proliferierenden Tumorzellen, die Größe der Wachstumsfraktion der Tumorzellpopulation, die Höhe der Zellverlustrate sowie die Tumordurchblutung.

15.2
Zelltod nach Einwirkung ionisierender Strahlung

Kommt es zum Zelltod, bevor die bestrahlten Zellen in die Mitose eintreten konnten, spricht man von *Interphase-Tod*. Die Zellen sterben in derselben Interphase ab, in der die Bestrahlung erfolgte. Der Zellkern wird pyknotisch, und durch autolytische Prozesse kommt es zur Karyolyse. Die entstehenden Zellreste werden über die Phagozytose aus dem Gewebe entfernt. Bei den in der Strahlentherapie üblichen Dosen tritt dieser Effekt nur bei den peripher zirkulierenden, nicht proliferierenden Lymphozyten auf, während er bei anderen Zellarten erst nach höheren Dosen zu beobachten ist.

In einem Dosisbereich von 2–5 Gy kommt es bei proliferierenden Säugerzellen zu einer *Mitoseverzögerung*. Die Zellen vollenden die Mitose zwar, aber es treten keine weiteren Zellen mehr in die Mitose ein; man spricht auch von einem G_2-*Block*. Die Dauer der Mitoseverzögerung ist abhängig von der Höhe der Dosis und von der Dauer des Zellzyklus.

Der Mitosestopp ist nach Bestrahlungen mit einigen Gy noch reversibel, so daß innerhalb einiger Stunden oder Tage erneut Mitosen auftreten. Die Zellen teilen sich über mehrere Zellzyklen mit der Geschwindigkeit unbestrahlter Zellen. Die neugebildeten Zellen sind jedoch nicht mehr teilungsfähig; sie haben die Befähigung zur Teilung durch die Radiatio verloren. Dadurch wird die Zahl der Zellen nach einigen Tagen stark reduziert; man spricht vom *reproduktiven Zelltod*.

Die radiogen bedingten Veränderungen der DNA haben ihre Ursache in der Energiedeposition im Zellkern. Diese Veränderungen beeinflussen alle Synthesevorgänge. Brüche in den Polynukleotidketten können auftreten sowie strahlenchemische Basenveränderungen oder die Eliminierung von Basen, die für die Informationen der DNA entscheidend sind. DNA-Schäden, insbesondere Einzelstrangbrüche oder Basenschäden, können z. T. durch Repair-Enzymkomplexe repariert werden. Doppelstrangbrüche sind dagegen nur bedingt oder gar nicht reparabel.

15.3
Strahlensensibilität der verschiedenen Zellzyklusphasen

Innerhalb des Zellzyklus findet man über alle Phasen proliferierende Zellen verteilt. Einige Zellen befinden sich in der Mitose, andere in der G_1-Phase usw., so daß eine asynchrone Zellpopulation vorliegt.

Bestrahlt man eine solche asynchrone Zellpopulation, so werden vorwiegend die strahlensensiblen Zellen abgetötet; die strahlenresistenteren Zellen überleben. Die durchgeführte Bestrahlung führt zu einer Teilsynchronisation der Zellpopulation.

Wie experimentelle Arbeiten zeigen, wird nach einer 2. Bestrahlung, die wenige Stunden nach der ersten Bestrahlung appliziert wird, die Wirksamkeit der 2. Strahlendosis in bezug auf die Zellabtötung geringer. Der Grund liegt in der Resistenzsteigerung der überlebenden Population. Die sich zuerst ergebende Teilsynchronisation wird durch die Variation der zeitlichen Länge des Zellzyklus der einzelnen Zellen wieder aufgehoben. Selbst die aus einer Zelle entstandenen Populationen befinden sich nach wenigen Zyklen im asynchronen Zustand.

Untersuchungen synchronisierter Zellpopulationen ergaben, daß diese Populationen nach einer Bestrahlung in der G_1-Phase wie auch in der frühen S-Phase niedrige Überlebensraten aufwiesen. Während der S-Phase steigt die Strahlenresistenz an und erreicht gegen Ende der S-Phase ihren höchsten Wert.

Experimentell wurde anhand von Säugerzellen ermittelt, daß in der Mitose befindliche Zellen sowie Zellen in der G_2-Phase besonders strahlenempfindlich sind.

15.3.1
Mechanismen der Repopulierung der Gewebe

Nach einer Teilkörperbestrahlung können Stammzellen aus unbestrahlten Gebieten in die bestrahlten Regionen einwandern und so eine Repopulierung und Regenerierung des Gewebes bewirken. Beobachten lassen sich diese Mechanismen z. B. bei der Hämatopoese und in lymphatischem Gewebe.

Eine vermehrte Zellerneuerung kommt ebenfalls durch eine Zellzyklusverkürzung und durch die Verschiebung des Verhältnisses zwischen proliferierenden und ruhenden Zellen zustande. In geschädigten Geweben tritt eine

Steigerung der Mitoserate und der DNA-Synthese auf. Es kommt zur Bildung proliferationssteigernder Mediatoren wie Glykoproteinen.

Nach fraktionierten Bestrahlungen wurde bei einigen Tumoren ebenfalls eine Zellvermehrung und damit ein zunehmendes Tumorwachstum beobachtet. Eine starke Repopulierung bedeutet, daß mit hoher Wahrscheinlichkeit Rezidive auftreten. Auf die unterschiedlichen Dosierungsmöglichkeiten wird in Kap. 6 eingegangen.

Bei den in der Strahlentherapie üblichen Intervallen von 24 h wird die volle Erholungskapazität genutzt, da die Erholung vom subletalen Strahlenschaden innerhalb einiger Stunden abgeschlossen ist. Eine Modifizierung der Erholungsvorgänge kann z. B. durch eine Änderung der Strahlenqualität, durch die Kombination von locker ionisierender Strahlung mit Maßnahmen wie Hyperthermie oder Chemotherapie erfolgen.

KAPITEL 16

Bestrahlungsnebenwirkungen

Aufgrund der zeitlichen Abläufe müssen die radiogenen Effekte in den einzelnen Geweben in Abhängigkeit von ihren Proliferationsraten betrachtet werden. Wie klinische Erfahrungen zeigten, erweist sich die Bestrahlung dann am schonendsten, wenn möglichst kleine Einzelfraktionen appliziert werden. Die Verteilung der Wochendosis auf 5 Fraktionen ist günstiger als die Verteilung auf 3 Fraktionen. Bei der Bestrahlung mit ^{60}Co sollen Einzelfraktionen im Dosismaximum nicht mehr als 3 Gy betragen, um Spätfibrosen zu vermeiden.

Allgemein sollte bei der Mehrfeldertechnik an jedem Tag auch jedes Feld bestrahlt werden. Patienten tolerieren bei Kleinfeldbestrahlungen höhere Dosen als bei Großfeldbestrahlungen.

Bei der Strahlenwirkung sind Unterschiede in bezug auf Schäden je nach Differenzierungsgrad der Zellen festzustellen. Klinisch nachweisbare Schäden treten im allgemeinen erst dann auf, wenn Dosen von 45 Gy in 4-5 Wochen überschritten werden.

Bei *aktiven Geweben* wie Dünndarm, Knochenmark, Haut und Schleimhäuten treten in Abhängigkeit von den verschiedenen Einflüssen wie Bestrah-

Tabelle 16.1. Toleranzdosen bei fraktionierter Bestrahlung des ganzen Organs in cGy. (Nach Perez u. Brady 1992)

Risikoorgan	TD 5/5	TD 5/50
Hoden	100	200
Ovar	600	1000
Linse (Auge)	600	1200
Lunge	2000	3000
Niere	2000	3000
Leber	3500	4000
Haut	3000	4000
Schilddrüse	3000	4000
Herz	4000	5000
Lymphozyten	4000	5000
Knochenmark	4000	5000
Magen-Darm-Trakt	5000	6000
Rückenmark	5000	6000
Periphere Nerven	6500	7500
Schleimhaut (Mukosa)	6500	7700
Gehirn	6000	7000
Knochen und Knorpel	-	>7000
Muskulatur	-	>7000

MERKBLATT FÜR BESTRAHLUNGSPATIENTEN

Lieber Patient,

Ihre Erkrankung erfordert eine Strahlenbehandlung, die hier mit modernen Methoden durchgeführt wird. Die Ihrem Erkrankungsfall angepaßte Bestrahlungsart wird von den Ärzten dieser Abteilung ausgewählt.

Allgemein bitten wir Sie, während der Bestrahlungszeit folgende Regeln zu beachten:

1. Nach jeder Bestrahlung sollten Sie sich mindestens 2 Stunden hinlegen und auch während der Bestrahlungsperiode keine körperliche Belastung auf sich nehmen.

2. Während der Bestrahlungsperiode sollte durch erhöhte Getränkezufuhr in Form von dünnem Tee oder Fruchtsäften die Ausscheidung des Körpers unterstützt werden.

3. Die Farbmarken auf Ihrer Haut dienen zur Markierung des Bestrahlungsfeldes. Bitte, wischen Sie diese deshalb nicht ab.

4. Die bestrahlten Hautstellen müssen sorgfältig geschont werden. Sie dürfen diese Stellen vom Beginn der Bestrahlung an bis etwa 4 - 6 Wochen nach Abschluß der Bestrahlung nicht waschen. Sie sollten sich aber mehrmals am Tage mit reizlosem Kinderpuder oder Talkum (in Apotheken oder Drogerien zu bekommen) einpudern (3-5 mal täglich und mehr). Außer Puder darf nichts (keine Salben, Öle, Flüssigkeiten oder Körpersprays) an die bestrahlten Hautstellen gelangen, außer wenn Ihr Arzt am Bestrahlungsgerät dieses anordnet. Bitte, kleben Sie auch kein Pflaster auf die bestrahlten Stellen.

5. Die bestrahlten Hautstellen dürfen keiner zusätzlichen Bestrahlung ausgesetzt werden (Rotlicht, Kurzwelle, Höhensonne, Sonne, keine Sonnenbäder, im Freien schattige Plätze aufsuchen), auch dürfen keine Umschläge (heiß oder kalt) und Massagen gemacht werden.

6. Bei Bestrahlungen im Halsbereich keine beengenden Kleidungsstücke tragen. Männer sollten sich nicht oder höchstens mit einem Elektrorasierer rasieren.

7. Über auftretende Beschwerden berichten Sie bitte sofort Ihrem Bestrahlungsarzt.

Bei der Natur Ihres Leidens ist es unvermeidlich, daß Organe, auf die der krankhafte Prozess übergegriffen hat oder die in seiner unmittelbaren Nähe liegen, mitbestrahlt werden müssen. Sie können unter Umständen in Mitleidenschaft gezogen werden und eventuell späterer Behandlung bedürfen.

Abb. 16.1. Merkblatt für Bestrahlungspatienten (Muster)

lungspausen, Dosis, bestrahltes Volumen usw. innerhalb kurzer Zeit klinisch signifikante Reaktionen auf. Bei *langsam wachsenden* Geweben wie Gehirn, Rückenmark, Fettgewebe, Bindegewebe und Knochen lassen sich Strahlenreaktionen erst später feststellen (Tabelle 16.1). Die Stärke der Reaktion hängt mehr von der Höhe der Einzeldosis als von der Gesamtbehandlungsdauer ab.

Zu Beginn der Strahlentherapie wird der Patient anhand von Merkblättern über evtl. auftretende Nebenwirkungen der Therapie und Verhaltensmaßnahmen zur Reduktion der Nebenwirkungen informiert (Abb. 16.1). Diese Merkblätter beinhalten auch den Hinweis, daß die Anwendung von Röntgen-, γ- und Elektronenstrahlung für den Patienten völlig schmerzlos ist. Je nach Erkrankung des Patienten können verschiedene Merkblätter ausgegeben werden.

Häufig werden Nebenwirkungen allgemeiner Art beobachtet. Ein örtlich einwirkender Strahlenreiz wird von der Nebennierenrinde mit einer Streßreaktion beantwortet. Das periphere Blut weist einen Lymphozytenabfall auf. Die Ursachen der Strahlenreaktion sind multifaktoriell bedingt. Durch den radiogenen Zellzerfall werden Eiweißabbauprodukte frei, die den Stoffwechsel belasten. Der Patient leidet unter Appetitlosigkeit, Übelkeit, Kopfschmerzen und allgemeiner Abgeschlagenheit.

Die Intensität des Strahlensyndroms ist abhängig von der Strahlenempfindlichkeit des Tumors, dem Bestrahlungsvolumen sowie der Körperregion (z. B. Oberbauch).

Bei der Strahlentherapie größerer Körperabschnitte kommt es wegen der hohen Strahlenempfindlichkeit der Lymphozyten zu einer *reversiblen Immunsuppression*, d. h., die Infektanfälligkeit des Patienten steigt.

Grundsätzlich sind sämtliche auftretenden Beschwerden des Patienten immer an den zuständigen Radioonkologen weiterzuleiten! !

16.1
Haut

Die Toleranzdosis der Haut liegt zwischen 45 und 120 Gy. Hautrötungen, sog. *Erytheme*, treten in Abhängigkeit von einer bestimmten Dosis und dem zugehörigen zeitlichen Verlauf auf. Das Soforterythem wird bei einer Fraktionierung von 5mal 2 Gy pro Woche kaum wahrgenommen, ab 20 Gy wird ein beginnendes Erythem sichtbar. Hervorgerufen wird das Erythem wahrscheinlich durch die Erweiterung der Kapillaren nach der Freisetzung histaminähnlicher Substanzen.

Die akute Strahlenreaktion, die *akute Strahlendermatitis*, die reversibel ist, kann im weiteren Verlauf mit Phasen einer bakteriellen Entzündung, einer Superinfektion, einhergehen.

Eine Weitstellung des intrakutanen Gefäßsystems und eine Erhöhung der Durchlässigkeit der Kapillarwände tritt auf. Serum und Blutzellen treten ins Gewebe aus. Der pH-Wert der Haut schlägt innerhalb von 6–24 h von sauer (Azidose) nach basisch (Alkalose) um. Eine vorübergehende *Epilation* tritt ein. Sie ist bei einer Dosis über 40 Gy irreversibel.

Eine chronische Spätfolge können *Teleangiektasien*, d. h. Gefäßerweiterungen, sein. Bei mehr als 40 Gy treten chronische, meist irreversible Veränderungen der Haut auf, z. B. die bindegewebige Veröden der Schweiß- und Talgdrüsen und die Veröden der Haarbälge.

Nach 60 Gy auftretende chronische Spätreaktionen bestehen in der trockenen, später feuchten *Epitheliolyse*, d. h. in radiogen induzierten Wachstumsstörungen der Basalzellen.

Nach der Reepithelisierung kommt es zu einer *Braunpigmentierung* und zu einer trockenen Beschaffenheit der Haut. Die direkte toxische Schädigung des Kapillarsystems in der Subkutis bedingt eine Rötung der Haut mit Ödemeinlagerung und eventueller Ablösung.

Spätfolgen. Als Spätreaktion können eine narbige Verhärtung des subkutanen Bindegewebes und eine narbige Hautatrophie auftreten. Es kann zu Ulzerationen, nekrotischen und fibrotischen Prozessen mit Veränderungen an Blutgefäßen sowie Bindegewebe kommen.

Die Strahlenreaktion ist grundsätzlich begrenzt auf das Bestrahlungsfeld. Potenziert wird die Reaktion der Haut durch Zytostatika, die während der Bestrahlung gegeben werden, und auch durch Photosensibilisierung.

! Abszedierende Entzündungen dürfen nicht bestrahlt werden, sie können sich sonst zur Tiefe hin ausbreiten!

Ein Diabetes mellitus kann die Strahlenreaktion der Haut durch die azidotische Stoffwechsellage verstärken. Allergien erhöhen ebenso die Strahlenempfindlichkeit der Haut. Axilla und Leistenbeuge sind besonders empfindlich.

Bei der Strahlenempfindlichkeit der Haut und des Unterhautfettgewebes spielt die Feldgröße eine Rolle. Durch die vorher genannten Einflüsse kommt es zu einem *Summationseffekt*.

Die Haut weist allerdings eine sehr große Erholungsfähigkeit auf. Schon wenige überlebende Stammzellen in der germinalen Schicht können eine Repopulierung bewirken.

16.2
Schleimhaut

Die Schleimhaut reicht vom Oropharynx bis zu den Bronchien bzw. zum Rektum, wobei Dünndarm und Kolon strahlenempfindlicher sind als Rektum und Ösophagus.

Kopf-Hals-Tumoren. Bei Kopf-Hals-Tumoren kann als Nebenwirkung eine *Mukositis* auftreten. Zuerst verblaßt die Schleimhautfarbe, gefolgt von Veränderungen in der Geschmackswahrnehmung. Dann kommt es zu Rötungen, Trockenheit und fibrinöser Exsudation, d. h. gelblichen Auflagerungen.

Gastrointestinaltrakt. Der Gastrointestinaltrakt zeigt in den einzelnen Bereichen eine unterschiedliche Strahlenempfindlichkeit. Im Intestinaltrakt sind ab 45 Gy *Darmstenosen* durch Endothelschäden der Kapillaren möglich. Am strahlenempfindlichsten sind das Duodenum und das Jejunum.

Morphologische Veränderungen lassen sich bereits bei Dosen von 1–2 Gy nachweisen. Spätstenosen treten 1–2 Jahre nach der Bestrahlung auf. Im Dünndarm führen Störungen der Zellproliferation in den Lieberkühn-Krypten dazu, daß die Epithelialisierung der Dünndarmzotten nicht gegeben ist. Im Laufe der Bestrahlung kommt es zu einer *Strahlenenteritis*. Die Schleimhautzellen quellen auf, sterben ab und schilfern ins Darmlumen ab. Durch die verzögerte Neubildung der Stammzellen entstehen *Ulzera*, die unter Narbenbildung und Strikturen abheilen. Treten Ulzerationen, Nekrosen, Stenosen oder Blutungen auf, kann eine Resektion erforderlich sein.

Der Patient leidet unter Durchfällen, Blut- und Schleimabgängen mit dem Stuhl, Übelkeit, Erbrechen, Blähungen, einer Hyperperistaltik mit krampfartigen Bauchschmerzen und später einer verlangsamten Peristaltik. Durch Resorptionsstörungen tritt ein Verlust von Eiweiß, Elektrolyten und Wasser auf. Narbenschrumpfung, Darmwandödem mit Sklerosierung und Fibrosen bedingen eine *viszerale Insuffizienz*. Das Auftreten einer Dysbakterie ist ebenfalls möglich.

Als akute Erscheinung des Enddarmes tritt die *Strahlenproktitis* auf.

16.3
Lymphopoetisches und hämatopoetisches System

Das lymphopoetische System setzt sich aus den Lymphknoten, der Darmwand, der Milz und dem Thymus zusammen. Nach den Gonaden ist es das strahlenempfindlichste Organ. Wie experimentell ermittelt wurde, gilt dies besonders für das Knochenmark. Bei einer mittleren Knochenmarkdosis von 1 Sv können sich *Leukosen* und andere maligne *Tumoren* entwickeln.

Der Zellzerfall im lymphopoetischen System beginnt sofort im Anschluß an die Bestrahlung. Der starke Zellverlust führt zu einer *Atrophie* bzw. *Hyperplasie*. Allerdings besitzt dieses System auch eine große Regenerationsfähigkeit.

Die Lebenserwartungen verschiedener Zellen sind unterschiedlich lang:

- Blutgranulozyten: etwa 14 Stunden,
- Thrombozyten: 8–9 Tage,
- Erythrozyten: 120 Tage.

Zwischen den Geweben und dem strömenden Blut liegt ein Unterschied in der Strahlenempfindlichkeit vor. Lymphozyten im strömenden Blut sind relativ strahlenunempfindlich, was bei der Bestrahlung von Blutkonserven zu beachten ist.

Ob Veränderungen im peripheren Blutbild nachweisbar sind, hängt bei einzelnen Körperabschnittsbestrahlungen vom Bestrahlungsvolumen und dem Miterfassen von blutbildendem Knochenmark ab. Die Veränderungen lassen sich zuerst bei Lymphozyten, dann bei Leukozyten und schließlich bei Thrombozyten nachweisen. Erythrozyten im strömenden Blut sind strahlenunempfindlich. Durch die Bestrahlungspausen zwischen den Fraktionen kann sich das Knochenmark erholen.

Während der Bestrahlung sollte der Patient einmal pro Woche ein aktuelles Blutbild zur Kontrolle mitbringen (Abb. 16.2). Die Bestrahlung sollte unterbrochen werden, wenn die Leukozytenwerte unter 2000/mm^3 und die Thrombozytenwerte unter 75 000/mm^3 fallen.

Eine meßbare Hemmung der Blutzellneubildung ist zu erwarten bei:

- niedrig dosierter Ganzkörperbestrahlung maligner Lymphome;
- Bestrahlung großer Körpervolumina wie dem abdominellen Bad bei Systemerkrankungen oder Hodentumoren und der Lungenganzbestrahlung;

```
                              Endbefund  :
                              Einsender  :
                              Patient    :
                              Patcode    :
                              Eing/Ausg  :

------------------------------------------------------------------------------
Untersuchung     : Ergebnis : Einheit : Normbereich       : EBM-Ziff.
------------------------------------------------------------------------------
Vollst.Blutbild
Leukozyten       :   5,99   :  /nl    :    4    -   9.4   :
Erythrozyten     :   4,67   :  /pl    :    3.9  -   5.3   :
Hämoglobin       :  13,6    :  g/dl   :   12    -  16     :
Hämatokrit       :  41,3    :  %      :   37    -  47     :
MCV              :  88,6    :  fl     :   83    -  97     :
MCH (Hb/E)       :  29,2    :  pg     :   27    -  33     :
MCHC             :  33,0    :  g/dl   :   32    -  36     :
Thrombozyten     : 185      :  /nl    :  140    - 440     :
Neutrophile      :  66,6    :  %      :   41    -  70     :
Lymphozyten      :  22,8    :  %      :   22    -  48     :
Monozyten        :   6,6    :  %      :    0.7  -   9.3   :
Eosinophile      :   2,1    :  %      :    0.8  -   6.2   :
Basophile        :   0,5    :  %      :    0.2  -   1.3   :
LUC              :   1,4    :  %      :    0    -   4     :
```

Abb. 16.2. Blutuntersuchungsergebnisse mit angegebenen Normbereichen

- simultaner Bestrahlung großer Anteile des blutbildenden Knochenmarks wie der Bestrahlung des Medulloblastoms;
- seltener bei Abschnittsbestrahlungen wie dem Mantelfeld oder dem umgekehrten Y-Feld.

Bei der Bestrahlung maligner Lymphome liegt ein erhöhtes Leukämierisiko nach einer Latenzzeit von wenigstens 5 Jahren vor.

16.4
Gefäß- und Bindegewebsapparat

Bindegewebe ist in ausdifferenzierter Form strahlenresistent. Dagegen ist die Grundsubstanz, die vorwiegend aus Hyaluronsäure besteht, sehr strahlensensibel. Die Viskosität der Hyaluronsäure wird bereits durch Dosen von 10 Gy erheblich herabgesetzt. Als Ursache dieser Viskositätsherabsetzung werden Hauptkettenbrüche angesehen.

Bei der akuten Strahlenreaktion erhöht sich die Gefäßwanddurchlässigkeit, die Endothelzellen quellen auf und gehen zugrunde. Es kommt zunächst zu einer *Dilatierung* der Gefäße. Die späteren Veränderungen der Gefäße beruhen auf dem Verlust der die Gefäßwände auskleidenden Endothelzellen, die geringen Zellteilungsraten unterliegen. Ihre biologische Lebenszeit beträgt zwischen 2 Monaten und mehreren Jahren. Der strahlenbedingte Zelltod tritt erst nach mehreren Monaten oder Jahren ein.

Spätfolgen. Als Spätfolge kann eine Bindegewebsvermehrung mit narbiger Schrumpfung und Einengung des Lumens der Gefäße eintreten. Der Blutfluß wird reduziert, es kommt zu Ablagerungen in den Gefäßen. Wandständige Thromben, die evtl. zu einem Gefäßverschluß führen, können sich ausbilden. Eine vermehrte Kollagenbildung bedingt eine Verstärkung der Gefäßwände mit Beteiligung ödematöser Prozesse. Die Veränderungen der Blutgefäße sind an der Fibroseausbildung in verschiedenen Organen und Geweben beteiligt.

16.5
Gonaden

Bei 0,5 Gy kommt es zu einem *Zellzerfall*, *Mutationen* können auftreten. Nach 4 Gy wird der Patient dauerhaft *steril* und nach 6 Gy wird die innersekretorische Hormonproduktion gehemmt. Die Toleranzdosen für Spermien sind deutlich geringer als die für Oozyten.

16.6
Lunge

Die Lunge verfügt über ein relativ geringes Regenerationsvermögen, so daß die Bestrahlung größerer Volumina zu einer funktionellen Einschränkung führt.
Die Toleranzdosis liegt je nach Feldgröße zwischen 30 und 40 Gy. Eine *Strahlenpneumonitis* tritt ab 20 Gy auf. Die interstitiellen Kapillaren werden vermehrt durchblutet, die Alveolarepithelien werden abgeschilfert und in den Alveolen sammelt sich Flüssigkeit an. Als charakteristische Zeichen treten hyaline Membranen in den Alveolen auf.
Bei höheren Dosen kann es zu einer *irreversiblen interstitiellen Fibrose* der Lunge und des Mediastinums mit Rechtsherzinsuffizienz, Perikard- oder Myokardveränderungen und Koronarstenosen kommen. Der erste Schritt zur Lungenfibrose liegt in der Schädigung der Endothelzellen und dem Zelltod der Parenchymzellen mit einer vermehrten Bildung von Kollagen.
Der Patient leidet unter Kurzatmigkeit, Husten und Fieber.

16.7
Herz

Die Toleranzdosis beträgt 40 Gy. Zum Teil treten reversible Spätreaktionen mit Perikarditis, Begleiterguß und Herzmuskeldilatation auf. Eine andere *Spätreaktion* ist die *Myokardfibrose*.

16.8
Urogenitalsystem

Niere. Die oberste Toleranzdosis der Niere liegt bei 30 Gy. Die Toleranzdosis, appliziert in 1–1,5 Wochen, liegt bei 10–12 Gy. Nach 30 Gy treten *irreversible Parenchymschäden* mit nachfolgender *Insuffizienz* auf. Die akute *Strahlennephritis* beginnt nach 20 Gy mit einer Blutdruckerhöhung und einer Albuminurie. Die Niere weist eine Funktionseinschränkung mit Symptomen wie Schwäche, Kopfschmerzen, Proteinurie, Isosthenurie und Azotämie auf. Die Möglichkeit der Defektheilung besteht allerdings.
Nach einer Latenzzeit von 5–8 Monaten tritt die *fixierte Hypertonie* auf. Die Tubusepithelien werden geschädigt, und es kommt zu einer interstitiellen Fibrose. Eine Überschreitung der Toleranzdosis kann zu einem kompletten Funktionsverlust führen.

Ureter und Blase. Die Ureteren sind weniger strahlenempfindlich, ihre Toleranzdosis liegt bei 70 Gy.

Bei der Blase tritt nach 30 Gy eine *reversible Strahlenzystitis* mit vermehrtem Harndrang und Dysurie auf. Die Schrumpfharnblase kann als radiogener *Spätschaden* nach 1-1,5 Jahren auftreten.

16.9
Zentralnervensystem

Zum Zentralnervensystem zählen Gehirn, Rückenmark und periphere Nerven. Das Gehirn ist relativ strahlenunempfindlich, die Toleranzdosis liegt oberhalb 50 Gy. Ab 10-20 Gy tritt je nach Fraktionierung das Hirnödem auf. Die Spätfolgen werden durch eine Gefäßwandfibrose mit nachfolgender Durchblutungsstörung und Nekrose bedingt.

Beim Rückenmark liegt die Toleranzdosis je nach Segmenthöhe zwischen 34 und 40 Gy in 4 Wochen. Das Halsmark ist empfindlicher als das Brust- oder Lendenmark. Nach Überschreiten der Toleranzdosis kann sich nach 1-2 Jahren eine radiogene *Myelitis* entwickeln, die mit Lähmungen einhergeht. Die Myelopathien und Paralysen sind von nekrotischen Veränderungen der weißen Substanz begleitet.

Die Latenzzeit bis zum Auftreten neurologischer Symptome beträgt 1,5 Jahre. Die Toleranzdosis für periphere Nerven beträgt in Abhängigkeit vom Gefäßbindegewebsapparat 40-50 Gy, dann treten Funktionsstörungen auf.

Die Nervenzellen des Zentralnervensystems besitzen ebenfalls ein relativ hohes intrazelluläres Erholungsvermögen, die Repopulierung des Gewebes ist jedoch gering und stark verzögert.

16.10
Auge

Beim Auge tritt eine *Konjunktivitis*, d. h. eine Bindehautreizung auf, die bis 60 Gy rückbildungsfähig ist. Die Toleranzdosis entspricht der des Gehirns. Die Linse, die am strahlenempfindlichsten ist, reagiert bei einer fraktionierten Bestrahlung zwischen 2 und 20 Gy mit einer *Linsentrübung*. Oft besteht eine jahrelange Latenz bis zur Manifestation.

16.11
Skelett und Knorpel

Am wachsenden Skelett liegt die Toleranzdosis der Wachstumsfugen an der Knorpel-Knochen-Grenze bei 20 Gy. Daüber hinaus kommt es zu Wachstumsstörungen der Epiphysen. Die Toleranzdosis am erwachsenen Knochen liegt bei 40 Gy. Über 40 Gy entstehen *Osteoradionekrosen* besonders an statisch beanspruchten Knochen, wobei Femurhälse, Scham- und Sitzbeine, Humeruskopf und Mandibula besonders gefährdet sind. Mit einer Schenkelhalsfraktur ist bei bestimmten Bestrahlungstechniken von Genitaltumoren, meist bei älteren Frauen, in 1-2% der Fälle zu rechnen.

Bei Bestrahlungen im Thorax- und Brustbereich kann es zu Klavikula- und Rippenfrakturen kommen, die auf einer Osteoblastenschädigung ebenso wie auf Ernährungsstörungen der Gefäßversorgung beruhen können. Der Fraktur gehen eine Osteoporose und ein Strukturumbau voraus.

16.12
Leber

Die Leber weist eine Toleranzdosis von 30 Gy auf. Appliziert man Dosen von mehr als 40 Gy innerhalb von 4 Wochen, kann es zu bleibenden Funktionsstörungen kommen.

16.13
Muskelgewebe

Bei Muskelgewebe der quergestreiften Skelettmuskulatur liegt die Toleranzdosis bei 50 Gy.

16.14
Vermeidung von Nebenwirkungen

Um die Nebenwirkungen der Bestrahlung zu reduzieren, sind die im folgenden angeführten Maßnahmen zu beachten.

Vermeidung mechanischer und feuchter Reize der Haut

Durch die Bestrahlung wird die Widerstandsfähigkeit der Haut herabgesetzt. Der bestrahlte Bereich darf nicht gewaschen werden. Selbst einige Zeit nach Beendigung der Bestrahlung muß die Haut noch geschont werden und darf nicht sofort mit Wasser in Kontakt kommen.

Kleidungsstücke wie Unterwäsche sollten nicht reiben. Auf Hosenträger, Gürtel, das Tragen eines Korsetts sollte verzichtet werden. Massagen sollten während der Bestrahlung nicht angewendet werden.

Die bestrahlte Haut sollte mittels Puder, z.B. Baby- oder Azulonpuder, trocken gehalten werden. Unter Azulon versteht man die synthetische Verwandte des Kamillenwirkstoffes Chamazulen, der absolut reizlos und chemisch neutral ist. Die Anwendung des Puders sollte 3mal täglich erfolgen, bei auftretenden Rötungen kann die Haut bis zu 5mal täglich vorsichtig gepudert werden.

Ein einfaches Erythem kann mit Azulonsalbe behandelt werden, ein stärkeres Erythem bis hin zur feuchten Epitheliolyse mit Salben, die Nebennierenrindensteroide enthalten. Bei einer Superinfektion können Salben mit Antibiotika zur Anwendung kommen.

Antibakteriell und austrocknend wirken Farbstoffe wie Gentianaviolett. Heftpflaster darf nicht in den bestrahlten Bereich geklebt werden. Nekrosen bedürfen einer chirurgischen Abtragung mit anschließender Reinigung durch feuchte Verbände.

Vermeidung von Wärmereizen auf die Haut

Der Patient sollte direkte Sonneneinstrahlung auf das Bestrahlungsfeld vermeiden und auch keine durchblutungsfördernden Salben anwenden. Auf den Gebrauch von Heizkissen oder Wärmepackungen ist zu verzichten. Synthetische Kleidung führt zu verstärktem Schwitzen, deshalb sind Kleidung und Unterwäsche aus Naturmaterialien zu bevorzugen.
Zusätzliche Bestrahlungen mit Rotlicht sind zu vermeiden.

Maßnahmen bei Bestrahlungen im Kopf-Hals-Bereich

Patienten, die im Kopf-Hals-Bereich bestrahlt werden, leiden u. U. unter Mundtrockenheit und Veränderungen der Geschmacksempfindungen. Eventuell entstehende Entzündungen der Schleimhäute können Schmerzen bei der Nahrungsaufnahme und beim Schlucken verursachen. Diese Strahlenreaktionen sind unvermeidbar, klingen jedoch nach Beendigung der Bestrahlung wieder ab. Der reduzierte Speichelfluß kann allerdings Jahre anhalten.

Hals-Nasen-Ohren-Patienten sollten nicht rauchen und den Genuß von Alkohol und scharf gewürzten Speisen vermeiden.

Vor Beginn der Bestrahlung muß durch den Zahnarzt eine gründliche Untersuchung erfolgen. Eine Zahnsanierung sollte bereits abgeschlossen sein bzw. erst nach Beendigung der Bestrahlung in Absprache mit dem behandelnden Strahlentherapeuten in Angriff genommen werden. Da es während der Bestrahlung zu einer verzögerten Wundheilung kommt, ist eine Zahnextraktion zu vermeiden.

Der Patient sollte auf eine sorgfältige Mundhygiene nach jeder Mahlzeit achten und häufiger mit Kamille oder Salbei spülen. Während der Bestrahlungdauer kann der Patient die Zahnpflege mit einer weichen Zahnbürste und fluorhaltiger Zahncreme durchführen. Zusätzlich sollten die Zähne einmal täglich mit einem speziellen fluorhaltigen Gel behandelt werden.

Bei Prothesenträgern ist während und nach der Bestrahlung auf einen guten Sitz der Prothese zu achten; sie darf nicht scheuern.

Auf die Naßrasur sollte während der Bestrahlungsdauer verzichtet werden.

Verhaltensregeln bei einer Bestrahlung im Bauchraum und Becken

Die meist unvermeidbare Mitbestrahlung des Dünn- und Dickdarmes führt häufig zu Völlegefühl, Appetitlosigkeit und Blähungen. Seltener treten krampfartige Schmerzen und Durchfälle auf.

Zweckmäßig wäre es aus diesem Grund, die Ernährung zur Darmentlastung umzustellen. Angeraten ist die Nahrungsaufnahme in kleinen, eiweißreichen Mahlzeiten, was sich mit Quark, Käse, Joghurt usw. gut bewerkstelligen läßt. Die milchsäurehaltige Kost sorgt gleichzeitig für den Erhalt der Darmflora. Kohlenhydratreiche Kost sollte nur in eingeschränkter Menge aufgenommen werden, ebenso soll auf den Genuß von frischem Obst und Gemüse verzichtet werden. Gekochtes Obst ist erlaubt.

Bei stärkeren Beschwerden kommen Medikamente zum Einsatz. Als Adstringenzien für den Intestinaltrakt können Medikamente mit Tannin verwendet werden.

Eine auftretende Strahlenproktitis kann mittels Kortisongaben behandelt werden.

Maßnahmen bei Hirnbestrahlungen

Zur Hirnödemprophylaxe werden Nebennierenrindensteroide in Kombination mit hypertonen Infusionslösungen und Diuretika angewandt.

Allgemeine Verhaltensregeln

Allgemeine Empfehlungen zur Vermeidung von Nebenwirkungen können die Patienten den entsprechenden Merkblättern entnehmen. Generell sollten sie körperliche Anstrengungen vermeiden. Eine reichliche Flüssigkeitsaufnahme sollte in Form von Mineralwasser, leichtem Kaffee oder Tee, Obstsäften usw. erfolgen. Frische Luft dient dem Körper zur Heilungsunterstützung.

KAPITEL 17
Behandlungsmodalitäten

17.1
Tumorklassifikation

Das biologische Verhalten maligner Tumoren verschiedener Organe kann unterschiedlich sein. Die Unterschiede in der Ausbreitung der Tumoren werden z. B. durch die Tumorklassifikation erfaßt. Man erhält damit Hinweise für die entsprechenden therapeutischen Maßnahmen wie auch für Prognosen.

Es gibt unterschiedliche Tumorklassifikationen nach international vereinbarten einheitlichen Kriterien. Dazu sind Kenntnisse über den *histologischen Tumortyp*, die Typisierung bzw. das *Typing*, erforderlich. Unterschieden wird je nach Ausgangsgewebe zwischen Karzinomen, die man als epitheliale maligne *Tumoren* bezeichnet, Sarkomen oder mesenchymalen malignen Malignomen, den malignen Lymphomen als maligne Tumoren des lymphoretikulären Gewebes und Leukämien. Seltene Tumortypen sind embryonale Tumoren wie das Nephroblastom, das Neuroblastom und das Hepatoblastom; dazu gehören auch teratoide Tumoren als Abkömmlinge mehrerer Keimblätter wie das Teratom oder Teratokarzinom. Unter den Karzinomen und Sarkomen findet die Unterteilung in die histologischen Tumortypen hauptsächlich nach der Ähnlichkeit mit Normalgewebe statt. Man spricht von Plattenepithel-, Adeno- und Übergangszellkarzinom oder Osteo-, Chondro- und Fibrosarkom.

TNM-Klassifikation. Kenntnisse über die *anatomische Ausbreitung* des Tumors z. B. Lymphknotenbefall, Metastasen usw., werden über die TNM-Klassifikation und die Stadiengruppierung, das sog. *Staging*, wiedergegeben.

Die Einteilung einer Tumorerkrankung in verschiedene Stadien erfolgt in Anlehnung an eine Übereinkunft mit der Union Internationale contre le Cancer (UICC). Bei der TNM-Klassifikation handelt es sich um eine *klinische Einteilung* der Tumoren.

Dabei stehen *T* für die Primärtumorausdehnung, *N* (engl. node) für den Lymphknotenbefall und *M* für Fernmetastasen. Die klinische Klassifikation beruht auf Befunden, die vor der Behandlung mittels klinischer Untersuchungen, bildgebender Verfahren, Endoskopie, Biopsie und chirurgischer Exploration gewonnen wurden. Die klinische Klassifikation beeinflußt die Wahl der primären Therapie. Wird der Patient operativ therapiert, so sind histopathologische Untersuchungen erforderlich.

Zusätzlich zur klinischen Klassifikation sollte anschließend die *pathologische Klassifikation* erfolgen. Unter *pT* versteht man den Primärtumor, wobei das *p* die pathologische Klassifikation kennzeichnet. Bei *T0* kann kein Tumornachweis geführt werden. Die Einteilung der Tumoren erfolgt nach der Größe bzw. der Ausdehnung mit pT1–pT4. T1–T3 sind in der Regel auf das

Organ begrenzt, bei T4 wird die Organgrenze überschritten. Unter *pTis* ist ein nicht invasives Karzinom, ein Carcinoma in situ zu verstehen, bei *pTx* kann die Größe bzw. seine Ausdehnung nicht bestimmt werden.

Bei der Einteilung der *regionären Lymphknoten* bedeutet *pN0*, daß keine Lymphknoten befallen sind. Je nach der Ausdehnung wird nach pN1–pN3 eingeteilt. N1 und N2 bedeutet in der Regel einen regionalen Lymphknotenbefall. Bei *pNx* kann der Lymphknotenstatus nicht bestimmt werden.

Die *Fernmetastasen* werden eingeteilt in *pM0*, wenn keine Fernmetastasen nachweisbar sind, in *pM1* bei nachweisbaren Fernmetastasen und in *pMx*, wenn der Fernmetastasenstatus nicht erstellt werden kann.

Der zur TNM-Klassifikation zusätzlich verwendete *C-Faktor* kennzeichnet die angewandte diagnostische Methode. *C1* steht für diagnostische Standardmethoden wie z. B. Inspektion, Palpation, Standardröntgenaufnahmen, bei manchen Organen auch für intraluminale Endoskopien. *C2* gibt Auskunft über spezielle diagnostische Methoden wie Röntgenaufnahmen in speziellen Projektionen, Schichtaufnahmen, CT, Sonographie, Angiographie, nuklearmedizinische Untersuchungsmethoden, MRT, Endoskopie, Biopsie, Zytologie usw. *C3* steht für die chirurgische Exploration inklusive der Biopsie und der Zytologie.

Das *histopathologische Grading* (G) bezeichnet den Malignitätsgrad (Abb. 17.1). Feingewebliche Unterschiede sind auch innerhalb bestimmter histologischer Typen zu finden. Berücksichtigt wird neben zytologischen Kriterien wie Kernatypien, Zellpolymorphie und Mitosezahl vor allem die Ähnlichkeit mit Normalgewebe. Ist z. B. bei einem Plattenepithelkarzinom (Abb. 17.2) die Ähnlichkeit mit Normalgewebe sehr stark, so spricht man von einem guten Differenzierungsgrad und einem niedrigen Malignitätsgrad (*G1*). Ist diese Ähnlichkeit kaum noch erkennbar, so spricht man von einem schlechten Differenzierungsgrad und einem hohen Malignitätsgrad (*G3*). Einem mäßigen Differenzierungsgrad und mittleren Malignitätsgrad entspricht G2. Undifferenzierte Tumoren werden mit *G4* bezeichnet.

Die Stadiengruppierung ergibt sich aus T, N, M bzw. pT, pN und pM. Bei einigen Organtumoren gehen in die Stadieneinteilung noch weitere Faktoren ein, wie z. B. der Differenzierungsgrad bei Tumoren von Knochen, Weichtei-

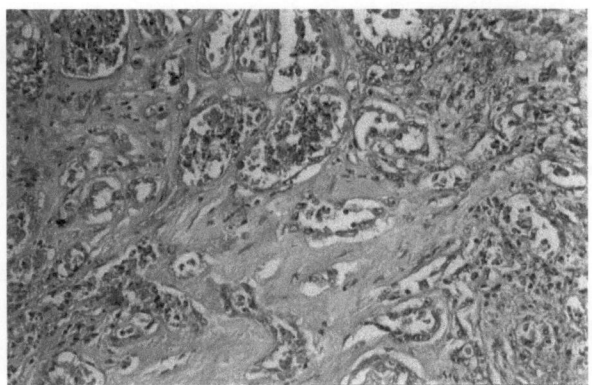

Abb. 17.1. Adenokarzinom des Uterus (histologischer Schnitt)

Abb. 17.2. Verhorntes Plattenepithelkarzinom (histologischer Schnitt)

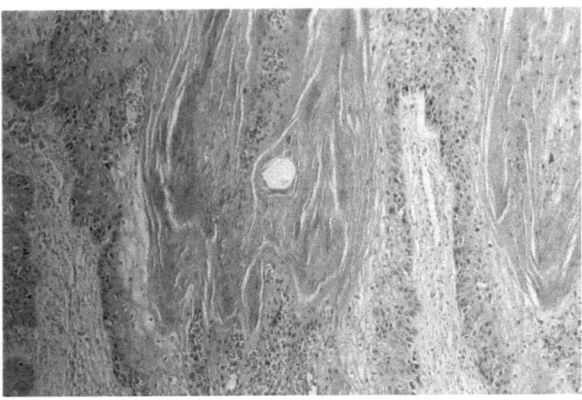

len, Prostata und Gehirn. Beim Schilddrüsenkarzinom gehen noch das Alter und der histologische Typ mit in die Stadiengruppierung ein. Das Carcinoma in situ wird als Stadium 0 bezeichnet. Liegen Fernmetastasen vor, so spricht man vom Stadium IV.

Aufgrund der Tumorausdehnung, d.h. je nach Staging, wird entschieden, ob die Therapie *kurativ* oder *palliativ* sein wird.

17.2
Therapeutische Ansätze

Aufgrund der TNM-Klassifikation, dem Staging und dem Grading lassen sich Tumoren unterschiedlich therapieren.

17.2.1
Palliative Therapie

Geht die Tumorausdehnung über den lokalen Bereich hinaus und hat sie schon entferntere Lymphknoten erreicht sowie Fernmetastasen gebildet, so wird ein palliativer therapeutischer Ansatz gewählt.

Die palliative Therapie dient

- der Linderung vorhandener Beschwerden, wie Schmerzen oder Immobilität,
- der Prophylaxe tumorbedingter Symptome, wie Frakturgefahr oder Blutungen, und
- einer Verlängerung des Lebens bei nicht heilbarer Erkrankung. Die Überlebenszeit des Patienten wird durch die palliative Therapie allerdings nicht signifikant beeinflußt.

Parameter, die die therapeutische Wirksamkeit beurteilen, wie Remission, lokale Kontrolle und Überlebenszeit, treten beim palliativen Ansatz in den Hintergrund.

Drohende Komplikationen, wie z.B. die Einflußstauung beim fortgeschrittenen Bronchialkarzinom, die oft zu Atemnot und Erstickungsanfällen führen, können durch eine Verzögerung des Tumorwachstums vermieden werden. Schmerzen beeinträchtigen ebenso wie tumorbedingte Lähmungen die Lebensqualität des Patienten ganz wesentlich.

Zur palliativen Therapie wird eine reduzierte Dosis appliziert, wobei meist nur Tumorteile oder Metastasen bestrahlt werden. Die Fraktionierung kann unterschiedlich erfolgen. So erwies sich beim Glioblastom die akzelerierte Bestrahlung als günstig, bei Skelettmetastasen ist das hypofraktionierte Therapieschema mit höheren Einzeldosen in vielen Fällen geeigneter, speziell für den analgetischen Effekt.

Die Gesamtbehandlungszeit soll kurz sein. Aus diesem Grund kommen oft höhere tägliche Einzeldosen zum Einsatz.

17.2.2
Kurative Therapie

Der kurative Ansatz einer Therapie legt aufgrund der prätherapeutischen Diagnostik eine faßbare Heilungschance für den Patienten zugrunde. Das Ziel der kurativen Therapie besteht in der lokalen Tumorkontrolle. Geeignete Therapiemethoden sollten sinnvoll miteinander kombiniert und so genutzt werden.

Gesunde Gewebe und Organe stellen in der kurativen Therapie häufig dosislimitierende Faktoren dar. Den Quotienten aus der maximalen Dosis im gesunden Gewebe und der minimalen tumorzerstörenden Dosis gibt das therapeutische Verhältnis wieder. Verbessert werden kann dieses Verhältnis durch Maßnahmen, die entweder die Toleranz des gesunden Gewebes erhöhen oder die notwendige Tumordosis herabsetzen. Durch kleine, individuell angepaßte und scharf begrenzte Zielvolumina oder eine allmähliche Verkleinerung des Zielvolumens während der Bestrahlung, entsprechend der Verkleinerung des Tumors, kann eine Verbesserung des therapeutischen Verhältnisses erreicht werden.

Tabelle 17.1. Unterschiede zwischen benignen und malignen Tumoren

	Benigne Tumoren	Maligne Tumoren
Wachstum	Expansiv, verdrängend	Infiltrierend, invasiv, destruktiv
Kapsel	Vorhanden	Keine
Konsistenz	Unterschiedlich	Weich, markig
Gewebstyp	Ausgereift	Unreif
Zellgehalt	Niedrig	Hoch
Zellgröße	Einheitlich	Uneinheitlich
Kerngröße	Monomorph	Polymorph
Zellatypien	Fehlen	Häufig
Mitosen	Fehlen	Häufig
DNA-Gehalt	Normal, euploid	Vermehrt, aneuploid
Nukleolen	Regelrecht	Derb vergrößert
Rezidive	Selten	Häufig
Metastasen	Keine	Häufig
Verlauf	Lang, nicht tödlich	Kurz, tödlich
Symptome	Symptomarm	Symptomreich
Alter	Jugendliche	Ältere Menschen

Die Höhe der Tumordosis ist von der Tumorgröße abhängig, wobei 50 Gy, die prä- oder postoperativ appliziert werden, für die Bestrahlung von Tumorabsiedlungen in mikroskopischer Größe ausreichend sind. Die Dosis kann um 10% erhöht werden, wenn eine Sauerstoffunterversorgung wie z. B. bei Narbengewebe angenommen wird.

17.2.3
Benigne Erkrankungen

Die Therapie benigner, d.h. gutartiger, Erkrankungen beinhaltet die Behandlung bestimmter Symptome mit niedriger Dosis (Tabelle 17.1).

KAPITEL 18

Tumortherapie

Die Tumortherapie kann verschiedene Wege beschreiten:

- die Operation,
- die Radiatio sowie
- die Chemo- bzw. Hormontherapie. Welche Therapie letztendlich angewandt wird und ob bzw. wie verschiedene Therapieformen miteinander kombiniert werden, hängt von der vorausgegangenen *Typisierung*, dem *Grading* und *Staging* des Tumors ab.

18.1
Operation und Strahlentherapie

Die Strahlentherapie kann entweder gezielt durchgeführt werden oder als Abschnitts- oder Ganzkörperbestrahlung erfolgen. Abschnitts- oder Ganzkörperbestrahlungen bedingen keine unmittelbare Tumorbeeinflussung, sondern wirken auf die funktionellen Vorgänge und die Aktivierung der köpereigenen Tumorabwehr ein.

Die beiden Methoden Operation und Strahlentherapie werden oft miteinander kombiniert. Radikale Operationstechniken sollten nur vorgenommen werden, wenn eine Tumorentfernung in sano, d. h. im Gesunden, gelingt.

Für eine postoperative Strahlentherapie sollte genügend Gefäßbindegewebe zurückgelassen werden, da sonst die Sauerstoffversorgung herabgesetzt und die Strahlenwirkung gesenkt wird. Die Reduktion des Gefäßbindegewebes führt zu unerwünschten Nebenwirkungen und Dauerschädigungen wie Nekrosen, Fisteln, Ödemen, Einflußstauungen und Nervenläsionen.

18.2
Adjuvante postoperative Strahlentherapie

Eine adjuvante postoperative Strahlentherapie ist dann indiziert, wenn eine operative Verstümmlung des Patienten vermieden bzw. verhindert werden kann, z. B. bei der brusterhaltenden Therapie des Mammakarzinoms, oder wenn eine lokale Tumorentfernung unvollständig wäre wie z. B. bei der Rektumamputation R1 und R2. Unter *R1* versteht man einen mikroskopischen, unter *R2* einen makroskopischen Tumorrest.

Der Beginn der Strahlentherapie erfolgt etwa 1-2 Wochen, bei Hals-Nasen-Ohren-Tumoren etwa 2-4 Wochen nach der Operation.

Die Gesamtdosis der adjuvanten Strahlentherapie der Lymphbahnen liegt bei 50 Gy, für das Lymphabflußgebiet des Tumors wird in der Regel niedriger dosiert als für der Tumor selbst. Beim Mammakarzionom liegt die Gesamtdosis bei 56 Gy, die der Lymphknoten bei 50 Gy. HNO-Tumoren erhalten als Gesamtdosis 60 Gy, die Lymphknoten 50 Gy Gesamtdosis bei Shrinking-field-Technik. Im Operationsgebiet sollte eine höhere Dosis verabreicht werden, da durch die operativen Veränderungen des Tumorbettes die Strahlensensibilität der Tumorzellen herabgesetzt wird. Hier müssen allerdings Nebenwirkungen beachtet werden, z.B. wenn der Dünndarm im Operations- sowie im Bestrahlungsgebiet liegt.

18.3
Präoperative Strahlentherapie

Die präoperative Maßnahme kann einen Tumor, der nicht vollständig resezierbar ist, verkleinern und besser abgrenzen, so daß er durch die anschließende Operation radikal entfernt werden kann, d.h. ein als inoperabel angesehener Tumor kann durch die Bestrahlung operabel werden.

Durch die präoperative Strahlenbehandlung soll das TNM-Stadium reduziert werden, z.B. von einem T4- auf ein T2-Stadium. Man spricht dann von *Down-staging*.

Dieses Verfahren hat sich bei Kopf-Hals-Tumoren, beim Rektumkarzinom, bei Knochen- und Weichteilsarkomen, beim fortgeschrittenen Mammakarzinom, beim Schilddrüsenkarzinom und bei einem ausgedehnten Nierenzellkarzinom bewährt.

Die präoperativ angewandte Strahlentherapie kann nicht nur einen Tumor verkleinern, sondern im Tumorgebiet selbst, wie auch in möglicherweise bereits infiltrierten benachbarten Gebieten, die Tumorzellen so weit schädigen, daß die Gefahr einer Tumorzellausbreitung bzw. einer schnellen Metastasierung während der Operation und der damit verbundenen Öffnung von Gefäßbahnen reduziert wird. Besonders wirksam ist die Strahlentherapie in den Randgebieten des Tumors, in denen er infiltrierend ins Gewebe wächst. Diese Bereiche sind besonders strahlenempfindlich, weil sie am besten durchblutet und mit Sauerstoff versorgt werden. Die erreichte Verkleinerung des Tumors und die bindegewebige Abkapselung erleichtern die Operation.

Vorbestrahlte Zellen sind in ihrer Vitalität stark geschädigt, die Entzündungsreaktion schirmt den Tumorbezirk ab, und es entstehen seltener lokale Rezidive. Allerdings wird die Wundheilung durch die Bestrahlung verzögert und damit auch der Operationsbeginn. Mit der Bestrahlung kann erst 2–4 Wochen nach der Operation begonnen werden. Die Dosis liegt bei 3 Vierteln bis 2 Dritteln der entsprechenden Tumorvernichtungsdosis.

18.4
Definitive Strahlentherapie

Wie die operative Tumorentfernung kann auch die alleinige Strahlentherapie einen malignen Tumor kurativ therapieren z.B. beim Zervixkarzinom Stadium I. Man bevorzugt die definitive Strahlentherapie dann, wenn bei glei-

18.4 Definitive Strahlentherapie

chen Heilungschancen ein besseres funktionelles und kosmetisches Ergebnis zu erwarten ist.

Eine alleinige Radiatio kann bei malignen Lymphomen, Hauttumoren an exponierten Körperstellen, Larynx- und Epipharynxkarzinomen, begrenzten Mundhöhlen- und Zungengrundkarzinomen, beim Prostatakarzinom, Analkarzinom, Zervixkarzinom ab Stadium IIa als palliative Therapie, Medulloblastom, Peniskarzinom usw. eingesetzt werden.

Einige dieser Tumoren können bereits bei der Erstbehandlung Metastasen gebildet haben, so daß eine adjuvante Chemotherapie in das Behandlungskonzept miteinbezogen werden muß.

Der Erfolg der Strahlentherapie ist unter anderem von folgenden Faktoren abhängig:

- der Tumordosis,
- der Zahl der Fraktionen,
- der Länge der Bestrahlungsserie und Anwendung mehrerer Serien,
- der Erholungszeit von Tumorgewebe und gesundem Gewebe,
- der Größe des bestrahlten Körpervolumens einschließlich der gesunden Organe,
- der Biologie der Zellen.

In der Strahlensensibilität verschiedener Tumoren bestehen große Unterschiede:

- Sehr strahlensensibel sind Leukämien, Corionkarzinome, maligne Lymphome, Seminome, embryonale Tumoren und kleinzellige Karzinome.
- Mäßig strahlensensibel sind Plattenepithelkarzinome der Haut, Hals-Nasen-Ohren-Region und Portio, Adenokarzinome und Teratokarzinome.

Tabelle 18.1. Strahlensensibilitäten unterschiedlicher Zellarten und Organe

Strahlensensibilität	Zellart	Organ
Hoch	Lymphozyt	Lymphatisches Gewebe, Lymphknoten, Milz Thymus
	Erythroblast	Knochenmark
	Spermatogonien	Hoden
	Eizelle	Eierstock
	Befruchtetes Ei und Embryonalzellen bis zur 6. Schwangerschaftswoche	In Differenzierung befindliche Organe, v. a. ZNS
	Zellen der Dünndarmkrypten (Schleimhauteinbuchtungen)	Dünndarm
Mittel	Haarbalgzellen	Haut
	Linsenepithelzellen	Auge
	Knorpelzellen	Wachsender Knochen
	Osteoblasten	Wachsender Knochen
	Gefäßendothelien	Gefäßsystem
Gering	Drüsenepithelien	In- und exkretorische Drüsen
	Leberparenchymzellen	Leber
	Tubulusepithelien	Niere
	Gliazellen	Zentralnervensystem
	Nervenzellen	Nervensystem

- Wenig strahlensensibel sind ausgereifte Sarkome, gutartige Tumoren, Glioblastome und Osteosarkome.

Die Strahlensensibilität hängt ab von dem histologischen Differenzierungsgrad und der Mitoserate (Tabelle 18.1).

KAPITEL 19

Hyperthermie

Als Hyperthermie bezeichnet man eine Überwärmung des Tumorgewebes. Die Anwendung kann entweder als Ganzkörperhyperthermie oder als lokale Hyperthermie erfolgen.

Wirksam wird sie dann, wenn am Tumor Temperaturen von 40–44 °C erreicht werden. Die Hyperthermie verstärkt in Kombination mit einer Chemotherapie die Wirkung der Bestrahlung, ohne die Nebenwirkungen am Normalgewebe zu verstärken. Das Tumorgewebe wird für ionisierende Strahlung wie auch für Chemotherapeutika sensibilisiert; Tumorzellen werden sogar ohne weitere onkologische Maßnahmen zerstört. Die Hyperthermie erscheint geeignet, um bei therapieresistenten Tumoren bessere Behandlungserfolge zu erzielen.

Durch diese Methode werden Zellen, die sich in der strahlenresistenten S-Phase befinden, besonders strahlensensibilisiert. Die Kombination von Hyperthermie mit locker ionisierender Strahlung vermindert die Unterschiede der Strahlensensibilität im Zellzyklus.

Die Hyperthermie zeigt auch einen Einfluß auf hypoxische Zellen, die eine besonders hohe Empfindlichkeit gegenüber dieser Maßnahme aufweisen.

19.1
Wirkungsweise der Hyperthermie

Durch die Hyperthermie wird die Blutzirkulation im gesunden Gewebe und in den größeren Blutgefäßen der Tumoren im Temperaturbereich bis zu 44 °C gesteigert. In großen Tumoren mit nekrotischen bzw. hypoxischen Anteilen wird dagegen die Mikrozirkulation gesenkt. Ein *Wärmestau* tritt auf, bei sehr hohen Temperaturen kommt es zu Gefäßverschlüssen.

Um den Kreislauf des Patienten zu stabilisieren, wird dem Patienten eine Glukoselösung verabreicht, wodurch es zu einer Speicherung der Glukose im Tumor kommt. Der Tumor kann die Glukose nicht mehr oxydieren, es kommt zur Absenkung des Gewebe-pH-Wertes, Milchsäure wird gebildet, saure Metaboliten wie β-Hydroxybutyrat und Acetoacetat nehmen zu. Als Folge tritt eine Azidose auf, die als Gewebegift wirkt. Aufgrund der Erniedrigung des pH-Wertes steigt die Empfindlichkeit gegenüber der Hyperthermie weiter an.

Durch die Überwärmung wird die DNA- und Proteinsynthese der Zelle gehemmt. Kern- und Zellmembranen werden beeinträchtigt. An der Tumorzelloberfläche werden durch die Bildung von *Hitzeschockproteinen* Partikel exprimiert, die das Immunsystem aktivieren können. Bei der Kombination von Hyperthermie und Radiatio werden die Reparaturmechanismen, die Strahlenschäden der DNA beheben, reduziert und die Erholungsvorgänge eingeschränkt.

Zwei Effekte werden beim Einsatz der Hyperthermie genutzt:

- der tumorizide Effekt und
- die Sensibilierung der Tumorzellen für ionisierende Strahlung und Chemotherapeutika.

19.2
Anwendung der Hyperthermie

Bei der Ganzkörperhyperthermie befindet sich der Patient in einer Kammer. Die Erwärmung kann mit Heißluft, Heißwasser oder Infrarot-A-Licht erfolgen. Das Infrarot-A-Licht kann tiefer eindringen, wenn Wasser als Filter benutzt wird. Aufgrund der großen Belastung des Patienten und evtl. auftretender Risiken wie kardialen Störungen, Thrombosen und Leberversagen wird dem Patienten zusätzlich noch Sauerstoff gegeben. Eine Temperatur von 42 °C sollte bei einer länger andauernden Ganzkörperhyperthermie nicht überschritten werden.

Die Erwärmung kann bei der perkutanen lokalen Hyperthermie auch mittels elektromagnetischer Wellen im Bereich von *Radiofrequenzen* erfolgen, wobei Elektroden an den Körper angelegt werden. Bei der interstitiellen Hyperthermie kann die Erwärmung z.B. mit *Laserstrahlen* vorgenommen werden, die man direkt in das Gewebe einbringt. Die interstitielle Hyperthermie findet ihre Anwendung bei tieferliegenden Tumoren. Über Kunststoffschläuche oder -nadeln können auch Mikrowellenantennen, Implantate zur Radiowellenerzeugung oder heiße bzw. erhitzbare Metall-Seeds direkt in den Tumor gebracht werden. Die Erwärmung wird über gleichzeitige Temperaturmessungen mittels Thermosonden an bestimmten Stellen im Patientenkörper, wie z.B. in der Blase oder im Darm, kontrolliert.

Wegen der problematischen homogenen Erwärmung des Gewebes, besonders bei tieferliegenden Tumoren und der schwierigen exakten Temperaturmessung während der Anwendung, wird die lokale Hyperthermie bevorzugt bei Tumoren eingesetzt, die nahe der Körperoberfläche liegen. Als Beispiele sollen das Melanom, fortgeschrittene Tumoren im Kopf-Hals-Bereich und resistente Lokalrezidive des Mammakarzinoms genannt werden. Bei diesen Tumoren konnten nach Anwendung der Hyperthermie sehr deutliche Tumorregressionen beobachtet werden.

Die Hyperthermie kann auch präoperativ eingesetzt werden, wenn der Tumor aufgrund seiner Ausdehnung zunächst als inoperabel gilt.

Bei einer fraktionierten Hyperthermie können die Zellen eine Thermotoleranz entwickeln, d.h. sie werden hitzeresistenter. Dieser Effekt tritt kaum auf, wenn die Hyperthermieanwendung unmittelbar im Anschluß an die Bestrahlung erfolgt.

Bisher wurden hauptsächlich Patienten, die unter einer sehr weit fortgeschrittenen Erkrankung litten, mit einer Ganzkörperhyperthermie oder einer lokalen Hyperthermie behandelt.

ANHANG

Bestrahlungstechniken inklusive Lagerung und Dosierung bei verschiedenen häufigen Malignomen

Die im folgenden angegebenen Dosen sind Richtwerte, die im Einzelfall sowohl über- als auch unterschritten werden können. Dies gilt insbesondere für neu angelegte wissenschaftliche Studien.

1 Analkarzinom

Die Ordination hängt vom TNM-Stadium ab; die Leistenlymphknoten können befallen sein.

❏ Lagerung
- Rückenlage oder Bauchlage mit Lochbrett
- Arme über der Brust verschränkt
- Fersen zusammen, Knie leicht außenrotiert
- Knierolle
- Blase bei CT, Simulation und Bestrahlung möglichst gefüllt
- Markierung des Anus bei CT und Simulation

❏ Computertomographie
- Becken-CT ohne Gantrykippung, ggf. Abdomen-CT, 5. Lendenwirbel bis Trochanter minor

❏ Bestrahlung
- a.-p.-isozentrische Gegenfelder
- Mehrfeldertechnik
- Boost (kleinvolumige Bestrahlung): Auslenken des Zentralstrahls nach kranial zur Schonung von Vulva bzw. Hoden

❏ Dosierung
- Gesamtdosis 45–50 Gy, Einzeldosis 1,8 Gy; Boost: Gesamtdosis 10–20 Gy, Einzeldosis 2 Gy
- Bestrahlung der Leisten bis 50 Gy.
Cave: Lymphödem!

- *Anmerkung:* Die Therapie ist kurativ in Kombination mit einer Chemotherapie möglich, z. B. 5-FU, Mitomycin C.

☐ Risikoorgane
.. Dünndarm
.. Blase
.. Hüftgelenke, Schenkelhals

☐ Mögliche Nebenwirkungen
.. Akute Reaktionen der Haut und Schleimhäute
.. Zystitis
.. Kolpitis
.. Blut- und Schleimabgang
.. Lymphödem

☐ Verlaufskontrolle
.. Im Rahmen der regelmäßigen Nachsorge

2
Tumoren des Auges und der Orbita

Die Ordination hängt ab von Tumorausbreitung und Histologie.

☐ Lagerung
- Rückenlage
- Arme seitlich
- Fersen zusammen, Knie leicht außenrotiert
- Knierolle
- Kopf in Maskentechnik fixieren, evtl. mit Bißblock

☐ Computertomographie
- Orbita-CT, ±2–5 Schichten ohne Gantrykippung; Schichtabstand 3–5 mm

☐ Bestrahlung
- Isozentrische Zwei- oder Mehrfeldertechnik
- Oberflächliche Tumoren: Bestrahlung mit Elektronen oder in Orthovolttechnik; ggf. Spezialblöcke zum Linsenschutz

☐ Dosierung
- *Rhabdomyosarkom*
  - Gesamtdosis 40 Gy, Einzeldosis 2 Gy; Boost: Gesamtdosis 10 Gy, Einzeldosis 2 Gy
- *Non-Hodgkin-Lymphome*
  - Gesamtdosis 30–40 Gy, Einzeldosis 2 Gy; ggf. Boost: Gesamtdosis 10–20 Gy, Einzeldosis 2 Gy

- *Tränendrüsenkarzinom*
  - *Postoperativ:* Gesamtdosis 50–60 Gy, Einzeldosis 2 Gy
- *Optikusgliome*
  - Gesamtdosis 49,5 Gy, Einzeldosis 1,5 Gy
  Bei Kindern unter 3 Jahren geringere Gesamtdosen
- *Lidtumoren*
  - *Definitiv:* Gesamtdosis 60 Gy, Einzeldosis von 2 Gy
  - *Postoperativ:* Gesamtdosis 50 Gy, Einzeldosis 2 Gy
  - Bestrahlung in Orthovolttechnik: nach 30 Gy 2wöchige Bestrahlungspause

☐ Risikoorgane
.. Hypophyse
.. Kiefergelenk
.. Speicheldrüsen
.. Ohr
.. Linse
.. Hornhaut
.. Sehnerv
.. Tränendrüse

☐ Mögliche Nebenwirkungen
.. Hirndrucksymptomatik
.. Schwindel
.. Sehstörung
.. Krampfanfall
.. Kopfschmerz
.. Übelkeit
.. Erbrechen
.. Gangstörung
.. Müdigkeit
.. Bewußtseinsstörung
.. Haarverlust
.. Hypophysenfunktionsstörung
.. Linsentrübung, Katarakt
.. Zahnschäden
.. Tränendrüsenfunktionsstörung

☐ Verlaufskontrolle
.. Regelmäßige Nachsorge

3
Bronchialkarzinom

Die Ordination hängt ab von TNM-Stadium und Histologie.

☐ Lagerung
- Rückenlage
- Mehrfeldertechnik: Arme über dem Kopf besser als seitliche Armhaltung
- Fersen zusammen, Knie leicht außenrotiert
- Knierolle
- Bei CT, Simulation und Bestrahlung: Atemmittellage, d. h. Patient atmet ruhig

☐ Computertomographie
- Thorax-CT ohne Gantrykippung, 4. Halswirbel bis Mitte Leber

☐ Bestrahlung
- a.-p.-isozentrische Gegen- oder Mehrfeldertechnik

☐ Dosierung
- *Nicht-kleinzellige Karzinome (NSCLC)*
  - *Postoperativ:* Gesamtdosis 50 Gy, Einzeldosis 2 Gy; Boost: Gesamtdosis 6–10 Gy
  - *Definitiv:* Gesamtdosis 40 Gy, Einzeldosis 2 Gy; Boost: Gesamtdosis 20–30 Gy
  - *Palliativ:* Gesamtdosis 40 Gy, Einzeldosis 2 Gy; Boost: Gesamtdosis 10 Gy
- *Kleinzellige Karzinome*
  - Nach Chemotherapie mit kompletter Remission: Gesamtdosis 50 Gy, Einzeldosis 2 Gy
  - Evtl. Empfehlung zur prophylaktischen Ganzhirnbestrahlung: Gesamtdosis 30 Gy, Einzeldosis 2 Gy

☐ Risikoorgane
.. Rückenmark
.. Lunge
.. Herz

☐ Mögliche Nebenwirkungen
.. Strahlenpneumonitis
.. Husten
.. Auswurf
.. Fieber
.. Spätfolge: Fibrose
.. Strahlenmyelitis
.. Verengung der Speiseröhre
.. Perikarditis

☐ Verlaufskontrolle
.. Nachsorge bei fehlenden kurativen Therapiemöglichkeiten nur eingeschränkt gerechtfertigt
.. Bei kurativem Therapieansatz engmaschige weitere Nachsorge

4
Harnblasenkarzinom

Die Ordination hängt ab von TNM-Stadium, Grading und Rezidivverhalten.

❏ Lagerung
- Rückenlage
- Fersen zusammen, Knie leicht außenrotiert
- Knierolle
- Arme über der Brust oder dem Kopf
- Bei Simulation Kontrastmittelfüllung des Rektums
- Blase vor CT, Simulation und Bestrahlung möglichst gefüllt
- Hodenschutz
- Adipöse Patienten: ggf. Bauchlage und Lochbrett von Vorteil

❏ Computertomographie
- Becken-CT ohne Gantrykippung, ggf. Abdomen-CT, 5. Lendenwirbel bis Trochanter minor

❏ Bestrahlung
- Isozentrische Mehrfeldertechnik oder Rotation

❏ Dosierung
- *Präoperativ:* Gesamtdosis 40 Gy, Einzeldosis 1,8–2 Gy; bei geringem Ansprechen evtl. Boost
- *Definitiv:* Gesamtdosis 50 Gy, Einzeldosis 1,8–2 Gy; ggf. Boost: Gesamtdosis 10–14 Gy
- *Postoperativ:* Gesamtdosis 50 Gy, Einzeldosis 1,8 Gy; evtl. Kombinationstherapie mit Cisplatin

❏ Risikoorgane
.. Rektum
.. Hüftgelenke, Schenkelhals
.. Dünndarm

❏ Mögliche Nebenwirkungen
.. Zystitis
.. Dysurie
.. Diarrhöen; Darmstörungen (selten)

❏ Verlaufskontrolle
.. Regelmäßig alle 3 Monate Zystoskopie

5 Zervixkarzinom

Die Ordination hängt ab von TNM-Stadium und Grading, postoperativ oder definitiv. Je nach Befall wird eine perkutane Kombinationsbehandlung und eine Brachytherapie durchgeführt.

❐ Lagerung
- Rückenlage
- Fersen zusammen, Knie leicht außenrotiert
- Knierolle
- Arme über der Brust oder dem Kopf
- Bei Simulation Darstellung der Rektumvorderwand, z. B. mittels Darmrohr
- Markierung der Vagina
- Blase vor CT, Simulation und Bestrahlung möglichst gefüllt
- Adipöse Patienten: ggf. Bauchlage und Lochbrett von Vorteil

❐ Computertomographie
- Becken-CT ohne Gantrykippung, ggf. Abdomen-CT, 5 Lendenwirbel bis Trochanter minor
- ggf. Markierung der Vagina

❐ Bestrahlung
- a.-p.-isozentrische oder aufgesetzte Gegenfelder
- Isozentrische Mehrfeldertechnik, d. h. SAD-Technik (bessere Schonung der Risikoorgane)

❐ Dosierung
- Abhängig vom Stadium
  Brachytherapie berücksichtigen! (Verwendung eines Mittelabsorbers je nach Brachytherapie-Dosis, z. B. ab 30 Gy)
- *Lymphabflußwege:* Gesamtdosis 46–50 Gy, Einzeldosis 2 Gy
- *Primärherd:* Gesamtdosis 60–70 Gy, inkl. Brachytherapie
- Je nach Befall evtl. einseitige Boost-Bestrahlung

❐ Risikoorgane
.. Rektum
.. Blase
.. Hüftgelenke, Schenkelhals
.. Dünndarm
.. Ureter, Urethra

❐ Mögliche Nebenwirkungen
.. Akute Reaktionen der Haut und Schleimhäute
.. Zystitis

.. Kolpitis
.. Proktitis
.. Diarrhöen

❏ Verlaufskontrolle
.. Je nach Verlauf gynäkologische Kontrolle nach etwa 30 Gy bzw. nach Abschluß der Therapie
.. Kontroll-CT nach 4–6 Wochen
.. Engmaschige Kontrolle während der ersten 3 Jahre

6 Korpuskarzinom

Die Ordination hängt ab von TNM-Stadium und Grading.

❏ Lagerung
- Rückenlage
- Fersen zusammen, Knie leicht außenrotiert
- Knierolle
- Arme über der Brust oder dem Kopf
- Bei Simulation Darstellung der Rektumvorderwand, z. B. mittels Darmrohr
- Markierung der Vagina
- Blase vor CT, Simulation und Bestrahlung möglichst gefüllt
- Adipöse Patienten: ggf. Bauchlage und Lochbrett von Vorteil

❏ Computertomographie
- Becken-CT ohne Gantrykippung, ggf. Abdomen-CT, 5. Lendenwirbel bis Trochanter minor
- ggf. Markierung der Vagina

❏ Bestrahlung
- a.-p.-isozentrische oder aufgesetzte Gegenfelder
- Isozentrische Mehrfeldertechnik

❏ Dosierung
- Abhängig vom Stadium; eventuelle Brachytherapie berücksichtigen
- *Präoperativ:* Gesamtdosis 50,4 Gy, Einzeldosis 1,8 Gy; bei Brachytherapie an einen Mittelblock denken!
- *Definitiv:* je nach Stadium; bei größeren Feldern: Einzeldosen 1,8 Gy
- *Paraaortale Lymphknoten:* Gesamtdosis 46–50 Gy, Einzeldosis 2 Gy. Rückenmark beachten! !

❏ Risikoorgane
.. Rektum

.. Hüftgelenke, Schenkelhals
.. Dünndarm
.. Ureter

❏ Mögliche Nebenwirkungen
.. Akute Reaktionen der Haut und Schleimhäute
.. Zystitis
.. Kolpitis
.. Proktitis
.. Diarrhöen

❏ Verlaufskontrolle
.. Je nach Verlauf gynäkologische Kontrolle nach etwa 30 Gy bzw. nach Abschluß der Therapie
.. Kontroll-CT nach 4–6 Wochen
.. Engmaschige Kontrolle während der ersten 3 Jahre

7
Plattenepithelkarzinome im Kopf-Hals-Bereich

Die Ordination hängt ab vom Ausbreitungsstadium sowie von Größe und Sitz des Primärtumors.

❏ Lagerung
- Rückenlage
- Arme seitlich, Schulter möglichst tief gezogen
- Fersen zusammen, Knie leicht außenrotiert
- Knierolle
- Kopf in Maskentechnik fixieren, evtl. mit Bißblock

❏ Computertomographie
- Kopf-, Hals-, Thorax-CT ohne Gantrykippung, Schädelbasis bis Trachealbifurkation

❏ Bestrahlung
- Isozentrische opponierende seitliche Gegenfelder
- Isozentrische Mehrfeldertechnik
- Untere zervikale Lymphknoten über ein ventrales Stehfeld bestrahlbar

❏ Dosierung
- *Nasopharynx*
  - *Definitiv*, bei alleiniger Strahlentherapie: T1- und T2-Tumoren: Gesamtdosis 65 Gy, Einzeldosis 1,8–2 Gy; T3- und T4-Tumoren: Gesamtdosis 70–75 Gy, Einzeldosis 1,8–2 Gy;
    Lymphabfluß: N0: Gesamtdosis 50 Gy, Einzeldosis 2 Gy
    Restlymphome: Gesamtdosis 65–70 Gy, Einzeldosis 1,8–2 Gy

- *Postoperativ:* für jedes T Gesamtdosis 60 Gy, Einzeldosis 1,8–2 Gy
  Lymphabfluß: Gesamtdosis 50 Gy, Einzeldosis 1,8–2 Gy
- Mesopharynx
  - *Definitiv:* T1-Tumoren: Gesamtdosis 60 Gy, Einzeldosis 1,8–2 Gy; T2-Tumoren: Gesamtdosis 65 Gy, Einzeldosis 1,8–2 Gy; T3- und T4-Tumoren: Gesamtdosis 70–75 Gy, Einzeldosis 1,8–2 Gy
    Lymphabfluß: N0: Gesamtdosis 50 Gy, Einzeldosis 2 Gy; N1 und N2: Gesamtdosis 65–70 Gy, Einzeldosis 1,8–2 Gy
  - *Postoperativ:* Gesamtdosis 60 Gy, Einzeldosis 1,8–2 Gy
    Lymphabfluß: Gesamtdosis 50 Gy, Einzeldosis 1,8–2 Gy

❏ Risikoorgane
.. Rückenmark
.. Hypophyse
.. Kehlkopf
.. Kiefergelenk
.. Speicheldrüsen
.. Ohr
.. Linse
.. Hornhaut
.. Sehnerv
.. Tränendrüse
.. Schilddrüse

❏ Verlaufskontrolle
.. Regelmäßige Nachsorge (bei niedriger Compliance oft nicht möglich)

8
Maligne Hodentumoren

Die Ordination hängt ab von TNM-Stadium und Histologie.

❏ Lagerung
- Rückenlage
- Fersen zusammen, Knie leicht außenrotiert
- Arme seitlich
- Hodenschutz
- Adipöse Patienten: ggf. Bauchlage und Lochbrett von Vorteil

❏ Computertomographie
- Abdomen-CT, Becken-CT, ohne Gantrykippung, Oberkante 10. Brustwirbel bis Unterkante 5. Lendenwirbel oder Symphyse

❏ Bestrahlung
- a.-p.-isozentrische oder aufgesetzte Gegenfelder

❏ Dosierung
- *Seminome*
  - N0: Gesamtdosis 26 Gy, Einzeldosis 1,8–2 Gy; N1: Gesamtdosis 30 Gy, Einzeldosis 1,8–2 Gy; N2: Gesamtdosis 36–40 Gy, Einzeldosis 1,8–2 Gy
- *Andere Hodentumoren*
  - N0: Gesamtdosis 40–50 Gy, Einzeldosis 1,8–2 Gy

❏ Risikoorgane
.. Rückenmark
.. Nieren
.. Dünndarm

❏ Mögliche Nebenwirkungen
.. Diarrhöen
.. Übelkeit
.. Meteorismus
.. Spätkomplikationen je nach Dosis und Feldgröße (selten)
.. Sexuelle Störungen und Beeinträchtigung der Fruchtbarkeit (Fertilität)

❏ Verlaufskontrolle
.. Engmaschige Nachsorge über mindestens 5 Jahre

9 Mammakarzinom

Die Ordination hängt ab von TNM-Stadium, Operation, Rezeptorstatus, Chemotherapie und Antihormontherapie.

❏ Lagerung
- Rückenlage
- Arme über dem Kopf
- Fersen zusammen, Knie leicht außenrotiert
- Knierolle
- ggf. Keilkissen verwenden
- Sternum parallel zur Tischoberfläche
- Bei Bestrahlung der axillären Lymphabflußwege nach Mastektomie oder Ablatio: ggf. auch seitlich leicht angewinkelte Lagerung der Arme möglich.

Cave: CT!

❏ Computertomographie
- Thorax-CT ohne Gantrykippung, 4. Halswirbel bis Mitte Leber

☐ Bestrahlung
- *Mamma*
  - Isozentrische Gegenfelder in SAD-Technik mit Keil (Zangenbestrahlung); werden weitere Felder angeschlossen, Divergenzausgleich nötig
- *Axilla*
  - Mittels aufgesetzter Gegenfelder in SSD-Technik mit Lungenabsorbern und Absorbern des Humeruskopfes von Beginn an möglich
  - Thoraxwand, Narbe: schnelle Elektronen.

Vermeidung von Feldüberschneidungen! **!**

☐ Dosierung
- *Brusterhaltende Therapie*
  - Thoraxwand bzw. Mamma: Gesamtdosis 50 Gy, Einzeldosis 2 Gy
  - Tumorbett: R0: Boost: Gesamtdosis 10 Gy, Einzeldosis 2 Gy; R1: Boost: Gesamtdosis 15–20 Gy, Einzeldosis 2 Gy. Günstiger: Einsatz einer interstitiellen Therapie
- *Nach Mastektomie*
  - Thoraxwand: Gesamtdosis 50 Gy, Einzeldosis 2 Gy
  - Lymphabfluß: Gesamtdosis 46–50 Gy, Einzeldosis 2 Gy

☐ Risikoorgane
.. Lunge
.. Herz
.. Rückenmark, Halsmark
.. Kehlkopf
.. Schilddrüse
.. Haut

☐ Mögliche Nebenwirkungen
.. Hautreaktionen; Spätfolge: Fibrose (Verhärtung der Brust)
.. Schmerzhafte Entzündung der Brustmuskulatur
.. Armödeme
.. Radionekrosen der Rippen (selten)
.. Strahlenpneumonitis (selten)
.. Armplexusschaden (selten)

☐ Verlaufskontrolle
.. Kontrolle der Haut nach 4–6 Wochen
.. Regelmäßige Nachsorge

10
Seltene mediastinale Malignome

Die Therapie hängt ab von der Art der Erkrankung und dem Ort der Entstehung. Beim Schilddrüsenkarzinom ist vor allem die Histologie von Bedeutung, bei den Thymomen das T-Stadium und bei den Sarkomen das Grading.

❐ Lagerung
- Rückenlage
- Arme über dem Kopf
- Fersen zusammen, Knie leicht außenrotiert
- Knierolle
- Kopf leicht überstreckt fixieren, ggf. in Maskentechnik

❐ Computertomographie
- Nach Thorax-CT ohne Gantrykippung, 4. Halswirbel bis Mitte Leber

❐ Bestrahlung
- a.-p.-isozentrische Gegen- oder Mehrfeldertechnik

❐ Dosierung
- *Thymom*
  - Gesamtdosis 44 Gy, Einzeldosis 2 Gy; Boost: 6 Gy
- *Neuroblastom*
  - Gesamtdosis 20–50 Gy, Einzeldosis 2 Gy, kleinvolumig
- *Weichteilsarkome*
  - Gesamtdosis 50 Gy, Einzeldosis 2 Gy; Boost: 10–20 Gy
- *Trachealkarzinom*
  - *Kurativ:* Gesamtdosis 64–70 Gy, Einzeldosis 2 Gy
- *Pleuramesotheliom*
  - *Palliativ:* Gesamtdosis 50 Gy, Einzeldosis 2 Gy

❐ Risikoorgane
.. Rückenmark
.. Lunge
.. Herz

❐ Mögliche Nebenwirkungen
.. Strahlenpneumonitis
.. Husten
.. Auswurf
.. Fieber
.. Spätfibrosen
.. Strahlenmyelitis
.. Verengung der Speiseröhre
.. Perikarditis

❐ Verlaufskontrolle
.. Je nach Grunderkrankung

11
Maligne Lymphome

Die Ordination hängt ab von der Histologie, der Malignität und der Zahl bzw. dem Ort der befallenen Lymphknotenregionen, wobei zwischen Non-Hodgkin-Lymphomen und Morbus Hodgkin zu unterscheiden ist. Werden Patienten im Rahmen von Studien behandelt, werden die Felder entsprechend festgelegt.

❒ Lagerung
- Rückenlage
- Arme seitlich, leicht angewinkelt;

Cave: CT! !
- Fersen zusammen, Knie leicht außenrotiert
- Knierolle
- Hodenschutz bei Bestrahlung im Abdomen bzw. Becken

❒ Computertomographie
- Thorax-, Abdomen-, Becken-CT: Armlagerung beachten
- Mantelfeld/Waldeyer mit CT Schädelbasis bis Unterkante 11. Brustwirbel
- Paraaortal mit CT: Oberkante 9. Brustwirbel bis 5. Lendenwirbel
- CT des Y-Felds: Oberkante 9. Brustwirbel bis Trochanter minor
- CT des abdominellen Bades: Zwerchfellkuppen bis Symphyse

❒ Bestrahlung
- *Morbus Hodgkin*
  - Isozentrische, aufgesetzte Gegenfelder
  - Waldeyer-Feld mit opponierenden seitlichen Gegenfeldern
  - Mantelfeld als a.-p.-isozentrische Gegenfelder
  - Umgekehrtes Y-Feld mit a.-p.-isozentrischen Gegenfeldern
  - Paraaortales Feld, ggf. mit Milz, als a.-p.-isozentrische Gegenfelder
- *Non-Hodgkin-Lymphome (NHL)*
  - Isozentrische, aufgesetzte Gegenfelder
  - Minimantel ohne Mediastinum als a.-p.-isozentrische Gegenfelder
  - Gesamtes Abdomen, Bad mit a.-p.-isozentrischen Gegenfeldern

❒ Dosierung
- *Morbus Hodgkin*
  - Nicht befallene Regionen: Gesamtdosis 36 Gy, Einzeldosis 2 Gy
  - Befallene Regionen: Gesamtdosis 44 Gy, Einzeldosis 2 Gy; ggf. Boost: 6 Gy (auf den Bulk)
  - Organbestrahlung: Lunge: Gesamtdosis 16,5 Gy, Einzeldosis 0,75 Gy; Herz: Gesamtdosis 16–20 Gy, Einzeldosis 2 Gy; Leber: Gesamtdosis 22 Gy, Einzeldosis 1 Gy
- *Niedrigmaligne Non-Hodgkin-Lymphome*

- Abdominelles Bad: Gesamtdosis 25,5 Gy, Einzeldosis 1,5 Gy; Nieren ab 13,5 Gy von dorsal ausblocken
- Nicht befallene Regionen: Gesamtdosis 30 Gy, Einzeldosis 2 Gy
- Befallene Regionen: Gesamtdosis 40 Gy, Einzeldosis 2 Gy; ggf. Boost: 4 Gy (auf den Bulk).
- *Hochmaligne Non-Hodgkin-Lymphome*
  - Abdominelles Bad: Gesamtdosis 30 Gy, Einzeldosis 1,5 Gy; Nieren ab 12 Gy von dorsal, Leber ab 25 Gy von ventral und dorsal ausblocken
  - Nicht befallene Regionen: Gesamtdosis 40 Gy, Einzeldosis 2 Gy
  - Befallene Regionen: Gesamtdosis 50 Gy, Einzeldosis 2 Gy
  - Nach Chemotherapie: Gesamtdosis 40 Gy, Einzeldosis 2 Gy, kleinvolumig

❒ Risikoorgane
.. Lunge
.. Herz
.. Rückenmark
.. Leber
.. Nieren

❒ Mögliche Nebenwirkungen
.. Abhängig von der Lage des Zielvolumens

❒ Verlaufskontrolle
.. Je nach Erkrankung und zu erwartendem Verlauf

12 Ösophaguskarzinom

Die Ordination hängt ab von TNM-Stadium und anatomischer Lage.

❒ Lagerung
- Rückenlage
- Arme über dem Kopf
- Fersen zusammen, Knie leicht außenrotiert
- Knierolle
- ggf. Bauchlage (größere Distanz zur Wirbelsäule)

❒ Computertomographie
- CT in Abhängigkeit von betroffener Körperregion, ohne Gantrykippung, meist Kehlkopf bis Mitte Leber

❒ Bestrahlung
- Feldlage je nach Lage des Tumors
- a.-p.-isozentrische Gegen- oder Mehrfeldertechnik

- Rotationsbestrahlung

❏ Dosierung
- *Präoperativ:* Gesamtdosis 30–46 Gy, Einzeldosis 2 Gy
- *Postoperativ:* Gesamtdosis 45–50,4 Gy, Einzeldosis 1,8 Gy
- *Definitiv:* Gesamtdosis 40–50 Gy, Einzeldosis 2 Gy; Boost: 14–20 Gy
- *Anmerkung:* Die Therapie wird oft mit einer Chemotherapie kombiniert, z. B. 5-FU, Cis-Platin u. a. Der Boost kann auch durch eine intrakavitäre Strahlenbehandlung erfolgen, z. B. über 2–3 Fraktionen mit 7 Gy.

❏ Risikoorgane
.. Rückenmark
.. Lunge
.. Herz

❏ Mögliche Nebenwirkungen
.. Strahlenpneumonitis
.. Husten
.. Auswurf
.. Fieber
.. Schluckstörung
.. Spätfibrose
.. Strahlenmyelitis
.. Ösophagitis
.. Verengung der Speiseröhre
.. Perikarditis
.. Fisteln
.. Entzündungen der Schilddrüse, je nach Feldlage

❏ Verlaufskontrolle
.. Kurativ behandelte Patienten: Verlaufskontrollen obligat.

13
Ovarialkarzinom

Die Ordination hängt ab von TNM-Stadium und Histologie.

❏ Lagerung
- Rückenlage
- Fersen zusammen, Knie leicht außenrotiert
- Knierolle
- Arme über der Brust verschränkt
- Markierung der Vagina
- Nierenlage bei Simulation ggf. durch Kontrastmittel i.v. prüfen
- In Bauchlage ggf. bessere Reproduzierbarkeit der Markierungen möglich

❏ Computertomographie
- Nach Abdomen-CT bessere Ausblockung von Nieren und Leber, ohne Gantrykippung, Zwerchfellkuppen bis Symphyse

❏ Bestrahlung
- a.-p.-isozentrische oder aufgesetzte Gegenfelder

❏ Dosierung
- Abdominelles Bad: Gesamtdosis 30 Gy, Einzeldosis 1,5 Gy; Nieren ab 12 Gy von dorsal, Leber ab 25 Gy von ventral und dorsal ausblocken
- Andere Dosierungspläne und Techniken sind möglich
- Becken-Boost: Gesamtdosis 20–22 Gy, Einzeldosis 2 Gy, 2 Wochen vor oder nach abdominellem Bad
- Becken allein: Gesamtdosis 40–50 Gy, Einzeldosis 2 Gy

❏ Risikoorgane
.. Niere
.. Leber

❏ Mögliche Nebenwirkungen
.. Diarrhöen
.. Malabsorption
.. Meteorismus
.. Darmkrämpfe, Tenesmen

❏ Verlaufskontrolle
.. Engmaschig

14
Prostatakarzinom

Die konformale Bestrahlung wird auf die Prostata begrenzt, alternativ zur Operation.

❏ Lagerung
- Rückenlage
- Fersen zusammen, Knie leicht außenrotiert
- Knierolle
- Arme über der Brust oder dem Kopf
- Kontrastmittelfüllung des Rektums bei Simulation
- Blase vor CT, Simulation und Bestrahlung möglichst gefüllt
- Hodenschutz
- Adipöse Patienten: ggf. Bauchlage und Lochbrett von Vorteil

❑ Computertomographie
- Becken-CT ohne Gantrykippung, 4. Lendenwirbel bis Trochanter minor, ggf. bis 2. Lendenwirbel bei Lymphknotenbefall

❑ Bestrahlung
- Isozentrische Mehrfeldertechnik oder Rotation

❑ Dosierung
- *Definitiv:* Gesamtdosis 50 Gy, Einzeldosis 1,8–2 Gy, auf das Becken; Boost auf die Prostata: 14–20 Gy, Einzeldosis 2 Gy
- *Postoperativ:* Gesamtdosis 58–60 Gy, Einzeldosis 2 Gy, auch bei lokalen Rezidiven
- Bestrahlung der Lymphknoten ohne gesicherten Vorteil

❑ Risikoorgane
.. Rektum
.. Hüftgelenke, Schenkelhals
.. Harnblase
.. Urethra

❑ Mögliche Nebenwirkungen
.. Diarrhöen
.. Proktitis
.. Zystitis
.. Spätfolge: Schrumpfblase
.. Harnröhrenverengung, Urethrastriktur
.. Hämaturie
.. Lymphödeme, Darmstenosen (bei alleiniger Strahlentherapie selten)
.. Erektile Dysfunktion

❑ Verlaufskontrolle
.. Individuell in Anpassung an das Tumorstadium

15
Rektumkarzinom

Die Ordination hängt ab vom TNM-Stadium bzw. Dukes-Stadium. Stadium Dukes C wird z. B. kombiniert radiochemotherapiert. Die Feldlänge hängt von der Operation ab, d. h. davon, ob eine tief anteriore Resektion oder eine perineale Amputation vorliegt.

❑ Lagerung
- Bauchlage im Lochbrett; beim Mann Hoden außerhalb des Loches lagern
- Stirn auf dem Unterarm
- Fersen zusammen

- Knierolle unter Sprunggelenke
- Blase bei CT, Simulation und Bestrahlung möglichst gefüllt
- Dünndarm kontrastieren
- Markierung von perinealer Narbe, Anus bei CT und Simulation

❏ Computertomographie
- Becken-CT in Bauchlage und Lochbrett ohne Gantrykippung, 5. Lendenwirbel bis etwa Trochanter minor
- Damm und Narbe müssen erfaßt sein, Dünndarm kontrastieren

❏ Bestrahlung
- Isozentrische Mehrfeldertechnik

❏ Dosierung
- *Präoperativ:* Gesamtdosis 46 Gy, Einzeldosis 2 Gy
- *Postoperativ:* Gesamtdosis 45–50,4 Gy, Einzeldosis 1,8 Gy
- *Definitiv:* Gesamtdosis 45–50,4 Gy, Einzeldosis 1,8 Gy; ggf. Boost 10–14 Gy
- *Anmerkung:* Die Therapie erfolgt oft in Kombination mit einer Chemotherapie, z. B. 5-FU, Leukovorin u. a.

❏ Risikoorgane
.. Dünndarm
.. Blase
.. Hüftgelenke, Schenkelhals

❏ Mögliche Nebenwirkungen
.. Diarrhöen
.. Malabsorption
.. Meteorismus
.. Tenesmen
.. Blut- und Schleimabgang
.. Darmstenose, Ileus
.. Hautreaktionen, vor allem im Bereich der Rima ani
.. Zystitis

❏ Verlaufskontrolle
.. Nach etwa 45 Gy Ausblocken des Dünndarms mittels Absorbern
.. Nach Strahlentherapie Chemotherapie
.. Regelmäßige Nachsorge notwendig

16
Weichteilsarkome

Die Ordination hängt ab von Ausbreitung, T-Stadium und Grading. Adjuvant wird das gesamte betroffene Kompartiment bestrahlt.

☐ Lagerung
- Individuell
- Sichere Immobilisierung, ggf. Halterungen und Fixationshilfen; CT sollte noch möglich sein

☐ Computertomographie
- CT der betroffenen Körperregion ohne Gantrykippung

☐ Bestrahlung
- Isozentrische Gegen- oder Mehrfeldertechnik
- Da hohe Dosen einbestrahlt werden: Feld möglichst mit „Shrinking-field-Technik" verkleinern

☐ Dosierung
- *Postoperativ:* R0, kein Tumorrest, Zielvolumen 1. Ordnung, d. h. erweiterte Tumorregion: Gesamtdosis 50 Gy; Zielvolumen 2. Ordnung, d. h. Tumor plus Sicherheitssaum: Gesamtdosis 64–66 Gy
- *Definitiv:* R1, Tumorrest nach Operation: Zielvolumen 1. Ordnung: Gesamtdosis 50 Gy; Zielvolumen 2. Ordnung: Gesamtdosis 64–66 Gy; Zielvolumen 3. Ordnung: Gesamtdosis 70–80 Gy
- Nachgewiesene hohe Proliferationsrate: im Rahmen von Studien hyperfraktionierte akzelerierte Strahlenbehandlung möglich. Eine Kombination mit Chemotherapie in Erprobung

☐ Risikoorgane
.. Individuell nach Lage des Zielvolumens

☐ Mögliche Nebenwirkungen
.. Je nach Lage des Zielvolumens

☐ Verlaufskontrolle
.. Engmaschige Nachsorge im 1. und 2. Jahr (85% der Rezidive treten in den ersten 2 Jahren auf!)

17
Schildrüsenkarzinom

Die Ordination hängt ab von TNM-Stadium, Histologie und Jodspeicherverhalten.

❐ Lagerung
- Rückenlage
- Fersen zusammen, Knie leicht außenrotiert
- Knierolle
- Kopf leicht überstreckt fixieren, ggf. Maskentechnik

❐ Computertomographie
- Hals-, Thorax-CT, ohne Gantrykippung, Schädelbasis bis Trachealbifurkation

❐ Bestrahlung
- Isozentrische Gegen- oder Mehrfeldertechnik, ggf. mit Bolus
- Rotationsbestrahlung
- Jodspeichernde Karzinome: Radiojodtherapie

❐ Dosierung
- *Postoperativ:* T4, N1 und Rezidive: Gesamtdosis 50,4 Gy, Einzeldosis 1,8 Gy; ggf. Boost: Gesamtdosis 10–20 Gy, Einzeldosis 2 Gy

❐ Risikoorgane
.. Rückenmark
.. Lunge
.. Kehlkopf
.. Speiseröhre

❐ Mögliche Nebenwirkungen
.. Entzündungen der Schilddrüse
.. Schilddrüsenfunktionsstörung
.. Strahlenpneumonitis
.. Husten
.. Auswurf
.. Fieber
.. Schluckstörungen
.. Spätfolge: Fibrose
.. Strahlenmyelitis
.. Ösophagitis

❐ Verlaufskontrolle
.. Engmaschigen Nachsorge, Kontrolle der Schilddrüsenwerte

18
Vaginalkarzinom

Die Ordination hängt ab von TNM-Stadium und lymphogener Ausbreitung.

☐ Lagerung
- Rückenlage
- Fersen zusammen, Knie leicht außenrotiert
- Knierolle
- Arme über der Brust verschränkt
- Markierung des Vaginaeingangs

☐ Computertomographie
- Becken-CT, ggf Abdomen-CT, ohne Gantrykippung, 5. Lendenwirbel bis etwa Trochanter minor
- ggf. Markierung der Vagina

☐ Bestrahlung
- a.-p.-isozentrische oder aufgesetzte Gegenfelder
- Kleine oberflächliche Tumoren: z. B. Bestrahlung mit Elektronen; zum Schutz von Geweben in der Beckenmitte Einsatz eines Mittenblocks

☐ Dosierung
- Dosierung in Abhängigkeit von Stadium und verwendeter Technik
- *Vagina:* Gesamtdosis 50–75 Gy
- *Beckenlymphknoten:* Gesamtdosis 54–64 Gy
- *Leiste:* nach Befall Gesamtdosis 54–64–70 Gy

☐ Risikoorgane
.. Rektum
.. Hüftgelenke, Schenkelhals
.. Harnblase
.. Urethra

☐ Mögliche Nebenwirkungen
.. Blut- und Schleimabgang
.. Haut- und Schleimhautreaktionen
.. Zystitis
.. Kolpitis

☐ Verlaufskontrolle
.. Gynäkologisch-onkologische Nachsorge

19 Vulvakarzinom

Die Ordination hängt ab von TNM-Stadium und lymphogener Ausbreitung.

☐ Lagerung
- Rückenlage
- Fersen zusammen, Knie leicht außenrotiert
- Knierolle
- Arme über der Brust verschränkt
- Markierung des Vaginaeingangs
- Steinschnittlage bei direkter Bestrahlung

☐ Computertomographie
- Becken-CT ohne Gantrykippung, 5. Lendenwirbel bis etwa Trochanter minor
- ggf. Markierung der Vagina

☐ Bestrahlung
- a.-p.-isozentrische oder aufgesetzte Gegenfelder
- Kleine oberflächliche Tumoren: direkte Bestrahlung mit Elektronen, Boost
- Mittenabsorber zum Schutz von Geweben in Beckenmitte

☐ Dosierung
- Dosierung in Abhängigkeit von Stadium und verwendeter Technik
- *Vulva*
  - *Postoperativ:* Gesamtdosis 50-60 Gy, Einzeldosis 1,8-2 Gy
  - *Definitiv:* Gesamtdosis 70 Gy. Einzeldosis 1,8-2 Gy
- *Lymphabfluß*
  - Nach Befall Gesamtdosis 50-70 Gy, Einzeldosis 1,8-2 Gy

☐ Risikoorgane
.. Rektum
.. Hüftgelenke, Schenkelhals
.. Harnblase
.. Urethra

☐ Mögliche Nebenwirkungen
.. Haut- und Schleimhautreaktionen
.. Zystitis
.. Dysurie (selten)
.. Fisteln, Ulzerationen; Spätfolgen: Knochennekrosen

☐ Verlaufskontrolle
.. Gynäkologisch-onkologische Nachsorge

20
Tumoren des Zentralnervensystems

Die Ordination hängt ab von Histologie und Grading.

❏ Lagerung
- Rückenlage
- Maskenanfertigung
- Arme seitlich
- ggf. Bißkeil

❏ Computertomographie
- Kopf- bzw. Wirbelsäule-CT ohne Gantrykippung, ggf. in Maske oder Gipsbett, Schädelkalotte bis Orbita, ggf. Unterkante 3. Halswirbel
- Für die Planung Verwendung der MR-Bilder zum Vergleich

❏ Bestrahlung
- *Ganzhirnbestrahlung*
  - Seitliche isozentrische Gegenfelder, ggf. mit individuellen Blöcken, z. B. als Helmfeld
- *Lokalisierte Bestrahlung*
  - Isozentrische Zwei- oder Mehrfeldertechnik, u. U. mit Keilfilter
- *Neuroaxis*, d. h. Gehirn und Rückenmark in SAD/SSD-Technik
  - Lagerung: Bauchlage im Gipsbett; Stirn-Kinn-Lage; Knierolle unter Sprunggelenke
  - Helmfeld: Seitliche isozentrische Gegenfelder, ggf. mit individuellen Blöcken; Blendenrotation zum Divergenzausgleich des HWS/BWS-Feldes; Tischrotation zum Divergenzausgleich des Helmfeldes
  - Wirbelsäule, aufgesetztes, dorsales Stehfeld: Bei Verwendung von 2 dorsalen Stehfeldern: Berechnungs des Zwischenraums (Gap) in Abhängigkeit der Feldlängen; Verschiebungen zur Vermeidung von Unter- bzw. Überdosierungen

❏ Dosierung
- *Astrozytome*
  - Grad 1-2: Gesamtdosis 54 Gy, Einzeldosis 1,8 Gy; Grad 3-4: Gesamtdosis 60 Gy, Einzeldosis 1,8-2 Gy, 40 Gy ausgedehnt und Boost 20 Gy; oder: Gesamtdosis 54 Gy, Einzeldosis 1,8 Gy 2mal/Tag
    Gliome: Gesamtdosis 50-55 Gy, Einzeldosis 1,8 Gy
    Kleinhirnastrozytome: Gesamtdosis 50 Gy, Einzeldosis 1,8 Gy
- *Ependymome*
  - Supratentoriell: Gesamtdosis 55 Gy, Einzeldosis 1,8 Gy
  - Infratentoriell: Gesamtdosis 45 Gy, Einzeldosis 1,8 Gy (Helmfeld); Boost: Gesamtdosis 10 Gy, Einzeldosis 1,8-2 Gy; Spinalkanal: Gesamtdosis 35 Gy, Einzeldosis 1,66 Gy

- *Germinome*
  - Gesamtdosis 36 Gy, Einzeldosis 1,8 Gy (auf die erweiterte Tumorregion); Boost: Gesamtdosis 14 Gy, Einzeldosis 2 Gy; Spinalkanal bei positivem Liquor: Gesamtdosis 36 Gy, Einzeldosis 1,8 Gy
- *Hirnmetastasen*
  - Gesamtdosis 30 Gy, Einzeldosis 3 Gy (Ganzhirn); oder: bei noch guter Prognose: Gesamtdosis 40 Gy, Einzeldosis 2 Gy bestrahlt. Boost bei solitärer Filia: Gesamtdosis 9 Gy, Einzeldosis 3 Gy
- *Lymphome*
  - Gesamtdosis 50 Gy, Einzeldosis 1,8 Gy (Helmfeld); Spinalkanal: Gesamtdosis 36 Gy, Einzeldosis 1,8 Gy
- *Akute Leukämie*
  - Adjuvant: Gesamtdosis 18 Gy, Einzeldosis 1,8 Gy (Helmfeld)
  - Therapeutisch: Gesamtdosis 24 Gy, Einzeldosis 2 Gy (Helmfeld); Spinalkanal: Gesamtdosis 10 Gy, Einzeldosis 2 Gy
  - Palliativ: Gesamtdosis 24 Gy, Einzeldosis 4 Gy (Helmfeld)
- *Hypophysenadenome*
  - Gesamtdosis 45–50 Gy, Einzeldosis 1,5–1,6 Gy
- *Kraniopharyngeome*
  - Gesamtdosis 50 Gy, Einzeldosis 1,6 Gy

❏ Risikoorgane
.. Hypothalamus
.. Chiasma opticum
.. Hirnstamm
.. Ohr
.. Linse
.. Hornhaut
.. Sehnerv
.. Tränendrüse

❏ Mögliche Nebenwirkungen
.. Hirndrucksymptomatik; Hirnödembildung u. U. innerhalb der ersten 24 h nach Bestrahlungsbeginn
.. Schwindel
.. Sehstörung
.. Krampfanfall
.. Kopfschmerz
.. Übelkeit
.. Erbrechen
.. Gangstörung
.. Müdigkeit
.. Bewußtseinsstörung
.. Haarverlust
.. Hypophysenfunktionsstörung
.. Lähmungen

Weiterführende Literatur

Petzold W, Krieger H (1989) Strahlenphysik, Dosimetrie und Strahlenschutz, Bd 1/2. Teubner, Stuttgart
Richter J, Flentje M (1998) Strahlenphysik für die Radioonkologie. Thieme, Stuttgart
Sack H, Thesen N (1993) Bestrahlungsplanung. Thieme, Stuttgart
Scherer G, Sack H (1996) Strahlentherapie. Springer, Berlin Heidelberg New York
Veith FM (1989) Strahlenschutzverordnung. Bundesanzeiger

Sachverzeichnis

Abschirmmaterialien 68
Absorber 1, 29, 49, 72, 162–174, 177, 178, 180, 183
Abstandsquadratgesetz 69, 108
Abszesse 198
Acetoacetat 215
Achse 29, 70, 152
Achstiefe 83
Äquivalentdosis 13, 58, 59
Afterloading 3, 101, 103–108
Aktivität, spezifische 104
Akustikusneurinom 88
Algorithmen 124, 133, 137, 168
Alkalose, Gewebe 197
Allergien 198
Alpha-Strahlung(α-Strahlung) 9, 14, 34
Aluminium-Gleichwert (s. Härtungsgleichwert)
Analkarzinom 217–218
Angiographie 91
Anmeldung 3
Anregung 14
Applikatoren 82, 96, 100
Arbeitsschutz 1, 165
Astrozytome, Dosierung 239
Atrophie 199
Aufbaueffekt 18, 80, 82, 166
Aufbewahrungszeiten- u. pflichten 57, 59, 67, 138
Aufhärtung 48
Aufklärung, Patient 116
Augentumoren 29, 218
Ausgleichsfilter (s. Ausgleichskörper)
Ausgleichskörper 49
Austrittsdosis 126
Axilla
– Dosierung 227
– Bestrahlung 177–180
Azidose, Gewebe 197, 215
Azulonpuder 203

Bad, abdominelles 148, 199, 229
Beam modelling 142
Beam's eye view 142, 172
Behandlungstischstabilisator 87
Behandlungsvolumen 129
Belehrungspflicht 66, 67
Bending-Magnet 44
Beobachterperspektive 142

Bericht, strahlentherapeutischer 184
Beryllium 35, 112, 113
Beschleunigeranlagen 38–57
Beschleunigungsrohr 43
Bestrahlungseinstellungen 175–183
Bestrahlungsfreigabe 179
Bestrahlungsnachweis 185–187
Bestrahlungsplan 139, 140, 153, 189
– technischer 141
Bestrahlungsplanung
– 1D 122, 134
– 2D 122, 135, 137
– 3D 122–124, 137, 141–142
– biologisch inverse 143
– Optimierung 122, 130
– Qualitätssicherung 189
Bestrahlungsprotokoll 184
Bestrahlungstechnik, isozentrische 29, 70, 79, 83
(s. auch SAD)
Beta- Strahler (β-Strahler) 13, 36, 97, 102
– Bestrahlungszeit 102
Betatron 39
Bewegungsbestrahlung 82–86, 123, 145
– Simulation 155
Bewertungsfaktor 13, 14
Bildkorrelation 124
Bildsegmentierung, 3D 122
Bildverstärker 147, 148
Bißblock 147, 156
Blase (s. Harnblase)
Blenden 49, 52, 56, 141, 150
– Rotation 67, 122, 148
Bleilegierungen 162
Blutbildkontrolle 199, 200
Bolus 81, 82
Boost 51, 94, 96, 121, 129
Bor-Neutroneneinfangtherapie (BNCT) 35
Brachytherapie 3, 16, 82, 96–108, 138
– Bestrahlungsplanung 106–108
– interstitielle 99–101
– intrakavitäre 97, 98
– intraluminale 102
Bragg
– Kurve 14
– Peak 24, 29
– Maximum 24

Braunpigmentierung 198
Bremsstrahlenuntergrund 20
Bremsstrahlerzeugung 8
Bronchialkarzinom 219–220
Buncher 42

^{137}Cäsium 36–38, 97, 103, 105
– Energie 36
– Halbschatten 19
– Halbwertszeit 36
C-Faktor 207
Carcinoma in situ 207, 208
Chaoul 3, 114
Clinical target volume (s. Volumen, klinisches)
Cold-spot-Bildung 71
Compton-Effekt 7, 126
– Elektron 7, 126
Computerausdruck 154, 155, 162
Computertomographie 119–121, 124
– Anforderungsschein 116, 118, 151
CT-Lokalisator s. Stereotaxie

Dee 34
Dekrementlinienverfahren 135
Dermopan 113
Deuteriumgas 35
Deuteronen 8, 34
Dezentrierung 148
Diabetes mellitus 198
Dichtematrix 141
Differenzierungsgrad 207, 213, 214
Digital-Portal-Imaging (s. Portal-Imaging)
Digitizer 163
DIN-Normen 59, 68, 139, 185
Divergenz 18, 163, 166
Divergenzausgleich 148
Divergenzpunkt 18, 69
Divergenzwinkel 72
DNA 14, 23, 193, 215, 216
Dokumentation
– Simulation 147, 153
– Bestrahlung 184, 185
Doppelbelichtung 174
Doppeldosismonitorsysteme 50, 55
Doppelprotokollierung 185
Doppelstrangbruch 14, 193
Doppelstreufoliensysteme 52
Dosierung
– akzelerierte 95
– fraktionierte 33, 93, 194
– hyperfraktionierte 95
– hypofraktionierte 95
– protrahierte 93
Dosierungsplan 139, 188
Dosimetrie 3, 11, 57, 188
Dosisberechnung 134–138, 189
Dosisdekremente 16, 135
Dosishomogenisierung 79, 81, 131
Dosisleistung 55, 81, 103
Dosisleistungskonstante 102
Dosismaximum 16, 17, 38, 126, 131
– Auswanderung 83

Dosisminimum 122, 131
Dosismodifikation
– statische 144
– quasidynamische 145
– dynamische 145
Dosis-Monitor-Beziehung 55
Dosisquerprofil, relatives 16
Dosisnormierung 132
Dosisreferenzpunkt 132, 189, 190
Dosisschatten (s. Gewebeinhomogenitäten)
Dosisspezifikation 108, 131–134, 189
Dosisumrechnungsfaktor (s. Energieabsorptionskoeffizient)
Dosisverteilung
– räumliche 131, 132, 139
– zeitliche 131, 132, 139
Dosis-Volumen-Histogramm 124, 132
Dosiswichtung 133, 161
Dosis-Wirkungs-Beziehungen 191
Down-Staging 212
Drahtblende 148
Dünndarm 181, 198
Durchlaßstrahlung 65, 169
Durchstrahlungsionisationskammern 55
Dysbakterie 199

Echtzeitaufnahmen 96, 172
Effekt, tumorizider 216
Eigenfilterung 112, 113
Einfalldosis 126
Eingabeprotokoll 160, 161
Einverständniserklärung 116, 117
Einzeitbestrahlung 88
Einzeldosis 93, 128, 139, 196
Einzelstehfelder 70, 133
Einzelstrangbruch 14
Elektronen 19–22, 133
– Felder 168, 183
– Kanone 40
– Pendelung 86
– Tiefendosiskurven 20
Elektronenvolt 12
Elektronenzyklotron (s. Mikrotron)
Energie 28
Energieabsorptionskoeffizient 12
Energiedeposition 23, 137
Energiedosis 11
– Leistung 12, 126
Energietransfer, linearer 13
Energieübertragungsvermögen (s. auch LET)
Entfernungsmesser, optischer 57, 147
Ependymome, Dosierung 239
Epilation 197
Epitheliolyse 197
Erholungsfähigkeit 33, 93, 94
Erholungskapazität 194
Erkrankungen, benigne 209, 210
Erythem 197, 203
Erythrozyten 199
Exsudation, fibrinöse 198

Sachverzeichnis

FAA (s. Fokus-Achs-Abstand)
Faktoren, therapiezielbeeinflussende
- klinische 119
- physikalisch-technische 119
- biologische 119
Faltungskerne 137
Faltungsverfahren 137
Feet- first 151
Feld
- äquivalent-quadratisches 134, 136
- asymmetrisches 50, 51
- kranio-kaudales 155, 182
- symmetrisches 50
Feldanschlüsse 71
Feldausgleich
- Photonen 48, 49
- Elektronen 51–53
- Kontrolle 50
Feldbegrenzung 18
Felddrehung (s. Blendenrotation)
Feldeinzeichnung 146
Feldgröße 18, 21, 53, 146
- Definition 18
- geometrische 18
- dosimetrische 18
Feldgrößenfaktor 135
Feldgrößenklassen 134
Feldhomogenität 50, 55
Feldkontrollaufnahmen (s. Verifikation)
Feldzonenverfahren 136
Fernbedienpult, Simulator 149
FFA (s. Fokus-Film-Abstand)
FHA (s.Fokus-Haut-Abstand)
Fibrose 200, 201
Filmfaktor (s. FFA)
Filmdosimeter 59, 63
Filter 51, 72, 111, 135
- Faktoren 111
- Gesamtfilter 112
- Zusatzfilter, Elektronen 53
Flabs 96
Fluenzmodifikation 144
Fokus 18, 69, 164
Fokus-Achs-Abstand (FAA) 37, 70, 148
Fokus-Film-Abstand (FFA) 155, 163, 165
Fokus-Haut-Abstand (FHA) 57, 69, 98, 111, 113–115, 147
Fokus-Isozentrum-Abstand (s. FAA)
Fokus-Oberflächen-Abstand 2
Fokus-Rotations-Abstand 148
Fraktionierung (s. Dosierung)
Frequenz 6
Führungsfeld 39

G_1-Phase 191
G_2-Phase 192
- G_2-Block 192
Gadolinium 91
Gamma-Knife 86, 92
Gamma-Quanten (s. Gammastrahlung)
Gamma-Strahlung 6, 9, 36, 68, 96, 97, 102
- Berechnung 102
Gantry 30, 39

Ganzhirnbestrahlung 239
Ganzkörperäquivalentdosis 64
Ganzkörperbestrahlung 37, 211
Ganzkörperhyperthermie 215, 216
Gaußsche Verteilung 49, 51
Gefäßverschluß 88, 215
Gegenfelder
- opponierende 37, 72–74
Gegensprechanlage 177
Gentianaviolett 203
Germinome, Dosierung 240
Gesamtbehandlungszeit 139, 196
Gesamtdosis 93, 139
Gesamtfilter (s. Filter)
Gewebehalbwerttiefe (GHWT) 112
Gewebeinhomogeniäten 21, 112, 138
Gewebeoberflächendosis 113, 125
Gipsschalen 147
Glioblastom 88, 95, 209
Glukose 215
^{198}Gold 97, 101
Gonaden 201
- Dosis 64, 162
- Schutz 67
Grading 207
Gray (Gy) 11
Grenzstrahlentherapie 113
Grenzwerte 65
Gross tumor volume (s. Tumorvolumen)

Härtungsfilter 111, 112
Härtungsgleichwert 112
Halbschatten 18, 169
- Ursachen 19
- Vermeidung 19
Halbtiefentherapie 109, 112, 115
Halbwertschichtdicke 112, 162, 165
Handschalter
- Simulator 148, 149, 150
- Linearbeschleuniger 178
Harnblase 202
Harnblasenkarzinom 221
Haut 197
HDR (s. High-dose-rate)
Head- first 151
Heftpflaster 203
Heilungsrate 191
Herddosis 99, 125
Herdraumdosis 125
- relative 82, 99, 125
High–dose–rate (HDR) 103
Hirndruckprophylaxe 205
Hirnmetastasen, Dosierung 240
Hitzeschockproteine 215
Hochfrequenzwelle (s. Mikrowelle)
Hochvolttherapie 12
Hodentumoren, maligne 225–226
Höhenstrahlung (s. Strahlenbelastung)
Hohlanodenröhre n. Chaoul (s. Chaoul)
Hohlraumresonatoren 42
Homogenität
- Feld 49, 55
- Dosisverteilung 87, 131

Homogenitätsgrad 112
Hot-spot-Bildung 71, 131
Hounsfield-Einheiten 121
Hounsfield-Skala 121
Hounsfield-Werte 120
Hyaluronsäure 200
β-Hydroxybutyrat 215
Hygiene 1, 177, 178
Hyperfraktionierung (s. Dosierung)
Hyperperistatik 199
Hyperplasie 199
Hyperthermie 11, 99, 215
Hypertonie 201
Hypofraktionierung (s. Dosierung)
Hypophysenadenome, Dosierung 240
Hypoxie 10, 32, 33, 94, 215

ICRU 29, 129, 132, 133, 139
Image-Matching-Programm 159
Immunsupression 197
Implantation
– permanente 100, 101
– temporäre 100
Induratio penis plastica 113
Infrarot-A-Licht 216
Inkorporation 58
In sano 211
Insuffizienz, viszerale 199
Integraldosis 125
Intensitätsmodulation 143–145
Interphasetod 192
Ionen, schwere (s. Schwerionen)
Ionendosis 11
Ionisation 8, 14
Ionisationsdichte 13
Ionisationskammern 45, 55
(s. auch Doppeldosismonitorsysteme)
^{192}Iridium 97, 101, 105
Isodosenkurven 16
– Flächen 16
– Neigungswinkel 76–78
Isozentrum 29, 56, 132, 147, 152, 153
– Überprüfung 56

^{125}Jod s. Radio-Jod-Seeds

Kamera 175, 176, 177, 179
– digitale 178
Kapillaren 10, 94
Kaposi-Sarkom 113
Kategorien, strahlenexponierten Personals 64
Kathode 41, 43
Kationen 22
Keilbeinmemingiom 88
Keilfilter 75–81, 177
– motorische 80
– feststehende 80
– dynamische 80, 81
Keilfilterfaktoren 81
Keilfilterwinkel 76–78
Keilkissen 181
Kenndosisleistung 39, 127

Kerma 12
– Leistung 13, 102
Kernphotoeffekt 8
Kernspintomographie (s. Magnetresonanztomographie)
Klassifikation, pathologische 206
Kleidung 204
Kleinzellige Karzinome, Dosierung 220
Klystron 40, 47
Koaxial s. koplanar
^{60}Kobalt 36–38, 77, 82, 96, 97, 98, 103, 105
– Dosismaximum 17
– Energie 36
– Tiefendosiskurve 17, 18, 32
– Halbschatten 19
Kohlefaser 159
Kollimatoren 31, 50, 168
Kollimatorhelm 92
Kollisionsschutz (s. Touch gard)
Kompensatoren 81, 144, 167
Konformationstherapie 25, 124, 143, 145
Konjunktivitis 202
Kontakttherapie 94, 96
Kontrollbereich 65
Konvergenzbestrahlung 86–93
Koordinatensystem, patientenbezogenes 91, 129, 152
Kopfhalterung 157, 158, 182
Kopfphantom 88, 89
Koplanar 72, 122
Kopplungsresonatoren 46
Koronarstenose 201
Korpuskarzinom 223–224
Korpuskularsstrahlung 6, 8
Korrekturfaktoren 135, 136
Kraniopharyngeome, Dosierung 240
Kreisbeschleuniger
– Betatron 39
– Mikrotron 38
– Synchrotron 26
– Zyklotron 34
Kurativ 209, 212

Labyrinth 68
Lagerungshilfen 147, 156, 175, 177, 181
Lagerungstisch
– Linearbeschleuniger 56, 148
– Simulator 148
Lantis 141, 161, 178
Laser 146, 151, 153, 156, 216
Lateralverschiebungen, Simulatortisch 153
LDR (s. Low-dose-rate)
LET 13, 14, 29, 32
Leukämie, akute 240
Leukozyten 199
Lichtvisier 56, 57
Lidtumoren, Dosierung 219
Linac view 142
Linearbeschleuniger 3, 39–57, 77
– Kontrollmaßnahmen 54–57
– Sicherheitsüberwachungssysteme 56
– Wartung 56
Linienspektrum 6

Linsentrübung 202
Lipowitz Metall 162
Lochblenden 42
Lochbrett 116, 181
Lokalisationshilfen 147
Lokalisatoren, stereotaktische 89
Low-dose-rate (LDR) 103
Lochkollimatoren (s. Rundlochkollimatoren)
Luftdruck 56
Luftkermaleistung 102, 112
Lymphome, Dosierung 240
Lymphozytenabfall 197, 199

Malformation, arterio-venöse 88
Malignität 2, 209
Malignitätsgrad 207
Magnetresonanztomographie 89, 91, 121, 124, 159, 160
Magnetron 40, 43
Mammakarzinom 211, 212, 226-227
Mammazange 70, 79, 116, 180-181
Mantelfeld 136, 148, 156, 162, 200, 229 (s. auch Morbus Hodgkin)
Masken 147, 157-159, 182
Massagen 203
Massenschwächungskoeffizienten 21
Mastektomie 227
Matrixverfahren 135
MCP (s. Bleilegierungen)
MDR (s. Medium-dose-rate)
Mediastinale Malignome 227-228
Medium-dose-rate (MDR) 104
Medizinphysiker 1, 56, 57, 177, 185
Medulloblastom 127, 200
Megavolttherapie 115
Mehrfeldertechnik 75, 195
Mehr-Lamellen-Kollimatoren (s. Multi-leaf-Kollimatoren)
Merkblätter, Bestrahlungspatienten 196, 205
Mesopharynx, Dosierung 225
Metastasen, singuläre 88
Mikrotron 38, 39
Mikrowelle 40
Mitose 191
- Mitoseindex 191
- Mitoseverzögerung 192
Monitoreinheiten 55, 135, 142
Monitorimpulswerte (s. Monitoreinheiten)
Monitorvorwahl 55
Monte-Carlo-Simulationsverfahren 137, 138
Morbus Hodgkin 162, 229
Moulagen 81, 96, 114
MRT (s. Magnetresonanztomographie)
Mukositis 198
Multi-leaf-Kollimatoren 67, 144, 145, 168-174
- Add-on-System 168
- integriertes System 168, 169
- Mikro-Multi-leaf-Kollimatoren 87, 88, 92
Mundhygiene 204
Mutationen 201

Myelitis 202
Myelopathien 202
Myokardfibrose 201

Nachladeverfahren s. Afterloading
Nadelstrahlverfahren 137
Näherungsverfahren 135
Nasopharynx, Dosierung 224
Naßrasur 204
Nekrosen 198, 203
Nennfeldgröße 18
Neuroaxis 239
Neuroblastom, Dosierung 228
Neurinom 88
Neutronen 8, 9, 13, 31-35, 68
- Generator 34
- Zyklotron 34
Nicht-kleinzellige Karzinome (NSCLC), Dosierung 220
Niere 201
Non-Hodgkin-Lymphome 218, 229-230
Non-koplanar 86, 87, 122
Not-Stop-Taste 37, 148
Nukleonen 8

Oberflächenbrachytherapie (s. Kontakttherapie)
Oberflächendosis (s. Gewebeoberflächendosis)
Oberflächentherapie 109, 113
Observer's eye view 142
OER (s. Sauerstoffsensibilisierungsfaktor)
Ösophaguskarzinom 230-231
Orbitatumoren 218-219
Operation 211
Optikusgliome, Dosierung 219
Ordnungszahl 7, 21, 22, 49, 50
Oropharynx 198
Orthovolttherapie 36, 109
Ortsdosisleistung 59
Osteoradionekrosen 202
Ovarialkarzinom 231-232
Oxygen enhancement ratio (OER) 10

Paarbildung 7
Paarzerstrahlung 8
Palliativ 95, 209
Pankreaskarzinom 180
Patientenbergung 64, 66
Patientendaten 138
Patientenkarte 186, 187
Pendelachse 83
Pendelbestrahlung 82, 133
- Tangentiale 85
- Elektronen 86
Pendelradius 82
Pendelwinkel 83
Perkutan 23
Personendosis 59
- Überwachung 60-62
PET siehe Positronen-Emissions-Tomographie
Photoeffekt 7

Photonen 6-9, 17-19, 23
- Dosismaximum 17
- Tiefendosisverteilungen 17
- Wechselwirkungen 6-8
Photosensibilisierung 198
Pixel 121
Planning target volume (s. Planungzielvolumen)
Planungs-CT 116, 118, 120
Planungsunterlagen 138, 150, 184
Planungszielvolumen 129
Plattenepithelkarzinome, Kopf-Hals-Bereich 224-225
Plexiglasplatte 159, 166, 176, 178, 179, 180
Pleuramesotheliom, Dosierung 228
Polaroidbild 147, 156
Portal-Imaging 172, 174
Positron 7
Positronen-Emissions-Tomographie 26
Primärkollimator 49, 50
Proliferation 191
Prostatakarzinom 182, 232-233
Protokollierung 185
Protonen 23, 29-31, 34, 35
- Bragg-Peak 29
- Tiefendosisverteilung 29
- Wichtige Zentren 30
Protrahierung 90, 93
Psycho-soziale Betreuung 1

Qualitätsfaktor 13
Qualitätssicherung 88, 166
Quellenperspektive 141, 142
Quellenschieber 36

Rad (rd) 11
Radikale 14
Radiochirurgie, interstitielle 90
Radiojod-Seeds 90, 97, 101
Radiolyse-Wasser 14
Radionuklide, umschlossene 96-108
Radiowellen 216
^{226}Radium 58, 97, 98, 101, 104, 105
^{222}Radon, ^{220}Radon 58, 97, 105
Rasterscanverfahren 28
Rauchen 204
RBW (s. Wirksamkeit, relative biologische)
RBW-Faktor 15, 33
Rechteckkollimatoren 49, 50
Reepithelisierung 198
Referenzpunkte, anatomische 152, 155
Referenzpunktebene 151
Regenerierung 193
Reichweite, therapeutische 20
Reichweite, praktische 20
Reizbestrahlung 95
Rektumbox 116, 181-182
Rektumkarzinom 233-234
- Bestrahlungsnebenwirkungen 198, 199
Rem 13
Reoxygenierung 33, 94
Repopulierung 193
Resonanzräume 46

Resorptionsstörungen 199
Rezidiv 72, 128, 138, 194, 212
Rhabdomyosarkom, Dosierung 218
Risikoorgane 130
- Serielle 130
- Parallele 130
Röntgen 11
Röntgenstrahlung, ultraharte 17
Röntgentherapie, konventionelle 21, 146
- Anlagen 109-113
Röntgenverordnung 59, 65-67, 185, 188
Rotation 82, 86, 87, 133, 182
- radius 82
- winkel 83
Rotlicht 204
Rückstoßprotonen 12, 32
Rückstreufaktor 126
Rückstreuung 7
Rundlochkollimator 87, 92

SAD (source-axis distance) 29, 56, 70, 83, 152-155
Satellitenträger 163, 166, 176, 178
Sauerstoff 10
- hyperbarer 11
- Partialdruck 10, 11
- Sensibilisierungsfaktor (OER) 10
Sauerstoffeffekt 32
Scanningverfahren 53
Schalträume 4
Schilddrüsenkarzinom 236
Schneidegerät
- manuelles 163-165
- computergesteuertes 166-168
Schrumpfharnblase 202
Schwächungsfilter 75, 81
Schwächungskoeffizient 120, 121, 141
Schwangere 65
Schwellenenergie 8
Schwerionen 22-29
- Bragg-Peak 24
- Erzeugung 26
- Reichweite 24
- Tiefendosisprofil 24
- Wirkungskontrolle 26
Scout 150
Scout view 142
Seeds 90, 101, 216
Sektorintegrationsmethode 136
Sekundärelektronen 17, 38
Sekundärkollimator 50, 168
Seminome, Dosierung 226
Separationsverfahren 136
Shrinking-field-Technik 129, 212
SI 11
Sicherheitsrand, onkologischer 128
Siebe 111
Sievert (Sv) 13, 58
Simulation
- Extremitätenbestrahlung 155
- Kranio-kaudales Feld 155
- Stehfelder 152-155
Simulationsbild 162, 172

Sachverzeichnis

Simulationsprotokoll 154, 156, 178
Simulator 3, 116, 119
Skip-scan-Technik 84
Skoliose 151
Slalom-Umlenksystem 45
Solldosisleistung 55
S-Phase 191, 215
Sperrbereich 65
Spezifikationspunkt 133
(s. auch Dosisspezifikation)
Spherical view 142
Split course 94
SSD (source-skin distance) 70, 152, 155, 177
– Berechnung 134
Stabdosimeter 59, 64
Stadiengruppierung 207
Staging 206
Stammzellen 193, 198
Standardabsorber 176, 179
Stativ 39
Stehfeld 70, 86, 87, 133, 143, 152, 177–182
Stehwellenprinzip 46, 47
Stenosen 198, 199
Stereotaxie 86–92
– Computertomographie 91
– CT-Lokalisator 91
– Linearbeschleuniger 91
– Magnetresonanztomographie 91
– MR-Lokalisator 91
– stereotaktischer Grundring 87, 90
– stereotaktische Lokalisatoren 89
Sterilität 201
Stoßionisation 8
Strahlenarten
– dicht ionisierend 9, 22–35
– dünn ionisierend (s. locker ionisierend)
– direkt ionisierend 9, 19–21, 22–31
– indirekt ionisierend 9, 17–19, 31–35
– locker ionisierend 9, 17–22
– Reichweite 10
Strahlenaustrittsfenster 111
Strahlenbelastung, gesamt 58, 59
– Kosmische 58
– Mittlere genetische 58
– Terrestrische 58
– Zivilisatorische 58
Strahlendermatitis 197
Strahlenenteritis 198
Strahlenexposition 64
Strahlenfeld 48
Strahlenfeldformung
– Photonen 48, 50, 51
– Elektronen 51–53
Strahlennephritis 201
Strahlenpneumonitis 200
Strahlenproktitis 199, 205
Strahlenqualität 49, 63
Strahlenresistenz 193
Strahlensatz d. geometr. Ähnlichkeitslehre 69
Strahlenschutz 1, 55, 56, 58–68, 101, 115
– baulicher 68
– Patient 55, 67
– Personal 56, 59–67, 113
Strahlenschutzbereiche 59, 65–66
Strahlenschutzverordnung (StrlSchV) 59, 66, 67
Strahlensensibilisierung 11, 216
Strahlensensibilität 32, 94, 130, 193, 198, 212–214, 215
Strahlensyndrom 197
Strahlentherapie
– Abteilungsaufbau 3
– adjuvante, postoperative 211
– Aufgabe 1, 3
– präoperative 212
– definitive 212, 213
Strahlenwirkung
– Einflüsse 9, 195, 196
– biologische 10, 23
Strahlenzystitis 202
Strahlerperspektive 142, 172
Strahlführungssyteme 47
Strahlsymmetrie 50
Strahlumlenkung
– 90° 44
– 270° 44
– achromatische 44
Strahlungsbremsung (s. Bremsstrahlerzeugung)
Strahlungsdämpfung 159
Strahlungsunterbrechung 37, 55, 68
Streufaktoren 126
Streufolien 51
Streustrahlung 19, 21, 136
Streuung 115
– elastische 8
Streuzusatzdosis 21, 126
Strikturen 199
^{90}Strontium 97
Styrodurblock 81, 163, 165
Summenkurve 73
Summationseffekt 198
Summationsisodose 74
Sumpf 42
Superinfektion 197, 203
Synchrotron 26

Tätowierung 146
Tannin 205
^{182}Tantal 101
Target 34, 35, 40, 41, 49, 54
– Positioner 91
Teilsynchronisation 193
Teleangiektasien 197
Teletherapie 3, 16, 138
– Geräte 36–57
Telegammatherapie 36–38
– Fokus-Achs-Abstände 37
Therapie, brusterhaltende 227
Therapiefilter (s. Filter)
Therapiesimulator (s. Simulator)
Thermosonden 216
Thermotoleranz 216
Thromben 200

Thrombozyten 199, 200
Thymom, Dosierung 228
Tiefendosiskurven 15
Tiefendosismaximum 24
Tiefendosisprofil, inverses 24
Tiefentherapie 109
Tischhöhe 152, 161, 177–179, 181
Tischlängsverschiebungen 152
TNM-Klassifikation 206, 207
Toleranzdosis 128, 188, 195
Touch gard 148
Trachealkarzinom, Dosierung 228
Tränendrüsenkarzinom, Dosierung 219
Trimmer 19
Tritium 34
Tubusse 3, 111, 176
– feste 53
– telekopartige 54
Türkontakte (s. Strahlungsunterbrechung)
Tumorausbreitungsgebiet 127, 128
Tumorkonformität
(s.Konformationstherapie)
Tumorsaum 127
Tumorvolumen 127
Typing 206
Typisierung (s. Typing)

Überwachungsbereich
– außerbetrieblicher 66
– betrieblicher 66
UICC (Union Internationale contre le Cancer) 206
Ulzera 198
Umlenkung (s. Strahlumlenkung)
UV-Licht 204

Vaginalkarzinom 237
Vakuumkissen 147, 156
Verhältnis, therapeutisches 209
Verifikation 145, 174, 176, 189, 190
– Multi-leaf-Kollimator 171
– Tischhöhe 179
Verschiebetechnik 72
Vision 141
Vollrotation 82

Volumen
– bestrahltes 129
– klinisches 128
– onkologische Volumina 128
Volumen-Element-Modell 138
Voxel 121, 138
Vulvakarzinom 238

Wärme 204
Wärmestau 215
Wanderwellenprinzip 42–44
Waschen 203
Wasserstoffkerne 32
Wechselwirkungen 6–8
Wechselwirkungsstufen 12
Weichstrahltherapie 113, 115
Weichteilsarkome 228, 235
Wellenlänge 6
Werkstatt 2
Wichtung (s. Dosiswichtung)
Wirksamkeit, relative biologische
(RBW) 13, 14, 23, 33
Wolfram-Rundlochkollimator s. Rundlochkollimator
Wundheilung 204, 212

^{90}Yttrium 97, 101

Zahnextraktionen 204
Zahnprothesen 204
Zahnsanierung 204
Zellpopulationen, synchronisierte 193
Zellstofftuch 178
Zelltod, reproduktiver 193
Zentralnervensystem, Tumoren 239–240
Zentralstrahlebene 150, 151
Zentralstrahlmarkierung 163, 178
Zervixkarzinom 222–223
Zielvolumen 119, 128
– Konzept 128
^{90}Zirkonium 97
Zuschlagstoffe 68
Zyklotron (s. Kreisbeschleuniger)
Zytostatika 198

Springer und Umwelt

Als internationaler wissenschaftlicher Verlag sind wir uns unserer besonderen Verpflichtung der Umwelt gegenüber bewußt und beziehen umweltorientierte Grundsätze in Unternehmensentscheidungen mit ein. Von unseren Geschäftspartnern (Druckereien, Papierfabriken, Verpackungsherstellern usw.) verlangen wir, daß sie sowohl beim Herstellungsprozess selbst als auch beim Einsatz der zur Verwendung kommenden Materialien ökologische Gesichtspunkte berücksichtigen. Das für dieses Buch verwendete Papier ist aus chlorfrei bzw. chlorarm hergestelltem Zellstoff gefertigt und im pH-Wert neutral.

MIX
Papier aus verantwortungsvollen Quellen
Paper from responsible sources
FSC® C105338

If you have any concerns about our products,
you can contact us on
ProductSafety@springernature.com

In case Publisher is established outside the EU,
the EU authorized representative is:
**Springer Nature Customer Service Center GmbH
Europaplatz 3, 69115 Heidelberg, Germany**

Printed by Libri Plureos GmbH
in Hamburg, Germany